高等学校计算机基础教育规划教材

Access数据库程序设计

戚晓明 姚保峰 周会平 等 编著

清华大学出版社

北京

内 容 简 介

　　本书是介绍 Access 2003 数据库程序设计的教材,全书共分 10 章,包括数据库基础知识、数据库和表、数据查询、窗体、报表、数据访问页、宏、VBA 程序设计、VBA 数据库编程和一个 Access 应用案例——教学管理系统。本书采用项目式教学法,围绕"教学管理系统"组织教学内容,采用课堂操作和案例训练相结合的方式。

　　本书在编写过程中力求文字简练、图表丰富、操作过程清晰,特别是通过大量例题的分析和程序设计剖析,帮助读者理解和掌握所介绍的 Access 数据库程序设计的基本功能、基本技术和基本操作。

　　本书作者同时编写了配套的《Access 数据库程序设计实验指导》(ISBN:978-7-302-24643-5),其内容包括 12 个实验、课后习题参考答案和国家二级 Access 笔试考试仿真样卷及参考答案。

　　本书内容丰富、图文并茂、通俗易懂、实用性较强,既可作为高等院校的教材,也可供广大 Access 爱好者学习和参考。

图书在版编目(CIP)数据

Access 数据库程序设计/戚晓明,姚保锋,周会平等编著. —北京:清华大学出版社,2011.3
(高等学校计算机基础教育规划教材)
ISBN 978-7-302-24642-8

Ⅰ. ①A…　Ⅱ. ①戚… ②姚… ③周…　Ⅲ. ①关系数据库-数据库管理系统,Access-程序设计-高等学校-教材　Ⅳ. ①TP311.138

中国版本图书馆 CIP 数据核字(2011)第 014753 号

责任编辑:袁勤勇
责任校对:白　蕾
责任印制:何　芊

出版发行:	清华大学出版社	地　　　址:	北京清华大学学研大厦 A 座
	http://www.tup.com.cn	邮　　　编:	100084
社　总　机:	010-62770175	邮　　　购:	010-62786544
投稿与读者服务:	010-62795954,jsjjc@tup.tsinghua.edu.cn		
质　量　反　馈:	010-62772015,zhiliang@tup.tsinghua.edu.cn		
印 装 者:	北京鑫海金澳胶印有限公司		
经　　销:	全国新华书店		
开　　本:	185×260	印　张:20	字　数:475 千字
版　　次:	2011 年 3 月第 1 版		印　次:2011 年 3 月第 1 次印刷
印　　数:	1~3000		
定　　价:	29.00 元		

产品编号:041037-01

《高等学校计算机基础教育规划教材》

编 委 会

前言

　　Access 关系型数据库管理系统是 Microsoft 公司 Office 办公自动化软件的一个组成部分。它可以有效地组织、管理和共享数据库的信息，并将数据库信息与 Web 结合在一起，为通过 Internet 共享数据库信息提供了基础平台。本书全面介绍 Access 2003 关系型数据库的各项功能、操作方法和开发信息系统的技术，在讲解每个知识点的同时都配有相应的实例和实验，方便读者上机实践。

　　全书共分 10 章，从数据库的基础理论讲起，由浅入深、循序渐进地介绍了 Access 2003 各种对象的功能及创建方法。第 1 章介绍了数据库的原理、数据模型、关系运算、关系模式的规范和数据库设计的步骤等；第 2 章介绍了 Access 数据库的创建方法，表的创建与维护，包括使用表设计器创建表的方法及相关操作、使用向导创建表的方法等操作；第 3 章介绍了数据查询的知识，包括 SQL 查询技术和操纵功能、创建查询的基本方法等；第 4 章重点介绍了窗体的创建与维护，包括创建窗体的基本方法、窗体的节、设置窗体的属性、创建控件的基本方法、在窗体中使用表达式和宏以及创建和使用主/子窗体等内容；第 5 章介绍了报表的建立与打印，包括有关报表的知识、创建报表和子报表的基本方法、表的预览和打印等内容；第 6 章讲述了数据访问页的使用，包括数据库访问页对象的有关知识、创建数据访问页对象的基本方法、工具箱及其常用控件的介绍等内容；第 7 章介绍了宏的使用，包括宏的概念、创建与运行宏的基本方法、常用的事件与宏操作等内容；第 8 章介绍了有关模块与 VBA 的知识，包括 VBA 程序设计基础、程序流程控制、模块、函数和子程序，面向对象的程序设计等内容；第 9 章介绍了 VBA 数据库编程，重点讲述 ADO 访问数据库的技术；第 10 章是综合应用，介绍如何创建一个小型的教学管理数据库系统。

　　本书在编写过程中力求文字简练、图表丰富、操作过程清晰，特别是通过大量例题的分析和程序设计帮助读者理解和掌握所介绍的 Access 数据库程序设计的基本功能、基本技术和基本操作。

　　本书是多人智慧的集成，除封面署名的作者外，参与整理资料和编写的人员还有蔡绍峰(第 2 章)、马程(第 2 章)、刘娟(第 3 章)、邹青青(第 3 章)、朱洪浩(第 4、5 章)、王祎(第 6 章)、沈志兴(第 7 章)、姚保峰(第 8 章)、唐玄(第 9 章)和顾珺(第 10 章)等。在本书的编写过程中，郭有强教授给予了很多指导，在此表示感谢。

由于作者水平有限,加之编写时间仓促,书中难免有疏漏和不足之处,欢迎广大读者批评指正。在本书的编写过程中参阅了一些著作和资料,在此对这些作者和编著人员表示感谢。如果您在学习中发现任何问题,或者有更好的建议,欢迎致函 E-mail:qixiaoming888@sina.com。

编　者

2010 年 11 月

目录

第1章

数据库基础知识

学习目标

（1）了解数据管理技术的发展阶段和数据库系统的组成；

（2）了解数据库模型，掌握关系模型；

（3）理解关系数据库的规范化和关系的完整性，初步掌握数据库设计的基本过程；

（4）了解 Access 的数据类型、工作界面及各部分的功能。

在计算机发展的初期，计算机主要用于科学计算。后来随着社会的发展，人们迫切需要利用计算机完成对大量数据的组织、存储、维护和查询，为了更加有效地管理各类数据，数据库技术应运而生。为了开发出适用的数据库应用系统，就需要熟悉和掌握一种数据库管理系统，Access 是目前广为使用的小型数据库管理系统。作为学习的理论先导，本章以 Access 数据库为对象，让读者了解一些数据库的基本原理，如数据库概念、关系运算、数据库的管理和设计的一般方法等内容。

1.1 数据库系统概论

1.1.1 数据与数据处理

人们通常使用各种各样的物理符号来表示客观事物的特性和特征，这些符号及组合就是数据。数据的概念包括两个方面：数据内容和数据形式。数据内容是指所描述客观事物的具体特性，即数据的"值"；数据形式是指数据内容存储在媒体上的具体形式，即数据的"类型"。数据主要有数字、文字、声音、图形和图像等多种形式。

信息是指数据经过加工处理后所获取的有用知识，信息是以某种数据形式表现的。数据和信息是两个相互联系但又相互区别的概念，数据是信息的具体表现形式，信息是数据有意义的表现。例如，股票的大盘，有很多公司业绩数据，而红色的数据表示的是增长信息，绿色的是下跌信息。

数据处理也称信息处理，就是将数据转换为信息的过程，主要过程包括数据的处理、整理、存储、加工、分类、维护、排序、检索和传输等。数据处理的目的是从大量的数据中，根据数据自身的规律及其相互联系，通过分析、归纳、推理等科学方法，利用计算机技术、数据库技术等手段提取有效的信息资源,为进一步分析、管理、决策提供依据。

1.1.2 数据管理技术

数据库系统的核心任务是数据管理,但并不是一开始就有数据库技术的,它的产生与发展是随着数据库管理技术的不断发展而逐步形成的。数据处理和数据管理的发展过程大致经历了人工管理、文件管理、数据库管理及分布式数据库管理4个阶段。也有学者把数据库管理和分布式数据库管理共称为数据库管理阶段。

1. 人工管理阶段

20世纪50年代初为人工管理阶段,对数据的管理没有一定的格式,数据依附于处理,应用程序与数据之间的关系如图1-1所示。其缺点是:应用程序中的数据无法被其他程序利用;数据冗余;数据独立性、结构性差;数据不能长期保存。

2. 文件管理阶段

从20世纪50年代后期开始至60年代末为文件管理阶段。应用程序通过专门管理数据的软件即文件管理系统来使用数据。数据处理应用程序利用操作系统的文件管理功能,将相关数据按一定的规则构成文件,通过文件系统对文件中的数据进行存取、管理,实现数据的文件管理方式,应用程序与数据之间的关系如图1-2所示。其优点是:文件系统结构简单,在数据存取过程中几乎没有额外开销,并且可以按照用户的要求任意定制数据存储格式或存储复杂数据结构。其缺点是:数据冗余度大,难以共享数据,容易造成数据的不一致,程序与数据缺乏独立性,系统不易扩充。

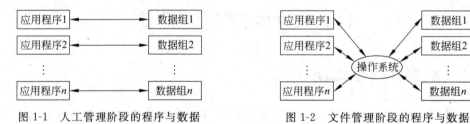

图1-1 人工管理阶段的程序与数据   图1-2 文件管理阶段的程序与数据

3. 数据库管理阶段

20世纪60年代末开始为数据库管理阶段。随着计算机软件技术的发展,出现了数据管理软件——数据库管理系统(DataBase Management System,DBMS)。在数据库管理阶段,应用程序和数据库之间,由数据库管理系统把所有应用程序中使用的相关数据汇集起来,按统一的数据模型,以记录为单位用文件方式存储在数据库中,为各个应用程序提供方便、快捷的查询和使用,应用程序与数据之间的关系如图1-3所示。其优点是:应用程序与数据间保持高度的独立性;数据具有完整性、一致性和安全性,并具有充分的共享性;能够简单方便地实现数据库的管理和控制操作。

图 1-3 数据库管理阶段程序与数据的关系

4. 分布式数据库管理阶段

在数据库管理阶段之后，随着网络技术的产生和发展，出现了分布式数据库系统（Distributed DataBase System，DDBS）。分布式数据库系统是地理上分布在计算机网络的不同结点，逻辑上属于同一系统的数据库系统。它不同于将数据存储在服务器上供用户共享存取的网络数据库系统，分布式数据库系统不仅能支持局部应用，存取本地结点或另一结点的数据，而且能支持全局应用，同时存取两个或两个以上结点的数据。分布式数据库系统的主要特点是：

（1）数据是分布的。数据库中的数据分布在计算机网络的不同结点上，而不是集中在一个结点，区别于数据存放在服务器上由各用户共享的网络数据库系统。

（2）数据是逻辑相关的。分布在不同结点的数据逻辑上属于同一数据库系统，数据间存在相互关联，区别于由计算机网络连接的多个独立数据库系统。

（3）结点的自治性。每个结点都有自己的计算机软硬件资源、数据库、局部数据库管理系统（Local DataBase Management System，LDBMS），因而能够独立地管理局部数据库。局部数据库中的数据可以仅供本结点用户存取使用，也可供其他结点上的用户存取使用，提供全局应用。

1.1.3　数据库系统的组成

数据库应用系统简称数据库系统（DataBase System，DBS），是一个计算机应用系统。它由计算机硬件、数据库管理系统、数据库、应用程序和用户等部分组成。

1. 计算机硬件

计算机硬件是数据库系统的物质基础，是存储数据库及运行数据库管理系统的硬件资源，主要包括主机、存储设备、I/O 通道及计算机网络环境等。

2. 数据库管理系统

数据库管理系统是负责数据库存取、维护和管理的系统软件，如图 1-4 所示。DBMS 提供对数据库中的数据资源进行统一管理和控制的功能，将用户、应用程序与数据库数据相互隔离，是数据库系统的核心，其功能的强弱是衡量数据库系统性能优劣的主要指标。DBMS 必须运行在相应的系统平台上，有操作系统和相关系统软件的支持。

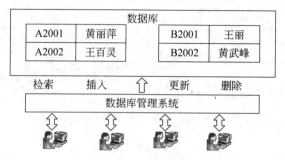

图 1-4　数据库管理系统

3. 数据库

数据库(DataBase,DB)是指数据库系统中以一定组织方式将相关数据组织在一起,存储在外部存储设备上所形成的、能为多个用户共享的、与应用程序相互独立的相关数据集合。数据库中的数据由 DBMS 进行统一管理和控制,用户对数据库进行的各种操作都是 DBMS 实现的。

4. 应用程序

应用程序是在 DBMS 的基础上,由用户根据应用的实际需要开发的、处理特定业务的应用程序。

5. 用户

用户是指管理、开发、使用数据库系统的所有人员,通常包括数据库管理员、应用程序员和终端用户。数据库管理员负责管理、监督、维护数据库系统的正常运行;应用程序员负责分析、设计、开发、维护数据库系统中运行的各类应用程序;终端用户是在 DBMS 与应用程序支持下,操作使用数据库系统的普通用户。

综上所述,数据库中包含的数据是存储在介质上的数据文件的集合;每个用户均可使用其中的数据,不同用户使用的数据可以重叠,同一组数据可以由多个用户共享;DBMS 为用户提供对数据的存储组织、操作管理功能;用户通过 DBMS 和应用程序实现数据库系统的操作与应用。

1.1.4　数据库系统的特点

(1) 数据的结构化。文件系统中单个文件的数据一般是有结构的,但从整个系统来看,数据在整体上没有结构,数据库系统则不同,在同一数据库中的数据文件是有联系的,且在整体上服从一定的结构形式。

(2) 数据的共享性。在文件系统中,数据一般由特定的用户专用,数据库系统中的数据可以被不同部门、不同单位甚至不同用户共享。

(3) 数据的独立性。在文件系统中,数据结构和应用程序相互依赖,一方的改变总要影响到另一方。数据库系统中的数据文件与应用程序之间的这种依赖关系已减小。

（4）数据的完整性。在数据库系统中，可以通过对数据的性质进行检查而管理它们，使之保持完整正确。如商品的价格不能为负数，一场电影的订票数不能超过电影院的座位数。

（5）数据的可用性。数据库系统不是对数据简单的堆积，而是在记录数据信息的基础上具有多种管理功能，如输入输出、查询、编辑和修改等。

（6）数据的安全性。数据库系统中的数据具有安全管理功能。

（7）数据可控冗余度。数据专用时，每个用户拥有各自需要的数据，难免会出现数据相互重复，这就是数据冗余。实现数据共享后，不必要的数据重复将全部消除，有时为了提高查询效率，也保留少量的重复数据，其冗余度可以由设计者控制。

1.2 数据模型

1.2.1 现实世界的数据描述

现实世界是存在于人脑之外的客观世界，是数据库系统操作处理的对象。如何用数据来描述、解释现实世界，运用数据库技术表示、处理客观事物及相互关系，则需要采取相应的方法和手段进行描述，进而实现最终的操作处理。

1. 信息处理的三个层次

计算机信息处理的对象是现实生活中的客观事物，在对其实施处理的过程中，首先应经历了解、熟悉的过程，从观测中抽象出大量描述客观事物的信息，再对这些信息进行整理、分类和规范，进而将规范化的信息数据化，最终实现由数据库系统存储、处理。在此过程中，涉及三个层次，经历了两次抽象和一次转换，如图 1-5 所示。

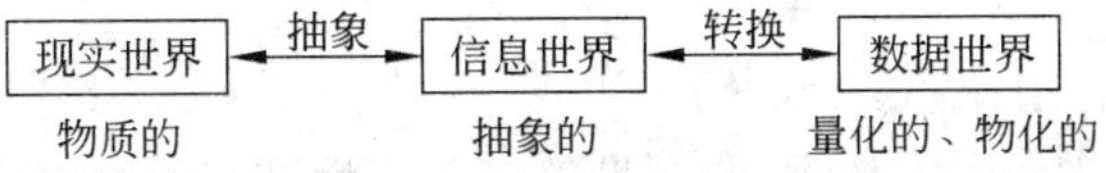

图 1-5　信息处理的过程

（1）现实世界：现实世界是存在于人脑之外的客观世界，客观事物及其相互关系就处于现实世界中。客观事物可以用对象和性质来描述。

（2）信息世界：信息世界是现实世界在人们头脑中的反映，又称观念世界。客观事物在信息世界中称为实体，反映事物间关系的是实体模型或概念模型。

（3）数据世界：数据世界是信息世界中的信息数据化后对应的产物。现实世界中的客观事物及其联系，在数据世界中以数据模型描述。客观事物是信息之源，是设计、建立数据库的出发点，也是使用数据库的最后归宿。概念模型和数据模型是对客观事物及其相互关系的两种抽象描述，实现了信息处理三个层次间的对应转换，而数据模型是数据库系统的核心和基础。

2. 实体

客观事物在信息世界中称为实体（Entity），它是现实世界中任何可区分、可识别的事物。实体可以是具体的人或物；也可是抽象概念，如一个人、一所学校。

（1）属性（Attribute）。

实体的特性称为属性。一个实体可用若干属性来刻画。每个属性都有特定的取值范围，即值域（Domain），值域的类型可以是整数型、实数型、字符型等。例如，学生的姓名、年龄是学生实体的属性。姓名的类型是字符型，值域是所有汉字；年龄是整数型，值域是 (0,100)。

① 简单属性是仅由单个元素组成的属性，不能被进一步划分。例如，年龄、性别和婚姻状况是简单属性。

② 复合属性是由多个元素组成的属性，可以被进一步划分为多个独立存在的更小元素，从而产生另外的属性。例如，可以将属性地址划分为街道、城市、省和邮政编码。为了方便进行详细的查询，将复合属性转换为一组简单属性通常是合适的。

③ 派生属性是其值可以从其他属性的值计算出来的属性。例如，订单中订购某种产品的费用小计可以从数量和单位价格属性的值计算出来（费用小计＝数量×单位价格），因此，费用小计为派生属性。

④ 关键字是识别或标识实体的一个属性或几个属性。任意一个选做实体关键字的关键字称为主关键字。主关键字也称为主键，候选关键字也称为候选键。如果在一个实体中，有两个或多个可作为关键字的属性或属性组合，则这些可作为关键字的属性或属性组合称作候选关键字。

（2）实体型和实体值。

实体型就是实体的结构描述，通常是实体名和属性名的集合；具有相同属性的实体，有相同的实体型。实体值是一个具体的实体，是属性值的集合。

例如，学生实体型是：学生（学号，姓名，性别，年龄）；学生李建国的实体值是：（011110，李建国，男，19）。

（3）属性型和属性值。

属性型就是属性名及其取值类型，属性值就是属性在其值域中所取的具体值。例如，学生实体中的姓名属性，"姓名"和取值字符类型是属性型，而"李建国"是属性值。

（4）实体集。

性质相同的同类实体的集合称为实体集，如一个班的学生。

3. 实体间的联系

建立实体模型的一个主要任务就是要确定实体之间的联系。常见的实体联系有三种，如图 1-6 所示。

（1）一对一联系（1∶1）。

若两个不同型实体集中，任一方的一个实体只与另一方的一个实体相对应，称这种联系为一对一联系，如图 1-6(a)所示。

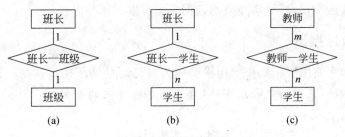

图 1-6　实体间的联系

（2）一对多联系（1∶n）。

若两个不同型实体集中，一方的一个实体对应另一方的若干个实体，而另一方的一个实体只对应本方的一个实体，称这种联系为一对多联系，如图 1-6(b)所示。

（3）多对多联系（m∶n）。

若两个不同型实体集中，两实体集中的任一实体均与另一实体集中的若干个实体对应，称这种联系为多对多联系，如图 1-6(c)所示。

4. 概念模型

概念数据模型也称信息模型，是反映实体之间联系的模型，即以实体－联系（Entity-Relationship，E-R）理论为基础，并对这一理论进行了扩充。它从用户的观点出发对信息进行建模，主要用于数据库的概念级设计。通常人们先将现实世界抽象为概念世界，然后再将概念世界转为机器世界。换句话说，就是先将现实世界中的客观对象抽象为实体和联系，它并不依赖于具体的计算机系统或某个 DBMS 系统，这种模型就是我们所说的概念模型。

E-R 图是一种用直观的图形方式建立现实世界中的实体及其联系模型的工具，用矩形表示现实世界中的实体，用椭圆形表示实体的属性，用菱形表示实体间的联系。图 1-7 是学生选课 E-R 模型图，该图建立了学生和课程两个不同的实体及其联系的模型。

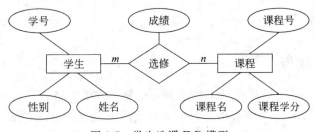

图 1-7　学生选课 E-R 模型

1.2.2　数据模型

在客观世界中，一组数据可以用于标识一个客观实体，这组数据就被称为数据实体。在数据库中，有些数据实体之间存在着某种关联，人们采用数据模型来描述数据实体间关联的形式。在数据库技术领域,经典的数据模型有以下 4 种。

1. 层次数据模型

层次型数据库使用层次数据结构模型作为自己的存储结构。这是一种树型结构,它由结点和连线组成,其中结点表示实体,连线表示实体之间的关系,如图 1-8 所示。层次数据模型的特点是:

(1) 有且仅有一个结点无双亲,该结点称为根结点;

(2) 其他结点有且只有一个双亲;

(3) 上一层和下一层记录类型间的联系是 $1:n$;

(4) 可以采用数据结构"树"来实现层次数据模型。

2. 网状数据模型

网状数据库使用网状数据模型作为自己的存储结构。在这种存储结构中,数据记录将组成网络中的结点,而记录和记录之间的关联组成结点之间的连线,从而构成了一个复杂的网状结构,如图 1-9 所示。网状模型的特点是:

(1) 有一个以上的结点没有双亲;

(2) 结点可以有多于一个的双亲;

(3) 可以采用数据结构"图"来实现网状数据模型。

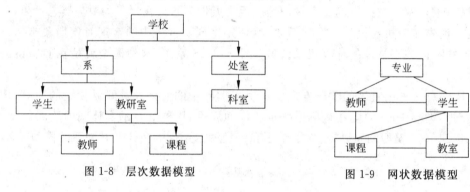

图 1-8　层次数据模型　　　　　　图 1-9　网状数据模型

3. 关系数据模型

关系数据模型(relational model)的主要特征是用二维表格表示实体集。关系型数据库使用的存储结构是多个二维表格。每个关系实际上就是一张二维表,表中的一行称为一条记录或元组,用来描述一个对象的信息;表中的一列称为一个字段或属性,用来描述对象的一个属性。数据表与数据表之间存在相应的关联,这些关联将被用来查询相关的数据。如图 1-10 所示的学生信息表中的记录就是一个关系模型。

4. 面向对象数据模型

面向对象数据库是数据库技术与面向对象程序设计相结合的产物,是可支持非常规应用领域的新一代数据库系统。面向对象数据库管理系统支持面向对象的数据模型。

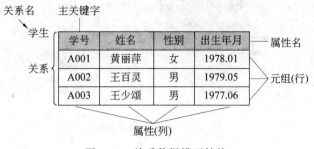

图 1-10　关系数据模型结构

1.3　关系数据库

1970 年，E. F. Codd（如图 1-11 所示）在一篇名为 *A Relational Model of Data For Large Shared Databanks* 的文章中提出了"关系模型"的概念。20 世纪 70 年代中期，商业化的 RDBMS 问世，数据库系统进入第二代，目前在 PC 上使用的数据库系统主要是第二代数据库系统。

1.3.1　关系术语

在关系型数据库中，数据元素是最基本的数据单元。可以将若干个数据元素组成数据元组，若干个相同的数据元组组成一个数据表（即关系），而所有相互关联的数据表则可以组成一个数据库。这样的数据库集合被称为基于关系模型的数据库系统，其相应的数据库管理软件即关系数据库管理系统（Relation DataBase Management System，RDBMS）。

图 1-11　关系数据库之父
E. F. Codd

数据元素——也称为字段，一个字段构成数据表中的一列。

数据元组——也称为记录，一个记录构成数据表中的一行。

数据表——具有相同字段的所有记录的集合。

数据库——存储在计算机内的有结构的数据集合。

域——属性可能取值的集合，其特征依赖于属性的类型，包括物理描述和语义描述。

物理描述——指属性的数据类型（例如，数值类型和字符类型）、数据长度和其他约束（例如，该属性的值不能为空）。

语义描述——指对属性的文本描述，用于说明属性的功能和目的。

数据库系统——指以一定的组织方式存储的一组相关数据项的集合，主要表现为数据表的集合。但是，随着数据库技术的发展，现代数据库已不仅仅是数据的集合，还应包括针对数据进行各种基本操作的对象的集合，如图 1-12 所示。

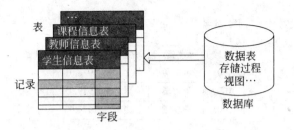

图 1-12　关系数据库组成

1.3.2　关系运算

1. 集合运算

并：$R \cup S$,将 S 中元组加到 R 后面。

例如,有两个结构完全相同的学生表 R 和学生表 S 分别存放两个班级的学生,将学生表 R 的记录追加到表 S 中,就需要使用并运算 $R \cup S$,如图 1-13 所示。

差：$R-S$,结果是属于 R 但不属于 S 的元组集合。

例如,有两个结构完全相同的学生表 R 和学生表 S ,R 是选修数据库课程的学生集合,S 是选修 VC++课程的学生集合,查询选修数据库但没有选修 VC++的学生,就需要使用差运算 $R-S$,如图 1-14 所示。

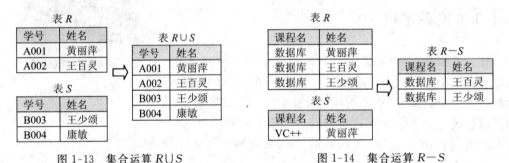

图 1-13　集合运算 $R \cup S$　　　　　　　　　图 1-14　集合运算 $R-S$

交：$R \cap S$,结果是既属于 R 又属于 S 的元组集合。

例如,有两个结构完全相同的学生表 R 和学生表 S ,R 是选修数据库课程的学生集合,S 是选修 VC++课程的学生集合,查询既选修数据库又选修 VC++的学生,就需要使用交运算 $R \cap S$,如图 1-15 所示。

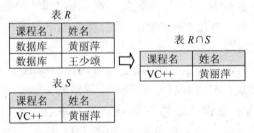

图 1-15　集合运算 $R \cap S$

笛卡儿积：设有一个具有 n 个属性的表 R 和另一个具有 m 个属性的表 S，则它们的笛卡儿积仍是一个表，该表的结构是 R 和 S 结构的连接，即前 n 个属性来自 R，后 m 个属性来自 S，属性个数等于 $n+m$，该表的值是由 R 中的每个元组连接 S 中的每个元组所构成的元组的集合，如图 1-16 所示。

表 R

编号	姓名	系部
1001	聂丽萍	外语
1002	李龙	外语
1003	郭晶晶	数学

表 S

编号	姓名	职务
1001	聂丽萍	教授
1002	李龙	副教授
1003	郭晶晶	讲师

R 与 S 笛卡儿积

编号	姓名	系部	编号	姓名	职务
1001	聂丽萍	外语	1001	聂丽萍	教授
1001	聂丽萍	外语	1002	李龙	副教授
1001	聂丽萍	外语	1003	郭晶晶	讲师
1002	李龙	外语	1001	聂丽萍	教授
1002	李龙	外语	1002	李龙	副教授
1002	李龙	外语	1003	郭晶晶	讲师
1003	郭晶晶	数学	1001	聂丽萍	教授
1003	郭晶晶	数学	1002	李龙	副教授
1003	郭晶晶	数学	1003	郭晶晶	讲师

图 1-16　集合运算笛卡儿积

2. 关系运算

关系运算是针对关系数据库数据进行的操作运算，既可以针对关系中的记录实施，也可以针对关系中的字段实施，还可以针对若干个关系实施。基本的关系运算包括选择运算、投影运算和连接运算三种。

（1）选择运算。

从指定的关系中选取满足给定条件的若干元组以构成一个新关系的运算，其表现形式为：

SELECT 关系名 WHERE 条件

其中，条件是由常数、字段名及其通过相应的比较运算符和逻辑运算符连接形成的逻辑运算式组成的。

例如，图 1-17 中从学生信息表（表 A）中选出性别为女的学生，可以得到女生的学生信息表（表 B）。

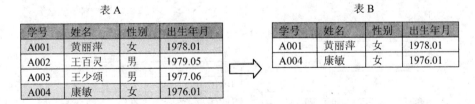

表 A

学号	姓名	性别	出生年月
A001	黄丽萍	女	1978.01
A002	王百灵	男	1979.05
A003	王少颂	男	1977.06
A004	康敏	女	1976.01

表 B

学号	姓名	性别	出生年月
A001	黄丽萍	女	1978.01
A004	康敏	女	1976.01

图 1-17　选择运算过程示意图

（2）投影运算。

从指定的关系中选取指定的若干字段从而构成一个新关系的运算。属性可能减少

（全投影时不减少），元组可能减少（投影后无重复项时不减少）。

例如，在图 1-18 中，从学生信息表（表 A）中抽出学号、姓名列，得到学生的花名册（表 B）。

表A

学号	姓名	性别	出生年月
A001	黄丽萍	女	1978.01
A002	王百灵	男	1979.05
A003	王少颂	男	1977.06
A004	康敏	女	1976.01

表B

学号	姓名
A001	黄丽萍
A002	王百灵
A003	王少颂
A004	康敏

图 1-18　投影运算过程示意图

（3）连接运算。

选取若干个指定关系中的字段满足给定条件的元组从左至右连接，从而构成一个新关系的运算，其表现形式为：

JOIN 关系名 1 AND 关系名 2…AND 关系名 n WHERE 条件

其中，条件是由常数、字段名及其通过相应的比较运算符和逻辑运算符连接形成逻辑运算式组成的。

例如，在图 1-19 中，连接条件：表 A.班级＝表 B.班级，可以得到表 C。

表A

班级	学生
一班	张三
一班	李四
二班	王五
二班	刘六

表A.班级=
表B.班级

表B

班级	班主任
一班	李老师
二班	王老师

表C

班级	学生	班主任
一班	张三	李老师
一班	李四	李老师
二班	王五	王老师
二班	刘六	王老师

图 1-19　连接运算过程示意图

（4）自然连接运算。

在连接运算中，按字段值相等执行的连接称为等值连接，去掉重复值的等值连接称为自然连接。在连接运算中，自然连接是一种特别有用的连接，它把两个表按属性名相同进行等值连接，对于每对相同的属性在结果中只保留一个，如图 1-20 所示。

表A

编号	姓名	系部
1001	聂丽萍	外语
1002	李龙	外语
1003	郭晶晶	数学

表C

编号	姓名	系部	职务
1001	聂丽萍	外语	教授
1002	李龙	外语	副教授
1003	郭晶晶	数学	讲师

表B

编号	姓名	职务
1001	聂丽萍	教授
1002	李龙	副教授
1003	郭晶晶	讲师

图 1-20　自然连接运算过程示意图

3. 关系的规范化

E. F. Codd 最初定义了规范化的三个级别,范式是具有最小冗余的表结构。

(1) 第一范式(1NF):每列的原子性。

第一范式的目标是确保每列的原子性,如果每列都是不可再分的最小数据单元(也称为最小的原子单元),则满足第一范式(1NF)。

例如,在图 1-21 中的表 A 所示的教师信息表中"学历学位"是由学历和学位组成的,因此,这个教师信息表不满足第一范式。可以将"学历学位"字段拆分为两个字段,从而使数据表 B 满足第一范式。

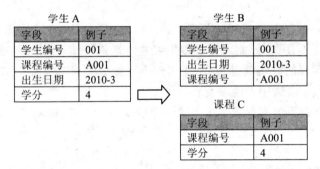

表 A

编号	姓名	学历学位
1	王霞	研究生硕士
2	葛利	本科学士
3	王皓	博士生博士

表 B

编号	姓名	学历	学位
1	王霞	研究生	硕士
2	葛利	本科	学士
3	王皓	博士生	博士

图 1-21　转换满足第一范式

(2) 第二范式(2NF):主键的绝对相关性。

如果一个关系满足 1NF,并且除了主键以外的其他列都依赖于该主键,则满足第二范式(2NF),第二范式要求每个表只描述一件事情(第二范式就是完全依赖,没有部分依赖)。

例如,在选课关系应用中使用图 1-22 中的学生 A 关系模式有以下问题:

学生 A

字段	例子
学生编号	001
课程编号	A001
出生日期	2010-3
学分	4

学生 B

字段	例子
学生编号	001
出生日期	2010-3
课程编号	A001

课程 C

字段	例子
课程编号	A001
学分	4

图 1-22　转换满足第二范式

① 数据冗余,假设同一门课有 40 个学生选修,学分就重复 40 次。

② 更新异常,若调整了某课程的学分,相应的元组学分值都要更新,有可能会出现同一门课学分不同。

③ 插入异常,如计划开新课,由于没人选修,没有学生编号关键字,只能等有人选修才能把课程和学分存入。

④ 删除异常,若学生已经结业,从当前数据库删除选修记录。某门课程新生尚未选修,则此门课程及学分记录无法保存。

原因:非关键字属性学分仅依赖于课程编号,也就是学分部分依赖组合关键字(学生编码,课程编号),而不是完全依赖。

解决方法：分成两个关系模式如图 1-22 中学生 B（学生编号，课程编号，出生日期），课程 C（课程编号，学分）。新关系包括两个关系模式，它们之间通过学生 B 中的外关键字课程编号相联系，需要时再进行自然连接，恢复了原来的关系。

（3）第三范式（3NF）：依赖的传递性。

如果一个数据表已经满足第二范式，而且该数据表中的任何两个非主键字段的数值之间不存在函数依赖关系，那么该数据表满足第三范式，即 3NF（第三范式就是没有传递依赖，即不满足 A—＞B—＞C）。

例如，在图 1-23 的学生表 A 中，关键字"学生编号"决定各个属性。由于是单个关键字，没有部分依赖的问题，肯定是 2NF。但该关系肯定有大量的冗余，有关学生所在的几个属性系编号、系名称、系地址将重复存储，插入、删除和修改时也将产生异常。

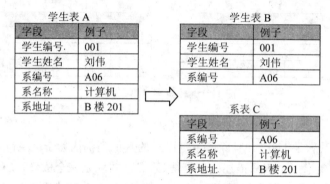

图 1-23　转换满足第三范式

原因：关系中存在传递依赖。即学生编号—＞系编号，系编号—＞系地址，而系编号—＞学生编号却不存在，因此关键字学生编号对系地址函数决定是通过传递依赖学生编号—＞系地址实现的。也就是说，学生编号不直接决定非主属性系地址。

目的：每个关系模式中不能留有传递依赖。

解决方法：分为两个关系学生表 B（学生编号，学生姓名，系编号），系表 C（系编号，系名称，系地址）。

1.3.3　关系的完整性

一种数据库系统要提供一种监测机制，防止不符合规范的数据进入系统，确保系统中存储的数据都是规范的，这种监测机制称为完整性保护。例如，输入的类型是否正确？年龄必须是数字；输入的格式是否正确？身份证号码必须是 18 位；是否在允许的范围内？性别只能是"男"或者"女"；是否存在重复输入？学生信息输入了两次等。在关系模型中，数据完整性包括实体完整性、域完整性、参照完整性和自定义完整性 4 种，这 4 种完整性关系如图 1-24 所示。

1. 实体完整性

关系模型中的所有元组都是唯一的。实体完整性约束要求关系的主键中属性值不能

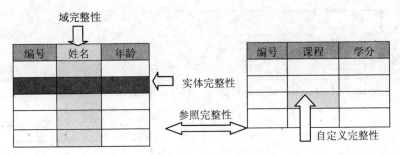

图 1-24　关系的完整性

为空,这是数据库完整性的最基本要求,因为主键是唯一决定元组的,如为空,则其唯一性就为不可能了。约束方法是:唯一约束、主键约束、标识列。

例如,图 1-25 中表 A,增加学号为 A001 的记录时出错,因为该记录已经在图 1-25 表 A 中存在,违反了实体完整性。

2. 域完整性

域完整性指列的值域的完整性,如数据类型、格式、值域范围、是否允许空值等。域完整性限制了某些属性的值,把属性限制在一个有限的集合中。

例如,图 1-26 中的表 A,增加学号为 8700000 的记录时出错,因为该记录的学号编码太长,违反了域完整性。

表 A

学号	姓名	性别	出生年月
A001	黄丽萍	女	1978.01
A002	王百灵	男	1979.05
✕ ↑			
A001	黄丽萍	女	1978.01

图 1-25　实体完整性

表 A

学号	姓名	性别	出生年月
A001	黄丽萍	女	1978.01
A002	王百灵	男	1979.05
✕ ↑			
8700000	李亮	男	1979.07

图 1-26　域完整性

3. 参照完整性

当一个数据表中有外部关键字时,外部关键字列的所有值,都必须出现在所对应的表中,这就是参照完整性。参照完整性约束是关系之间相关联的基本约束,它不允许关系引用不存在的元组:即在关系中的外键要么是所关联关系中实际存在的元组,要么是空值。

例如,图 1-27 中,增加学号为 B099 的记录时会出现出错信息,因为主表中没有对应的学号为 B099 记录,违反参照完整性。关于参照完整性的特别说明:

(1) A 表中的主键是 B 表中的外键(且不是 B 表的主键);

(2) 不解除外键约束,表 B 可以删除;未删除表 B 中与表 A 相关的记录前,表 A 中相关的记录不可以删除;

(3) 表 A 的主键中不存在的值,不能在表 B 的外键字段中输入该值;

(4) 若表 A 中存在表 B 某个记录的匹配记录,则不能从表 A 中删除该记录;

表A

学号	姓名	地址	...
A012	李山	山东济南	
A013	吴兰	湖南长沙	
A014	张丽	河南郑州	

表B

科目	学号	分数	...
数学	A012	88	
数学	A013	74	
英语	A012	67	
英语	A013	90	
数学	B099	98	

图 1-27　参照完整性

（5）若表 B 的一个记录在表 A 中有相关记录，则不能在表 A 中更改其主键值。

4. 自定义完整性

自定义完整性是针对具体数据环境与应用环境由用户具体设置的约束，它反映了具体应用中数据的语义要求。约束方法有规则、存储过程、触发器。

例如，在图 1-28 的表 B 中，若课程成绩出现了负数，则触发一个存储过程。

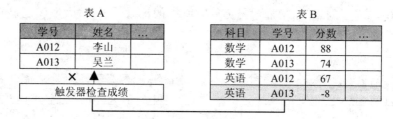

图 1-28　自定义完整性

1.3.4　数据库的设计方法

数据库技术是信息资源管理最有效的手段。数据库设计是指对于一个给定的应用环境，构造最优的数据库模式，建立数据库及其应用系统，有效存储数据，满足用户信息要求和处理要求。数据库的设计主要包括以下主要阶段。

1. 需求分析阶段

需求收集和分析，结果得到数据字典描述的数据需求（和数据流图描述的处理需求）。需求分析的重点是调查、收集与分析用户在数据管理中的信息要求、处理要求、安全性与完整性要求。

需求分析的方法包括：调查组织机构情况、调查各部门的业务活动情况、协助用户明确对新系统的各种要求、确定新系统的边界。

常用的调查方法有：跟班作业、开调查会、请专人介绍、询问、设计调查表请用户填写、查阅记录。

分析和表达用户需求的方法主要包括自顶向下和自底向上两类方法。自顶向下的结构化分析方法(Structured Analysis,SA)从最上层的系统组织机构入手,采用逐层分解的方式分析系统,并把每一层用数据流图和数据字典描述。数据流图表达了数据和处理过程的关系。系统中的数据则借助数据字典(Data Dictionary,DD)来描述。

数据字典是各类数据描述的集合,它是关于数据库中数据的描述,即元数据,而不是数据本身。数据字典通常包括数据项、数据结构、数据流、数据存储和处理过程5个部分(至少应该包含每个字段的数据类型和在每个表内的主外键)。

数据项描述＝{数据项名,数据项含义说明,别名,数据类型,长度,
取值范围,取值含义,与其他数据项的逻辑关系}

数据结构描述＝{数据结构名,含义说明,组成:{数据项或数据结构}}

数据流描述＝{数据流名,说明,数据流来源,数据流去向,
组成:{数据结构},平均流量,高峰期流量}

数据存储描述＝{数据存储名,说明,编号,流入的数据流,流出的数据流,
组成:{数据结构},数据量,存取方式}

处理过程描述＝{处理过程名,说明,输入:{数据流},输出:{数据流},
处理:{简要说明}}

2. 概念结构设计阶段

通过对用户需求进行综合、归纳与抽象,形成一个独立于具体 DBMS 的概念模型,可以用 E-R 图表示。

概念模型用于信息世界的建模。概念模型不依赖于某一个 DBMS 支持的数据模型。概念模型可以转换为计算机上某一 DBMS 支持的特定数据模型。

概念模型的特点是:

(1) 具有较强的语义表达能力,能够方便、直接地表达应用中的各种语义知识。

(2) 应该简单、清晰、易于用户理解,是用户与数据库设计人员之间进行交流的语言。

概念模型设计的一种常用方法为 IDEF1X 方法,它就是把实体—联系方法应用到语义数据模型中的一种语义模型化技术,用于建立系统信息模型。

3. 逻辑结构设计阶段

将概念结构转换为某个 DBMS 所支持的数据模型(例如关系模型),并对其进行优化。设计逻辑结构应该选择最适于描述与表达相应概念结构的数据模型,然后选择最合适的 DBMS。

将 E-R 图转换为关系模型实际上就是要将实体、实体的属性和实体之间的联系转化为关系模式,这种转换一般遵循如下原则。

(1) 一个实体型转换为一个关系模式。实体的属性就是关系的属性。实体的码就是关系的码。

(2) 一个 $m:n$ 联系转换为一个关系模式。与该联系相连的各实体的码以及联系本

身的属性均转换为关系的属性。而关系的码为各实体码的组合。

（3）一个 $1:n$ 联系可以转换为一个独立的关系模式,也可以与 n 端对应的关系模式合并。如果转换为一个独立的关系模式,则与该联系相连的各实体的码以及联系本身的属性均转换为关系的属性,而关系的码为 n 端实体的码。

（4）一个 $1:1$ 联系可以转换为一个独立的关系模式,也可以与任意一端对应的关系模式合并。

（5）三个或三个以上实体间的一个多元联系转换为一个关系模式。与该多元联系相连的各实体的码以及联系本身的属性均转换为关系的属性,而关系的码为各实体码的组合。

（6）同一实体集的实体间的联系,即自联系,也可按上述 $1:1$、$1:n$ 和 $m:n$ 三种情况分别处理。

（7）具有相同码的关系模式可合并。

为进一步提高数据库应用系统的性能,通常以规范化理论为指导,还应该适当地修改、调整数据模型的结构,这就是数据模型的优化。确定数据依赖,消除冗余的联系,确定各关系模式分别属于第几范式,确定是否要对它们进行合并或分解。一般来说将关系分解为 3NF 的标准,即表内的每一个值都只能被表达一次;表内的每一行都应该被唯一标识(有唯一键);表内不应该存储依赖于其他键的非键信息。

4. 数据库物理设计阶段

为逻辑数据模型选取一个最适合应用环境的物理结构(包括存储结构和存取方法)。根据 DBMS 特点和处理的需要,进行物理存储安排,设计索引,形成数据库内模式。

5. 数据库实施阶段

运用 DBMS 提供的数据语言(例如 SQL)及其宿主语言(例如 C♯),根据逻辑设计和物理设计的结果建立数据库,编制、调试应用程序,组织数据入库,并进行试运行。数据库实施主要包括以下工作:用 DDL 定义数据库结构、组织数据入库、编制并调试应用程序、数据库试运行。

6. 数据库运行和维护阶段

数据库应用系统经过试运行后即可投入正式运行。在数据库系统运行过程中必须不断地对其进行评价、调整与修改,包括数据库的转储和恢复,数据库的安全性、完整性控制,数据库性能的监督、分析和改进,数据库的重组织和重构造。

数据库设计中的需求分析阶段综合各个用户的应用需求(现实世界的需求),在概念设计阶段形成独立于机器特点、独立于各个 DBMS 产品的概念模式(信息世界模型),用 E-R 图来描述。在逻辑设计阶段将 E-R 图转换成具体的数据库产品支持的数据模型,如关系模型,形成数据库逻辑模式。然后根据用户处理的要求,安全性的考虑,在基本表的基础上再建立必要的视图(VIEW),形成数据的外模式。在物理设计阶段根据 DBMS 特点和处理的需要,进行物理存储安排,设计索引,形成数据库内模式。

1.3.5 数据库设计实例分析

下面以某公司管理数据库为例,详细介绍数据库设计的完整过程。

【例题 1-1】 根据某公司的工作流程,设计一个满足该公司管理的数据库系统。具体要求如下:某公司的数据库管理系统主要完成客户和产品之间进行产品订购的功能,此系统可以实现让公司增加、删除和修改所提供的产品,还可以让客户增加、删除和修改所需要的产品。公司交易员(雇员)可以利用客户提出的订货信息和产品信息提出交易建议。另外,该系统能够分类统计已订购的产品信息。

【例题解析】 数据库的设计主要分为四步:需求分析、概念设计、逻辑设计和物理设计。

1. 公司管理数据库系统的需求分析

在这个阶段中,将对需要存储的数据进行收集和整理,并组织建立完整的数据集。可以使用多种方法进行数据的收集,例如相关人员调查、历史数据查阅、观摩实际的运作流程以及转换各种实用表单等。公司管理数据库系统通过观摩实际的运作流程进行需求分析,从而得出该公司销售的实际运作过程。

2. 公司管理数据库系统的概念模型设计

在需求分析的基础上,用 E-R 模型表示数据及其相互间的联系,产生反映用户信息需求的数据模型。概念设计的目的是准确地描述应用领域的信息模式,支持用户的各种应用,概念设计的成果是绘制出公司管理数据库系统的 E-R 图。

通过对公司管理数据库的概念设计,获得以下两方面的成果。①公司管理数据库需要表述的信息有以下几种:产品信息、客户信息、雇员信息和订单信息。②公司管理数据库系统的 E-R 模型。

3. 公司管理数据库系统的逻辑设计

(1)利用 E-R 图到关系模式转换的有关知识,将公司管理数据库系统的 E-R 图转换为系统的数据表。

(2)将逻辑模式规范化和性能优化。

由 E-R 图转换的数据库逻辑模型还只是逻辑模式的雏形,要成为逻辑模式(如图 1-29 所示),还需要进行以下几个方面的处理:①对数据库的性能、存储空间等优化;②数据库逻辑模型的规范化。

(3)确定数据表和表中的字段。

根据我们所给出的实体得到公司销售的数据表结构,我们需要为这些字段添加一些简单的描述,包括每个字段应该使用什么样的数据类型,以及有什么特殊限制等。

(4)建立约束,以保证数据的完整性和一致性。

① 建立主键约束,以唯一标识数据表的各条记录。

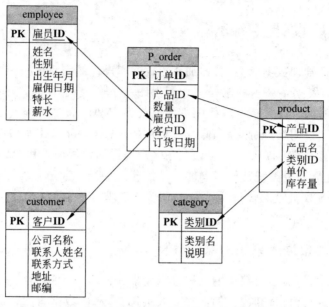

图 1-29 完整的公司管理数据库系统的逻辑模式

② 建立数据表之间的关联，并根据建立的关联，实现表之间的参照完整性；通过前面实体关系的转换，我们建立了数据表之间的关联。

③ 对表中的一些字段建立检查约束。如性别字段值应为"男"或"女"，订货日期应在系统日期之前。

4. 公司管理数据库系统的物理设计

数据库的物理设计的任务是在数据库逻辑设计的基础上，为每个关系模式选择合适的存储结构和存取路径的过程。

（1）选择存储结构：设计物理存储结构的目的是确定如何在磁盘上存储关系、索引等数据库文件，使得空间利用率最大而数据操作的开销最小。

（2）选择存取方法：选择存取方法的目的是使事务能快速存取数据库中的数据。任何数据库管理系统都提供多种存取方法，其中最常用的是索引方法。

依据以上索引设计原则，考虑到本公司管理数据库的功能，决定在下面的表结构中标有下划线的字段经常出现在查询条件中，需要在上面建立索引。

Employee(雇员ID,姓名,性别,出生年月,雇佣日期,特长,薪水)
P_order(订单ID,产品ID,数量,雇员ID,客户ID,订货日期)
Product(产品ID,产品名,类别ID,单价,库存量,供应商ID)
Customer(客户ID,公司名称,联系人姓名,联系方式,地址,邮编)
Category(类别ID,类别名,说明)

至此，一个完整的公司管理数据库系统的规划已全部完成。

1.4 Access 系统环境

1.4.1 Access 的基本特点

Access 是微软公司推出的基于 Windows 的桌面关系数据库管理系统,是 Office 系列应用软件之一。它提供了表、查询、窗体、报表、页、宏、模块 7 种用来建立数据库系统的对象;提供了多种向导、生成器、模板,把数据存储、数据查询、界面设计、报表生成等操作规范化;为建立功能完善的数据库管理系统提供了方便,也使得普通用户不必编写代码,就可以完成大部分数据管理的任务。

1. Access 的优点

(1) 存储方式单一。

Access 管理的对象有表、查询、窗体、报表、页、宏和模块,以上对象都存放在后缀名为.mdb 的数据库文件中,便于用户的操作和管理。

(2) 面向对象。

Access 是一个面向对象的开发工具,利用面向对象的方式将数据库系统中的各种功能对象化,将数据库管理的各种功能封装在各类对象中。它将一个应用系统当作是由一系列对象组成的,每个对象定义一组方法和属性,以定义该对象的行为和外观,用户还可以按需要给对象扩展方法和属性。通过对象的方法、属性完成数据库的操作和管理,极大地简化了用户的开发工作。同时,这种基于面向对象的开发方式,使得开发应用程序更为简便。

(3) 界面友好、易操作。

Access 是一个可视化工具,风格与 Windows 完全一样,用户想要生成对象并应用,只要使用鼠标进行拖放即可,非常直观方便。系统还提供了表生成器、查询生成器、报表设计器以及数据库向导、表向导、查询向导、窗体向导、报表向导等工具,操作简便,容易使用和掌握。

(4) 集成环境处理多种数据信息。

Access 基于 Windows 操作系统下的集成开发环境,该环境集成了各种向导和生成器工具,极大地提高了开发人员的工作效率,使得建立数据库、创建表、设计用户界面、设计数据查询、报表打印等可以方便有序地进行。

(5) Access 支持 ODBC(开放数据库互连,Open DataBase Connectivity),利用 Access 强大的 DDE(动态数据交换)和 OLE(对象的连接和嵌入)特性,可以在一个数据表中嵌入位图、声音、Excel 表格、Word 文档,还可以建立动态的数据库报表和窗体等。Access 还可以将程序应用于网络,并与网络上的动态数据相连接。利用数据库访问页对象生成 HTML 文件,轻松构建 Internet/Intranet 的应用。

2. Access 的不足

Access 是小型数据库,有它的局限性,Access 一般不能应用于以下几种情况:

(1) 数据库过大,一般 Access 数据库达到 50M 左右的时候性能会急剧下降。

(2) 网站访问频繁,同时在线人数经常达到 100 以上。

(3) 记录数过多,一般记录数达到 10 万条左右的时候性能就会急剧下降。

1.4.2 Access 的数据类型

Access 的数据类型如表 1-1 所示。

表 1-1 Access 数据类型

数据类型	用　　法	大　　小
文本	文本或文本与数字的组合,例如地址;也可以是不需要计算的数字,例如电话号码、零件编号或邮编	最多 255 个字符,Microsoft Access 只保存输入到字段中的字符,而不保存文本字段中未用位置上的空字符
备注	长文本及数字,例如备注或说明	最多 64 000 个字符
数字	可用来进行算术计算的数字数据,涉及货币的计算除外(使用货币类型)。设置"字段大小"属性定义一个特定的数字类型	1、2、4 或 8 个字节
日期/时间	日期和时间	8 个字节
货币	货币值。使用货币数据类型可以避免计算时四舍五入。精确到小数点左方 15 位及右方 4 位	8 个字节
自动编号	在添加记录时自动插入的唯一顺序(每次递增 1)或随机编号	4 个字节
是/否	字段只包含两个值中的一个,例如"是/否"、"真/假"、"开/关"	1 位
OLE 对象	在其他程序中使用 OLE 协议创建的对象(例如 Microsoft Word 文档、Microsoft Excel 电子表格、图像、声音或其他二进制数据),可以将这些对象链接或嵌入到 Microsoft Access 表中。必须在窗体或报表中使用绑定对象框来显示 OLE 对象	最大可为 1GB(受磁盘空间限制)
超链接	存储超链接的字段。超链接可以是 UNC 路径或 URL	最多 64 000 个字符
查阅向导	创建允许用户使用组合框选择来自其他表或来自值列表中的值的字段。在数据类型列表中选择此选项,将启动向导进行定义	与主键字段的长度相同,且该字段也是"查阅"字段;通常为 4 个字节

1.4.3 Access 的基本对象

Access 2003 所提供的对象均存放在同一个数据库文件(.mdb)中。进入 Access

2003，打开一个示例数据库，可以看到如图 1-30 所示的界面。在这个界面的"对象"栏中，包含有 Access 2003 的 7 个对象，各对象的关系如图 1-31 所示。

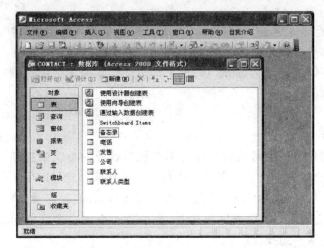

图 1-30　Access 界面

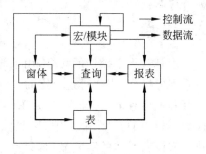

图 1-31　Access 各对象之间的关系

1．表

表是 Access 2003 中所有其他对象的基础，因为表中存储了 Access 2003 中其他对象要执行任务和活动的数据。每个表由若干记录组成，每条记录都对应于一个实体，同一个表中的所有记录都具有相同的字段定义，每个字段存储着对应于实体的不同属性的数据信息。

2．查询

数据库的主要目的是存储和提取信息，在输入数据后，信息可以立即从数据库中获取，也可以以后再获取这些信息。查询成了数据库操作的一个重要内容。Access 2003 提供了三种查询方式。

（1）交叉数据表查询：查询数据不仅要在数据表中找到特定的字段、记录，有时还需要对数据表进行统计、摘要，如求和、计数、求平均值等，这样就需要交叉数据表查询方式。

（2）动作查询：也称为操作查询，可以运用一个动作同时修改多个记录，或者对数据表进行统一修改。动作查询有 4 种，生成表、删除、添加和更新。

（3）参数查询：参数即条件。参数查询是选择查询的一种，指从一张或多张表中查询那些符合条件的数据信息，并可以为它们设置查询条件。

3．窗体

窗体向用户提供一个交互式的图形界面，用于进行数据的输入、显示及应用程序的执行控制。在窗体中可以运行宏和模块，以实现更加复杂的功能。在窗体中也可以进行打印。可以设置窗体所显示的内容，还可以添加筛选条件来决定窗体中所要显示的内容。窗体显示的内容可以来自一个表或多个表，也可以是查询的结果。还可以使用子窗体来显示多个数据表。

4. 报表

报表用来将选定的数据信息进行格式化显示和打印。报表可以基于某一数据表,也可以基于某一查询结果,这个查询结果可以是在多个表之间的关系查询结果集。报表在打印之前可以预览。另外,报表也可以进行计算,如求和、求平均值等。在报表中还可以加入图表。

5. 宏

宏是若干个操作的集合,用来简化一些经常性的操作。用户可以设计一个宏来控制一系列的操作,当执行这个宏时,就会按这个宏的定义依次执行相应的操作。宏可以用来打开并执行查询、打开表、打开窗体、打印、显示报表、修改数据及统计信息、修改记录、修改数据表中的数据、插入记录、删除记录、关闭数据库等操作,也可以运行另一个宏或模块。宏没有具体的实际显示,只有一系列的操作。

6. 模块

模块是用 Access 2003 所提供的 VBA(Visual Basic for Application)语言编写的程序段。模块有两种基本类型:类模块和标准模块。模块中的每一个过程都可以是一个函数过程或一个子程序。模块可以与报表、窗体等对象结合使用,以建立完整的应用程序。VBA 语言是 VB 的一个子集。VBA 程序设计使用的是现在流行的面向对象的程序设计方法。宏可以转换为模块。

7. Web 页

Web 页是 Access 2003 提供的新功能,它使得 Access 2003 与 Internet 紧密结合起来。在 Access 2003 中用户可以直接建立 Web 页。通过 Web 页,用户可以方便、快捷地将所有文件作为 Web 发布程序存储到指定的文件夹,或将其复制到 Web 服务器上,以便在网络上发布信息。

小　　结

本章介绍了数据库管理技术发展的 4 个阶段,介绍了数据库的基本概念、数据库系统的组成;讨论了数据模型,它是数据库技术的核心;最后介绍了 Access 数据库系统的数据类型和 Access 环境基础知识。

(1) 关于数据库的几个概念:数据库是存储在计算机内的有结构的数据集合;数据库管理系统是一个软件,用以维护数据库、接收并完成用户对数据库的一切操作;数据库系统指由硬件设备、软件系统、数据库和管理人员构成的一个运行系统。

(2) E-R 模型:在 E-R 模型中,现实世界被划分为若干个实体,由属性来描述实体的性质。除了实体和属性外，构成 E-R 模型的第三个要素是联系。实体之间通过联系相互作用和关联。实体间的联系有三种：一对一（1∶1）、一对多（1∶n）和多对多（m∶n）。

（3）数据模型是数据库系统中关于数据内容和数据之间联系的逻辑组织的形式表示。每一个具体的数据库都有一个相应的数据模型来定义。数据模型最终成为一组被命名的逻辑数据单位（数据项、记录等）以及它们之间的逻辑联系所组成的全体。常用的数据模型有层次模型、网状模型和关系模型，目前最常用的是关系模型。

（4）数据库系统在不断的发展中，Access 是目前普遍使用的小型数据库系统，具有表、查询、窗体、报表、宏、模块和 Web 页 7 个基本对象。

习　题　1

一、单项选择题

1. 数据库（DB）、数据库系统（DBS）和数据库管理系统（DBMS）之间的关系是（　　）。

　　A. DBMS 包括 DB 和 DBS　　　　　　　B. DBS 包括 DB 和 DBMS

　　C. DB 包括 DBS 和 DBMS　　　　　　　D. DB、DBS 和 DBMS 是平等关系

2. 在数据管理技术的发展过程中，大致经历了人工管理阶段、文件系统阶段和数据库系统阶段（含分布式数据库管理阶段）。其中，数据独立性最高的阶段是（　　）阶段。

　　A. 数据库系统　　　B. 文件系统　　　C. 人工管理　　　D. 数据项管理

3. 如果表 A 中的一条记录与表 B 中的多条记录相匹配，且表 B 中的一条记录与表 A 中的多条记录相匹配，则表 A 与表 B 间的关系是（　　）关系。

　　A. 一对一　　　　　B. 一对多　　　　　C. 多对一　　　　　D. 多对多

4. 在数据库中能够唯一地标识一个元组的属性（或者属性的组合）称为（　　）。

　　A. 记录　　　　　　B. 字段　　　　　　C. 域　　　　　　　D. 关键字

5. 表示二维表的"列"的关系模型术语是（　　）。

　　A. 属性　　　　　　B. 字段　　　　　　C. 记录　　　　　　D. 数据项

6. 表示二维表的"行"的关系模型术语是（　　）。

　　A. 数据表　　　　　B. 元组　　　　　　C. 记录　　　　　　D. 字段

7. Access 的数据库类型是（　　）。

　　A. 层次数据库　　　B. 网状数据库　　　C. 关系数据库　　　D. 面向对象数据库

8. 属于传统的集合运算的是（　　）。

　　A. 加、减、乘、除　　　　　　　　　　　B. 并、差、交

　　C. 选择、投影、连接　　　　　　　　　　D. 增加、删除、合并

9. 关系数据库管理系统的三种基本关系运算不包括（　　）。

　　A. 比较　　　　　　B. 选择　　　　　　C. 连接　　　　　　D. 投影

10. 下列关于关系模型特点的描述中，错误的是（　　）。

　　A. 在一个关系中元组和属性的次序都无关紧要

　　B. 可以将日常手工管理的各种表格，按照一张表作为一个关系直接存放到数据

库系统中

    C. 每个属性必须是不可分割的数据单元,表中不能再包含表

    D. 在同一个关系中不能出现相同的属性名

11. 在数据库设计的步骤中,确定了数据库中的表后,接下来应该(　　)。

    A. 确定表的主键   B. 确定表中的字段

    C. 确定表之间的关系   D. 分析建立数据库的目的

12. 在建立"教学信息管理"数据库时,将学生信息和教师信息分开,保存在不同的表中的原因是(　　)。

    A. 避免字段太多,表太大

    B. 便于确定主键

    C. 当删除某一学生信息时,不会影响教师信息,反之亦然

    D. 以上都不是

13. 下列关于 Access 数据库描述错误的是(　　)。

    A. 由数据库对象和组两部分组成

    B. 数据库对象包括表、查询、窗体、报表、数据访问页、宏、模块

    C. 数据库对象放在不同的文件中

    D. Access 数据库是关系数据库

14. 将两个关系拼接成一个新的关系,生成的新关系中包含满足条件的元组,这种操作称为(　　)。

    A. 选择   B. 投影   C. 连接   D. 并

15. 用树型结构表示实体之间联系的模型是(　　)。

    A. 关系模型   B. 网状模型   C. 层次模型   D. 以上都是

16. 为了合理组织数据,应遵从的设计原则是(　　)。

    A. "一事一地"原则,即一个表描述一个实体集合或者实体集合间的一种联系

    B. 表中的字段必须是原始数据和基本数据元素,并避免在表中出现重复字段

    C. 用外部关键字保证有关联的表之间的联系

    D. 以上都包括

17. Access 中表和数据库的关系是(　　)。

    A. 一个数据库可以包含多个表   B. 一个数据库只能包含一个表

    C. 一个表可以包含多个数据库   D. 一个表只能包含一个数据库

18. 下列关于实体描述的说明,错误的是(　　)。

    A. 客观存在并且相互区别的事物称为实体,因此实际的事物都是实体,而抽象的事物不能作为实体

    B. 描述实体的特性称为属性

    C. 属性值的集合表示一个实体

    D. 在 Access 中,使用"表"来存放同一类的实体

19. 下列叙述中正确的是(　　)。

    A. 数据库系统是一个独立的系统,不需要操作系统的支持

B. 数据库设计是指设计数据库管理系统

C. 数据库技术的根本目标是要解决数据共享的问题

D. 数据库系统中,数据的物理结构必须与逻辑结构一致

20. 在关系数据库系统中,当关系的模型改变时,用户程序也可以不变,这是(　　)。

　A. 数据的物理独立性　　　　　　　B. 数据的逻辑独立性

　C. 数据的位置独立性　　　　　　　D. 数据的存储独立性

21. 在数据库中存储的是(　　)。

　A. 数据　　　　　　　　　　　　B. 数据模型

　C. 数据以及数据之间的联系　　　　D. 信息

22. 把 E-R 图转换成关系模型的过程,属于数据库设计的(　　)。

　A. 概念设计　　　　B. 逻辑设计　　　C. 需求分析　　　　D. 物理设计

23. 如果一个数据表中存在完全相同的元组,则该数据表(　　)。

　A. 存在数据冗余　　　　　　　　　B. 不是关系数据模型

　C. 数据模型采用不当　　　　　　　D. 数据库系统的数据控制功能不好

24. 数据库系统的核心软件是(　　)。

　A. 数据库应用系统　　　　　　　　B. 数据库集合

　C. 数据库管理系统　　　　　　　　D. 数据库管理员和用户

25. 下列关于数据库管理系统的描述中,正确的是(　　)。

　A. 指系统开发人员利用数据库系统资源开发的面向某一类实际应用的软件系统

　B. 指位于用户与操作系统之间的数据库管理软件,能方便地定义数据和操纵数据

　C. 能实现有组织地、动态地存储大量的相关数据,提供数据处理和信息资源共享

　D. 由硬件系统、数据库集合、数据库管理员和用户组成

二、填空题

1. 目前常用的数据库管理系统软件有＿＿＿＿＿、＿＿＿＿＿、＿＿＿＿＿。

2. ＿＿＿＿＿实际上就是存储在某一种媒体上的能够被识别的物理符号。

3. 一个关系的逻辑结构就是一个＿＿＿＿＿。

4. 目前的数据库系统,主要采用＿＿＿＿＿数据模型。

5. 数据管理技术的发展经历了人工管理阶段、文件系统阶段和＿＿＿＿＿系统阶段。

6. 数据库系统包括数据、硬件、软件和＿＿＿＿＿。

7. 数据的完整性包括＿＿＿＿＿、＿＿＿＿＿、＿＿＿＿＿三种。

8. 对关系进行选择、投影或连接运算之后,运算的结果仍然是一个＿＿＿＿＿。

9. 在关系数据库的基本操作中,从表中选出满足条件的元组的操作称为＿＿＿＿＿;从表中抽取属性值满足条件的列的操作称为＿＿＿＿＿;把两个关系中相关属性和元组连接在一起构成新的二维表的操作称为＿＿＿＿＿。

10. 要想改变关系中属性的排列顺序,应使用关系运算中的＿＿＿＿＿运算。

11. 工资关系中有工资号、姓名、职务工资、津贴、公积金、所得税等字段,其中可以作为主键的字段是＿＿＿＿＿。

12. 表之间的关系有三种，即 _____ 、_____ 、_____ 。

13. 数据库设计的第一个阶段是_____。

三、思考题

1. 什么是数据、数据库、数据库管理系统和数据库系统？

2. 常用的数据库管理系统软件有哪些？数据库管理系统和数据库应用系统之间的区别是什么？

3. 数据管理技术的发展大致经历了哪几个阶段？各阶段的特点是什么？

4. 解释以下名词：实体、实体集和实体型。

5. 数据库管理系统所支持的传统数据模型是哪三种？各自都有哪些优缺点？

6. 如何理解关系、元组、属性、域、主键和外键？

7. 简述设计数据库的基本步骤。

第 **2** 章

数据库和表

学习目标

(1) 了解数据库的建立过程,并熟悉数据库的操作;

(2) 理解字段类型的区别及应用,表的创建与记录的编辑方法;

(3) 理解并掌握数据表之间的关系,并建立表之间的关系;

(4) 了解表中数据的排列、筛选和修饰方法等操作。

数据库的基本功能是存储并管理数据,在 Access 数据库中,基本的数据都存储在数据表中。数据表是 Access 数据库应用的基础,查询、窗体、报表、数据访问页等 Access 数据库对象都是在表的基础上创建的。本章介绍 Access 数据表的字段类型及表结构,通过向导、设计视图以及输入创建数据表的基本方法;介绍了主键与索引的作用及创建方法,以及表之间的关系和调整表的外观等内容。

2.1 创建数据库

2.1.1 创建空数据库

1. 利用模板新建数据库

为了方便用户使用,Access 2003 提供了一些标准的数据框架(又称"模板"),Office Online 模板可通过在线查找需要的数据库模板。通过这些模板还可以学习如何组织构造一个数据库,这些模板不一定符合用户的实际要求,但在向导的帮助下,对这些模板稍加修改,即可建立一个新的数据库。

【例题 2-1】 利用向导来创建"讲座管理"数据库。

操作步骤如下:

① 启动 Access 2003,选择"文件"菜单中的"新建"选项,或单击工具栏上的"新建"按钮,即可打开"新建文件"窗口,有"本机上的模板…"和"Office Online 模板"可供选择,本例中选择"本机上的模板…"选项,如图 2-1 所示。

② 在"根据模板新建"部分用鼠标左键单击"通用模板"选项,可以打开"模板"窗口,

图 2-1　新建 Access 界面

如图 2-2 所示。在模板中选择"数据库"选项卡,并单击选择某一个模板,本例中选择"讲座管理"。

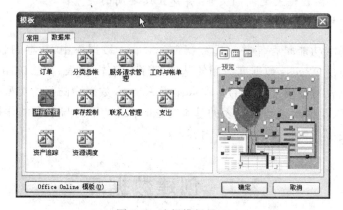

图 2-2　选择模板界面

③ 然后单击"确定"按钮,出现"文件新建数据库"对话框,如图 2-3 所示。通过"保存位置"项选择文件保存路径,并在"文件名"处输入文件名"讲座管理"。

图 2-3　"文件新建数据库"对话框

④ 单击"创建"按钮启动数据库向导,如图 2-4 所示,数据库向导提供了可以建立的表。

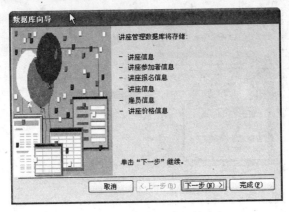

图 2-4　数据库中建立的表

⑤ 单击"下一步"按钮进入如图 2-5 所示的界面,在此可以选择数据库中所需要的表,确定表中的字段,选择"讲座信息"选项。

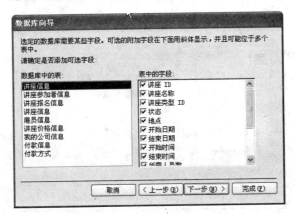

图 2-5　数据库中表中字段的选择

⑥ 单击"下一步"按钮,进入如图 2-6 所示的窗口,选择屏幕的显示样式。

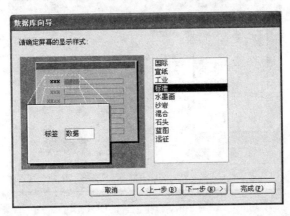

图 2-6　选择屏幕的显示样式

⑦ 单击"下一步"按钮，进入如图 2-7 所示的界面，选择打印报表的样式。

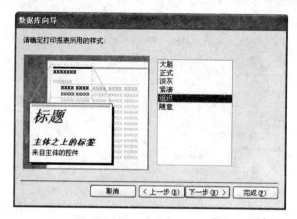

图 2-7　选择打印报表的样式

⑧ 单击"下一步"按钮，进入如图 2-8 所示的界面，修改数据库的标题，并可以选择是否包含一幅图片。单击"图片"按钮可以选择图片，如图 2-9 所示。

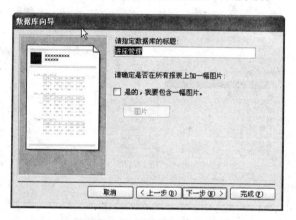

图 2-8　确定数据库的标题

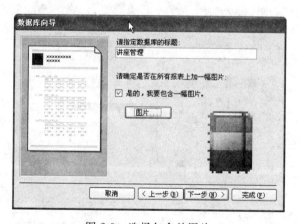

图 2-9　选择包含的图片

Access 数据库程序设计

⑨ 单击"下一步"按钮,进入如图 2-10 所示的界面,至此,由向导创建数据库所需的全部信息已完成,并可选择在数据库创建完成后是否启动该数据库。

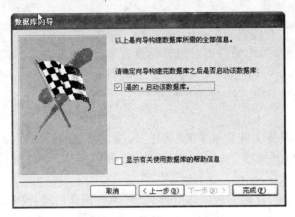

图 2-10　完成数据库的建立

⑩ 单击"完成"按钮,开始创建数据库对象,包括表、查询、窗体和报表等。完成数据库建立的所有工作之后,输入公司信息,如图 2-11 所示。切换到数据库启动的主控页面,如图 2-12 所示。

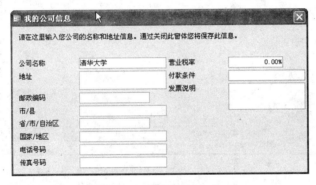

图 2-11　填写公司信息

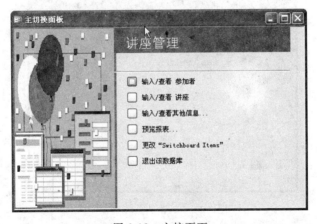

图 2-12　主控页面

通过模板建立数据库虽然简单,但有时候很难满足实际的需求。一般我们对数据库有了进一步了解之后,就很少用向导创建数据库了。

2. 直接建立一个数据库

选择建立空数据库,其中的各类对象暂时没有数据,而是在以后的操作过程中,根据需要逐步建立。

【例题 2-2】 创建一个空的"教学数据库"。

操作步骤如下:

① 打开 Access,选择文件菜单中的"新建"选项。在"新建文件"的"新建"窗格中选择"空数据库",系统会弹出如图 2-13 所示的"文件新建数据库"对话框,等待选择输入新数据库的存放路径和名称。

② 选择合适的路径,并输入数据库文件名"教学数据库",单击"创建"按钮,建立一个名为"教学数据库"的空数据库。如图 2-14 所示,在新建的空数据库中没有任何数据库对象。这是一个空的数据库,可以根据需要往数据库中添加其他的数据库对象。

图 2-13　"文件新建数据库"对话框

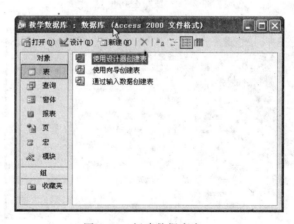

图 2-14　新建数据库窗口

3. 根据现有文件新建数据库

Access 提供了"根据现有文件新建数据库"的功能,这与以前的版本不同。新建的数据库与选中的现有数据库文件存放在同一文件夹中,但是它的文件名是在原文件的主文件名后增加1,以示区别,这样就产生了现有数据库文件的一个复制副本。

2.1.2 打开及关闭数据库

1. 打开数据库

使用数据库之前,需要先打开数据库,可以单击"文件"菜单的"打开"菜单选项,在弹出的对话框中选择已有的数据库文件"教学数据库.mdb",Access 数据库的扩展名称为mdb,如图 2-15 所示。

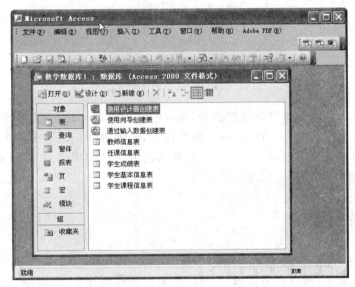

图 2-15　打开现有文件新建数据库

2. 关闭数据库

完成数据库的相关操作后需要将其关闭。关闭数据库的方法有如下几种。

(1) 单击"数据库"窗口右上角的"关闭"按钮。

(2) 在"文件"菜单中选择"关闭"选项。

(3) 在数据库左上角的"控制"菜单中选择"关闭"选项。

2.1.3 查看数据库属性

数据库的属性包括文件名、文件大小、位置、占用空间、最后修改日期等。数据库属性分为 5 类:"常规"、"摘要"、"统计"、"内容"、"自定义",如图 2-16 所示。

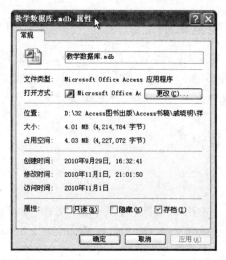

图 2-16　数据库属性

2.2　数据表的建立

数据库的基本功能是存储并管理数据,建立数据库之后,即可向数据库中添加对象,其中最基本的对象是数据表。在 Access 数据库中,数据表的创建有多种方法,如使用向导、设计器,通过输入数据都可以建立表。最简单的方法是使用表向导,它提供了一些模板,在向导的帮助下可以快速创建一个数据表。

2.2.1　表的组成

在 Access 中,一个表就是一个关系,也是实际应用中的一个二维表格,所有实际存储的数据都存放在表中;所以在进行表的设计时,要对实际应用中的二维表格进行分析,然后根据数据设计的基本原则设计表的结构。表的结构中包括字段名称、数据类型、字段说明和字段属性等几部分,图 2-17 为表的设计视图。

1. 字段

字段是通过在表设计器的字段输入区输入字段名和字段数据类型而建立的。表中的记录包含许多字段,分别存储着每个记录的不同类型的信息(属性)。在设计字段名称时,需要遵循以下规则。

(1) 长度不能超过 64 个西文字符(或 32 个汉字);

(2) 不能包含句号"。"、感叹号"!"、重音符号""和方括号[ ],可以是包含字母、数字、空格及其他特殊字符的任意组合;

(3) 不能以空格开头;

(4) 不能包含控制字符(值为 0～31 的 ASCII 字符);

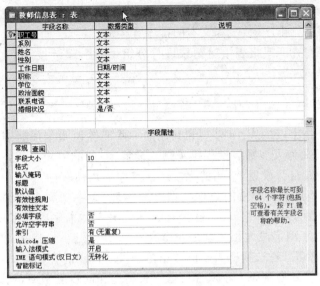

图 2-17   表的设计视图

（5）最好确保字段名称与 Access 中已有的属性和其他元素的名称不相同。

2. 数据类型

适当的数据类型能够反映字段所表示的信息选择。如果数据类型选取得不合适，会使数据库效率降低，并且容易引起错误。Access 2003 可使用的数据类型、适用范围和所需存储空间见表 2-1。

表 2-1   数据类型表

数据类型	用　　途	字　符　长　度
文本	表示字母和数字	0～255 个字符
备注	表示字母和数字	0～64 000 个字符
数字	表示数值	1、2、4 或 8 字节
日期/时间	表示日期/时间	8 字节
货币	表示数值	8 字节
自动编号	表示自动数字	4 字节
是/否	表示是/否、真/假	1 位
OLE 对象	表示链接或嵌入对象	可达 1G
超链接	表示 Web 地址、邮件地址	可达 64 000 字节
查阅向导	表示来自其他表或列表的值	通常为 4 字节

对于某一具体数据而言，可以使用的数据类型可能有多种，例如电话号码可以使用数字型，也可使用文本型，但只有一种是最合适的。对字段的数据类型的选择主要考虑以下几个方面：

（1）字段中可以使用什么类型的值；

（2）需要用多大的存储空间来保存字段的值；

（3）是否需要对数据进行计算（主要区分是用数字，还是文本、备注等）；

（4）是否需要建立排序或索引（备注、超链接及 OLE 对象型字段不能使用排序和索引）；

（5）是否需要进行排序（数字和文本的排序有区别）；

（6）是否需要在查询或报表中对记录进行分组（备注、超链接及 OLE 对象型字段不能用于分组记录）。

3. 字段属性

字段的属性是指字段的大小、外观和其他的一些能够说明字段所表示的信息和数据类型的描述。Access 为大多数属性提供了默认设置，一般能够满足用户的需要。用户也可以改变默认设置或自行设置，常用的字段属性有如下几种。

（1）字段大小：具有此属性的数据类型有文本型、数字型和自动编号型。文本型字段大小属性可设置为 1～255 之间的任何整数，从而决定文本字段最多可存储的字符数，其默认值为 50。数字型字段大小属性的可选项有字节、整型、长整型、单精度型、双精度型、同步复制 ID 和小数，各选项所表示的数据范围及所占用的存储空间都不相同，其默认值为长整型。自动编号型字段大小属性可选择长整型和同步复制型，其默认值为长整型。

（2）索引：具有此属性的数据类型有文本型、数字型、货币型、日期/时间型。索引属性可有三个取值：无索引、有索引（有重复）和有索引（无重复）。如果某字段被设置为有索引属性，那么在显示表或查询时，将按照索引顺序排列记录。如果索引为"有（无重复）"，那么 Access 将不允许在两个记录中输入相同的该字段值。如果某字段被设置为"无索引"，则不对记录进行排序。

（3）格式：除了 OLE 对象外，可为任何数据类型的字段设置格式。使用格式属性可规定字段的数据显示格式。Access 为自动编号、数字、货币、日期/时间等提供了预定义格式，用户可从列表中选择。

（4）小数位数：此属性要在设置格式属性后定义才能生效。它提供了自动和 1～15位的选项。其默认值为自动，此时格式属性为"货币"、"整型"、"标准"、"百分比"和"科学记数法"的字段，将显示 2 位小数。注意，此属性只影响显示的小数位数，而不影响保存的小数位数（若需更改保存的小数位数，必须重新设置字段大小属性）。

（5）默认值：使用此属性可以指定在添加新记录时自动输入的值。如果表中记录的某字段值大部分相同，即可为该字段设置一个默认值，可大大简化输入。添加新记录时可接受默认值，也可输入新值覆盖它。

（6）字段有效性规则：字段有效性规则用来控制数据输入的正确性和有效性。一旦输入字段的数据违反了有效性规则，Access 将显示一个信息提示用户哪些是允许的输入项目。大多数情况下，最好在表的设计视图中"有效性规则"中设置字段的属性，并定义数据验证和限制。

例如，学生成绩表中的学生成绩的取值只能为"＞＝0 And ＜＝100"，否则应该提示"成绩必须在 0-100 之间！"信息，如图 2-18 和图 2-19 所示。

（7）掩码：输入掩码为数据的输入提供了一个模板，可确保数据输入表中时具有正确的格式。比如，在密码框中输入的密码不能显示出来，只能以 ＊ 形式显示，那么只需要在"输入掩码"文本框内设置为 ＊ 即可。输入掩码可以打开一个向导，根据提示输入正确的掩码，如图 2-20 所示。

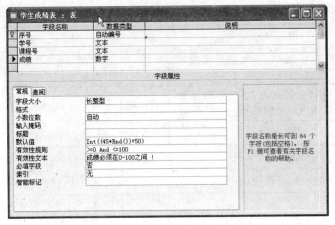

图 2-18　定义有效性规则

图 2-19　测试有效性规则和有效性文本

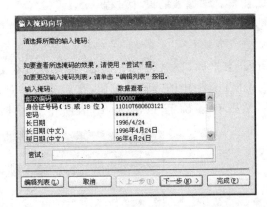

图 2-20　输入掩码向导

输入掩码属性所使用字符的含义如表 2-2 所示。

4. 字段说明

字段说明是指对每个字段一般有一个简短的说明性文字,用来说明这个字段所表示的具体含义,以及设计字段时的注释。此说明会在向该字段添加数据时出现在状态栏中(此项设置可选)。

表 2-2　输入掩码属性所使用字符的含义

字符	说　明	字符	说　明
0	数字(0 到 9,必选项;不允许使用加号＋和减号—)	9	数字或空格(非必选项;不允许使用加号和减号)
#	数字或空格(非必选项;空白将转换为空格,允许使用加号和减号)	L	字母(A 到 Z,必选项)
?	字母(A 到 Z,可选项)	A	字母或数字(必选项)
a	字母或数字(可选项)	&	任一字符或空格(必选项)
C	任一字符或空格(可选项)	<	使其后所有的字符转换为小写
>	使其后所有的字符转换为大写	\	使其后的字符显示为原义字符。可用于将该表中的任何字符显示为原义字符(例如,\A 显示为 A)
!	输入掩码从右到左显示,输入掩码的字符一般都是从左向右的。可以在输入掩码的任意位置包含叹号		

2.2.2　建立表结构

1. 使用向导创建表

Access 2003 提供了表向导来创建数据表结构的方法,利用向导不仅可以快速、简洁地创建表,而且能够帮助初学者掌握表的设计过程。

【例题 2-3】　使用表向导创建数据表。

操作步骤如下:

(1) 启动表向导。打开数据库,在对象栏中单击"表",然后双击"使用向导创建表",即可启动表向导。或者单击工具栏中的"新建"按钮,在如图 2-21 所示的"新建表"对话框中选取"表向导"列表项,然后单击"确定"按钮,弹出"表向导"对话框,如图 2-22 所示。

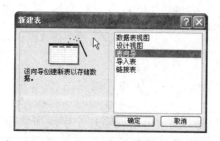

图 2-21　"新建表"对话框

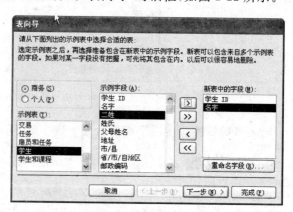

图 2-22　选择合适的表

（2）选择字段。在图 2-22 中，选择"商务"单选项，然后在"示例表"列表框中选择单选项"学生"表，接着双击"示例字段"中的字段，将"学生 ID"、"名字"、"地址"、"邮政编码"、"电话号码"、"电子邮件账户名"、"主修"、"学号"、"附注"等列表项作为新建表的字段，向导自动将其添加到"新表中的字段"列表框中，如图 2-22 所示。

（3）修改字段名称（可选项）。对于上述所建的新表，若要修改表中字段的名称，可在"新表中的字段"列表框中选中需修改的字段，例如选择"名字"字段，然后单击"重命名字段"按钮，弹出"重命名字段"对话框，如图 2-23 所示。输入新的字段名称"姓名"，单击"确定"按钮。如需修改多个字段名，可重复此过程。

（4）指定表的名称、设置主键。单击图 2-22 中的"下一步"按钮，打开表向导对话框二，如图 2-24 所示。在"请指定表的名称"文本框中输入新建表的名称："学生基本信息表"。在"请确定是否用向导设置主键："单选框中，确定设置主键的方法。选择"是，帮我设置一个主键"，然后单击"下一步"按钮。

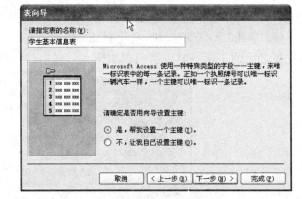

图 2-23　"重命名字段"对话框　　　　图 2-24　表向导设置主键

若选择"不，让我自己设置主键"，然后单击"下一步"按钮，则弹出如图 2-25 所示的表向导对话框三。在"请确定哪个字段将拥有对每个记录都是唯一的数据："的下拉列表中选择字段作为主关键字字段："学生 ID"。然后，指定其数据类型，如"让 Microsoft Access 自动为新记录指定连续数字"，即自动编号类型。

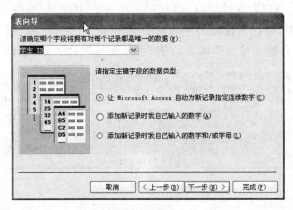

图 2-25　表向导设置记录唯一字段

（5）确定下一步工作。单击"下一步"按钮。系统弹出如图 2-26 所示的表向导对话框四，确定此表是否与数据库中的其他表相关。

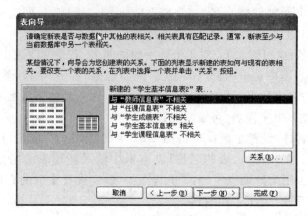

图 2-26　表向导设置数据表间关系

（6）单击"下一步"按钮，系统弹出如图 2-27 所示表向导对话框五，选择利用向导创建完表之后的工作，如"直接向表中输入数据"，然后单击"完成"按钮。

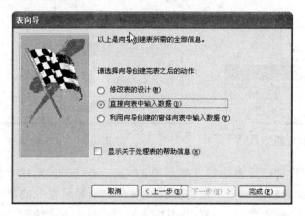

图 2-27　表向导完成对话框

（7）输入数据。新建表完成之后，将在数据表视图中打开，如图 2-28 所示。在图 2-28 所示的数据表视图中，可以直接输入字段值。输入完一个字段后，按回车键确认，并跳到下一个字段（注意：自动编号类型的字段值，由系统给出，用户不能输入）。

图 2-28　数据表视图

输入完一条记录的最后一个字段后,按回车键,系统会自动保存本条记录,并定位到下一条记录的第一个字段。也可单击工具栏中的"保存"按钮,保存记录。切换回"数据库"窗口,可查看学生基本信息表已创建成功。

2. 在表设计视图中创建表

【例题 2-4】 用表设计器为教学数据库创建一个如图 2-29 所示的学生基本信息表。使用表设计器创建表的过程如下。

| 学生基本信息表 : 表 | | | | | | | | |
学号	姓名	系别	性别	出生日期	出生地点	入学日期	政治面貌	爱好
900106	洪智伟	中文	男	1973-12-19	湖北武汉	90-09-12	党员	上网,运
900125	乔胜青	计算机	男	1973-11-30	安徽怀宁	90-09-12	团员	绘画,摄
900156	王雪丽	英语	男	1973-10-30	安徽屯溪	90-09-12	群众	绘画,摄
900175	楼飞	法律	女	1973-10-11	安徽固镇	90-09-12	党员	相声,小
900262	王金娥	中医	女	1973-7-16	安徽金松	90-09-12	团员	书法
900263	白晓明	物理	女	1973-7-15	安徽金寨	90-09-12	党员	书法
900296	方帆	数学	男	1973-6-12	安徽金寨	90-09-12	党员	摄影
900301	郑红	中文	女	1973-6-7	安徽固镇	90-09-12	团员	上网,运
900303	张新国	计算机	男	1973-6-5	安徽临泉	90-09-12	党员	上网,运
900395	林亦华	英语	男	1973-3-5	安徽太湖	90-09-12	民主党派	上网,运
900398	段云胜	法律	男	1973-3-3	安徽建途	90-09-12	团员	上网,运
900412	郑蓓丽	中医	男	1973-2-16	安徽临泉	90-09-12	党员	上网,运
900471	郑诗青	物理	女	1972-12-19	安徽肥东	90-09-12	群众	上网,运
900483	付辰	数学	女	1972-12-7	安徽宿松	90-09-12	群众	上网,运
900542	李孝文	数学	女	1972-10-9	安徽金寨	90-09-12	党员	绘画,摄

记录: 1 共有记录数: 250

图 2-29 学生基本信息表

(1) 打开上节中创建的教学数据库。

(2) 在对象栏中单击"表",双击"使用设计器创建表",即弹出表设计视图,也可以单击工具栏中的"新建"选项。在"新建表"对话框中选取"设计视图"列表项,然后单击"确定"按钮,如图 2-30 所示,屏幕上也会弹出表的设计视图。

(3) 定义字段。在"字段名称"列中输入字段名,如"课程编号"(字段名要符合 Access 2003 有关字段名的规定)。单击"数据类型"右边的按钮,显示出所有数据类型的列表框,在其中选取一种合适的数据类型,如"自动编号"。

在"说明"列中输入有关该字段的说明。此说明文字会在向该字段添加数据时显示在状态栏中。如"系统给定,用户不能更新"(此步骤可选)。

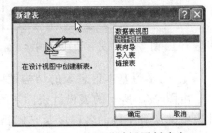

图 2-30 使用设计视图创建表

根据实际需要,在窗口下半部的"字段属性"区域中,分别对各个字段的属性进行设置。例如,对"课程编号"字段的字段属性进行设置,字段大小为"长整型",新值为"递增",索引为"无"。

重复上述方法定义学生基本信息表中的其他字段:学号、姓名、性别等,并确定各个字段的说明、数据类型及字段属性,创建一个完整的表结构,如图 2-31 所示。

(4) 保存表。单击工具栏中的"保存"按钮,系统将弹出如图 2-32 所示的"另存为"对话框。在对话框的编辑栏中输入表的名称"学生基本信息表"。然后单击"确定"按钮。如

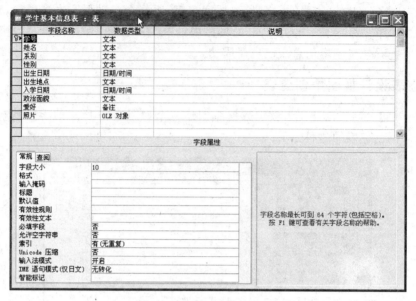

图 2-31 创建完整的表结构

果在保存表之前未定义主关键字字段,系统将弹出一个如图 2-33 所示的"尚未定义主键"警告对话框。单击"是"按钮,系统将第一个字段创建为主关键字,它的数据类型为"自动编号"。

图 2-32 "另存为"对话框

图 2-33 主键提示对话框

至此,学习基本信息表的结构就由设计器设计好了。

由图 2-31 所示的表设计视图可看出,表设计视图分为上、下两个部分。上半部分是此表中的所有字段的名称以及它们相应的数据类型;下半部分是各个字段数据类型的属性。用户可以通过设置不同的属性值,使当前的数据类型能更好地适应字段信息的要求。

主键定义后,在图中的"学号"字段单元格的左边有一个钥匙形状的图标,它表示该字段是此表的关键字。用鼠标单击表中各个字段名称单元格,会看到被单击的单元格左边会出现小的三角标志,表明它是当前所选的字段。

表的设计视图详细地显示了有关表设计的所有信息。通过它,可以清楚地看到表是由哪些字段组成的,其中包括它们的名字、顺序、属性、说明以及与之相对应的数据类型的各种信息。

3. 通过输入数据创建表

通过"输入数据创建表"的方法可一次性完成表的创建和数据的输入,适合把记录在纸上的数据直接建成数据库的形式。

【例题 2-5】 用"输入数据创建表"的方法创建完成教学数据库中的学生成绩表,如图 2-34 所示。

图 2-34 学生成绩表

操作步骤如下:

(1)打开数据表视图。打开"教学数据库"窗口,双击列表框中"通过输入数据创建表"列表项,屏幕上弹出数据表视图。

(2)命名字段。双击视图中的"字段 1",输入所需的字段名"学生 ID",然后依次将各字段名称改为"课程编号"、"学期"、"成绩",如图 2-35 所示。

图 2-35 命名字段

(3)输入数据。在各字段中按顺序输入数据。可拖动表的分栏线,改变表格的宽度。

(4)保存表。单击工具栏中的"保存"按钮,在弹出的"另存为"对话框中输入表名称:"学生成绩表",然后单击"确定"按钮。

(5)定义主键。系统弹出"尚未定义主键"警告对话框,单击"是"按钮,系统自动为表创建一个主键,并显示该表的数据表视图。这样,学生成绩表就通过输入数据的方法创建成功了。

同理,可以建立教学数据库中的 n 个表(教师任课信息表、学生基本信息表、教师基本信息表、学生成绩表和学生课程信息表)。为了便于读者对后面内容的理解,将这几个表的结构集中给出,如表 2-3~表 2-7 所示。

表 2-3 教师任课信息表结构

字段名	类 型	字段大小	说 明
序号	自动编号	长整型	主键
课程号	文本	3	
职工号	文本	10	

表 2-4 学生基本信息表结构

字段名	类型	字段大小	说明
学号	文本	10	
姓名	文本	8	
系别	文本	10	
性别	文本	1	
出生日期	日期/时间	8	
出生地点	文本	20	
入学日期	日期/时间	8	
政治面貌	文本	10	
爱好	备注		
照片	OLE 对象		

表 2-5 教师基本信息表结构

字段名	类型	字段大小	说明
职工号	文本	10	主键
系别	文本	10	
姓名	文本	8	
性别	文本	1	
参加工作时间	日期/时间	8	
职称	文本	10	
学位	文本	10	
政治面貌	文本	10	
联系电话	文本	15	
婚姻状况	是/否	1	

表 2-6 学生成绩表结构

字段名	类 型	字段大小	说明
序号	自动编号	长整型	主键
学号	文本	6	
课程号	文本	3	
成绩	数字	单精度型	

表 2-7 学生课程信息表结构

字段名	类型	字段大小	说明
课程号	文本	3	主键
课程名称	文本	20	
课程类型	文本	8	
学时	数字	整型	

2.3 表的基本操作

如果要使一个好的数据库能够反映事物的真实特征,它的结构和记录就需要及时修改更新。因此,表的编辑是数据库维护人员的一项日常工作,可以使数据库更符合实际需求。

2.3.1 打开和关闭表

表建立以后,可以对其进行一系列的操作,例如修改表结构,编辑表中数据,调整表的外观等操作。进行这些操作之前,需要先打开表,操作完成后,再关闭表。在 Access 中可以在数据库视图中打开表,也可以在设计视图中打开表,如图 2-36 所示。

打开表后可以在该表中输入数据,修改已有的数据,删除不需要的数据,添加字段,删除字段和修改字段。但如果需要修改字段的数据类型,则需要切换到设计视图进行操作。

表的操作结束后,应该将其关闭。操作步骤是:①单击"文件"菜单中的"关闭"选项或者窗口右上方的"关闭"按钮都可以关闭表,在关闭表的时候,如果对表的结构或者布局进行过修改,则会出现一个提示框,询问用户是否保存所做的修改,如图 2-37 所示。②若选择"是",则会保存;选择"否"则表示放弃修改;选择"取消"是放弃修改并关闭操作。如果对表的记录进行操作,则会自动保存,不会出现提示对话框。

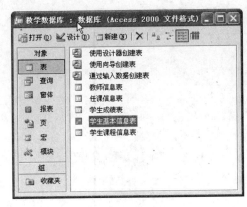

图 2-36　打开表　　　　　　　　　图 2-37　保存对话框

2.3.2　修改表的结构

在维护数据库的工作中,经常需要修改已创建好的表的结构。Access 数据库允许用户通过表设计视图,对表的结构进行修改。表是数据库的基础,对表结构的修改,会对整个数据库产生较大影响。例如,修改字段,系统中与之相关的查询、窗体和报表就不能正常工作,从而产生错误。因此,对表结构的修改应该慎重,应事先做好数据备份工作。

数据表结构的修改,主要包括修改表的设计,更改字段名称,编辑字段及修改表的显示方式。

1. 修改表的设计

(1) 重命名字段既可以在表设计视图中进行,也可以在数据表视图中进行。只要双击所要修改的字段,然后输入新的字段名称,再按回车键确认即可实现。

(2) 修改字段的数据类型,即在表的设计视图中重新选择新的数据类型。

2. 在设计视图中编辑字段

(1) 打开教学数据库,选择"学生基本信息表",选择"设计"选项。

(2) 打开设计窗口,将光标移到"电子邮件账户名"所在单元格,如图 2-38 所示。将其修改为"电子邮箱"。同理,使用这种方法可以修改其他字段和其数据类型。

(3) 在视图中插入字段时,用光标选中"出生日期"单元格,选择"插入"菜单选项中的"行"菜单选项。也可以右击鼠标,从快捷菜单中选择"插入行"选项,如图 2-39 所示。

(4) 在设计视图中删除字段时,将光标移至要删除的字段上,或者选中某一行,通过下列三种方法可以实现删除字段。①选择"编辑"菜单中的"删除行"命令;②右击该字段,从快捷菜单中选择"删除行"选项;③单击工具栏中的"删除行"图标。系统会同时删除表中该字段所在行的所有数据,此时会弹出如图 2-40 所示的警告对话框以确认是否要删除。

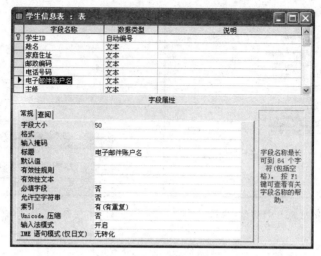

图 2-38　修改字段名

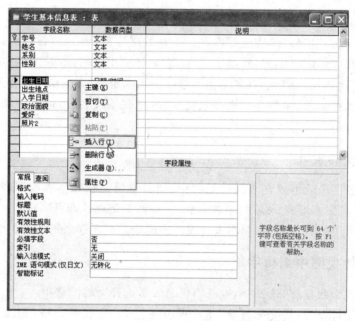

图 2-39　插入行

图 2-40　删除提示框

（5）移动字段。对表中字段的插入和删除，一般会影响到表中存储的数据，以及与表相关的查询、窗口和报表等数据库对象。而在设计视图和数据表视图中的字段均可以移动,操作非常简单,而且一般不会有任何不良后果。方法是单击所要移动的字段,拖曳鼠标将该字段拖到需要的位置,单击"保存"按钮即可。

（6）修改字段的属性。字段属性包括常规和查阅属性。其中常规属性的修改包括设置字段的标题和大小,修改日期/时间类型字段的属性,修改数字类型字段的属性,设置默认值,设置有效性规则和有效性文本等。

（7）查阅属性是指可使用组合框或列表框代替文本框来显示或输入表中的数据,这样可以方便用户的输入,并防止字段中出现无效的数据,因为系统将会只接收列表框中的值。

2.3.3 编辑表的内容

1. 定位记录

在数据表中,每一条记录都有一个记录号,记录号是由系统按照记录录入的先后顺序赋给记录的一个连续整数。在数据表中记录号与记录是一一对应的。数据表中有了记录后,修改是经常需要的操作,其中定位和选择记录是首要工作。

常用的定位方法有两种:

① 使用数据表视图下方的定位记录号定位。在数据表视图窗口的底端有一组记录号浏览按钮。可以用这些按钮在记录间快速移动,如图 2-41 所示。

图 2-41 记录定位器

② 使用快捷键定位。Access 提供了一组快捷键,通过这些快捷键可以方便地定位记录。表 2-8 列出了这些快捷键及其功能。

表 2-8 快捷键定位及其功能列表

目 的	快捷操作键	目 的	快捷操作键
移到记录编号框,在键入记录编号后按回车键	F5	在定位模式中,移动到当前记录中的最后一个字段	End
移到下一个字段	Tab/Enter 或→	在定位模式中,移动到当前记录中的第一条字段	Home
移动到上一个字段	Shift＋Tab	移到下一条记录的当前字段	↓
下移一个字段	Tab	上移一个字段	Shift＋Tab
按节向前循环切换	F6	按节向后循环切换	Shift＋F6
下移一页;结尾处将移到下一条记录相对应的页	PageDown	上移一页;结尾处将移到上一条记录相对应的页	PageUp
退出子窗体并移到主窗体或下一条记录中的下一个字段	Ctrl＋Tab	退出子窗体并移到主窗体或上一条记录中的上一个字段	Ctrl＋Shift＋Tab

2. 选择记录

可以在数据表视图下用鼠标或者键盘两种方式来选择记录或数据的范围。使用鼠标的操作方法如表 2-9 所示,使用键盘的操作方法如表 2-10 所示。

表 2-9　鼠标操作方法

数据范围	操 作 方 法
字段中的部分数据	单击开始处,拖动鼠标到结尾处
字段中的全部数据	移动鼠标到字段左侧,待鼠标指针变为"+"后单击鼠标左键
相邻多字段中的数据	移动鼠标到字段左侧,待鼠标指针变为"+"后拖动鼠标到最后一个字段尾部
一列数据	单击该列的字段选定器
多列数据	将鼠标放在一列字段顶部,待鼠标指针变为向下箭头后,拖动鼠标到选定范围的结尾列处
一条记录	单击该记录的记录选定器
多条记录	单击第一条记录的记录选定器,按住鼠标左键,拖动鼠标到选定范围的结尾处
所有记录	选择"编辑"菜单中的"选择所有记录"的命令

表 2-10　键盘操作方法

选择对象	操 作 方 法
一个字段的部分数据	光标移到字段开始处,按住 Shift 键,再按方向键到结尾处
整个字段的数据	光标移到字段中,单击 F2 键
相邻多个字段	选择第一个字段,按住 Shift 键,再按方向键到结尾处

3. 插入新数据

当向一个空表或者向已有数据的表增加新的数据时,都要使用插入新记录的功能。可以把光标移动到表的最后一行,直接输入新数据;也可以在记录中插入一个新记录,如图 2-42 所示。

4. 修改数据

在数据表视图中,用户可以方便地修改已有的数据记录。只要将光标移到要修改数据的相应位置直接修改即可。修改时,可以修改整个字段的值,也可以修改部分字段的值。

5. 复制、移动数据

在输入或编辑数据时,有些数据可能相同或相似,这时可以使用复制和粘贴操作将某字段中的部分或全部数据复制到另一个字段中,操作步骤如下:

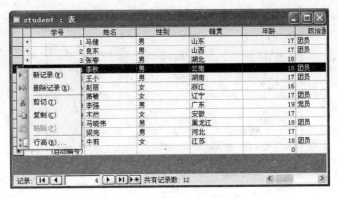

图 2-42　插入新记录

（1）使用数据表视图打开要修改的数据表。

（2）将鼠标指针指向要复制的数据字段的左侧，在鼠标指针变为十字时，单击鼠标左键选中整个字段。如果要复制部分数据，将鼠标指针指向要复制数据的开始位置，然后拖动鼠标到结束位置，选择要复制的部分数据。

（3）单击工具栏上的"复制"按钮或"编辑"菜单中的"复制"选项。

（4）选择某个字段，单击工具栏上的"粘贴"按钮或"编辑"菜单中的"粘贴"命令。

6. 删除记录

删除记录时，可以在打开的数据表视图中，选定要删除的记录，然后单击"编辑"菜单的"删除"选项进行删除操作，也可以单击工具栏上的"删除记录"图标，在弹出的"删除记录"对话框中选择"是"按钮。

注意：在删除数据记录时，可能需要同时删除其他表中的相关数据。在某些情况下，通过实施参照完整性检查，并打开级联删除，可以确保相关数据同时得到删除。

2.3.4　修改表的外观

对表设计的修改，将导致表结构的变化，会对整个数据库产生影响。如果只是针对数据表视图进行修改，则只影响数据在数据表视图中的显示，而对表的结构没有任何改变。

【例题 2-6】　以数据表视图中教学数据库中的学生基本信息表中的内容为例，在数据表视图中打开所要修改的学生信息表，如图 2-29 所示。

1. 改变字体、字号和颜色

（1）在数据表视图窗口中选择"格式"菜单中的"字体"命令，系统弹出"字体"对话框，如图 2-43 所示。

（2）选择合适的字体、字形、字号和特殊效果，并可以在"示例"区域中看到选择后的效果。

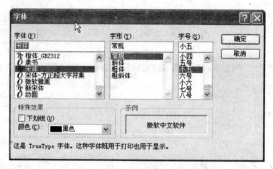

图 2-43 "字体"对话框

（3）单击"确定"按钮，改变后的数据表如图 2-44 所示。

2．设置单元格效果

用户可以对数据表的单元格效果进行设置。其操作方法为选择"格式"菜单的"数据表"选项，弹出"设置数据表格式"对话框，如图 2-45 所示。

图 2-44　改变字体后的数据表　　　图 2-45　"设置数据表格式"对话框

3．对数据表的行与列的操作

（1）调整行和列的大小。

选择"行高"命令，系统弹出"行高"对话框，如图 2-46 所示，输入新的行高值即可。若选取"标准高度"复选框，则行高被设置为默认值。在数据表视图中，将鼠标停放在两个记录选择器的中间，等光标变成上下双箭头形状后，拖曳鼠标，可以直接改变行高或列宽。

（2）列的冻结和解冻。

由于屏幕大小限制，有时需要隐藏某些字段。隐藏列的操作十分简单：使某一列宽为 0，即将该列隐藏。恢复隐藏列的操作须在数据表视图下选择"格式"菜单的"取消隐藏列"选项，弹出"取消隐藏列"对话框，如图 2-47 所示。

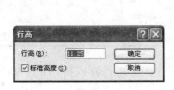

图 2-46 "行高"对话框

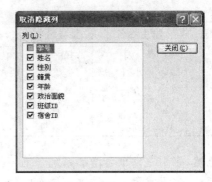

图 2-47 "取消隐藏列"对话框

2.4 表之间的关系

数据库中的各表之间并不是孤立的,它们彼此之间存在或多或少的联系,这就是"表间关系",这也正是数据库系统与文件系统的重要区别。

1. 表的索引

一般情况下,表中的记录前后顺序是由数据输入的先后顺序确定的。为了加快数据的检索、显示、查询和打印速度,需要对表中的记录顺序重新组织,建立索引是实现这一目的的有效方法。对于大型数据库而言,当表中的数据很多时,需要利用索引帮助用户更有效地查询数据,提高查询的速度。

(1) 索引的概念。

索引的概念涉及记录的物理顺序与逻辑顺序。文件中的记录一般按其磁盘存储顺序输出,这种顺序称为物理顺序。索引不改变文件中记录的物理顺序,而是按某个索引关键字(或表达式)来建立记录的逻辑顺序。

在索引文件中,所有关键字值按升序或降序排列,每个值对应原文件中相应的记录的记录号,这样便确定了记录的逻辑顺序。今后的某些对文件记录的操作可以依据这个索引建立的逻辑顺序来操作。

例如:表 2-11 是原表文件内容,表 2-12 是依据学生姓名建立的一个排序文件,表 2-13 是依据学生姓名建立的一个索引文件。

表 2-11　原表内容

记录号	学生姓名	指导教师	教师电话	记录号	学生姓名	指导教师	教师电话
1	刘小景	钱志国	5666043	4	屈 达	钱志国	5666043
2	李 娟	杨一如	5666120	5	王成义	吴 萌	4108219
3	古介新	吴 萌	4108219				

表 2-12	排序后文件			表 2-13	索引文件
记录号	学生姓名	指导教师	教师电话	记录号	学生姓名
1	Lij 李 娟	杨一如	5666120	1	Lij 李 娟
2	Liu 刘小景	钱志国	5666043	2	Liu 刘小景
3	Guj 古介新	吴 萌	4108219	3	Guj 古介新
4	Qud 屈 达	钱志国	5666043	4	Qud 屈 达
5	Wan 王成义	吴 萌	4108219	5	Wan 王成义

显然,索引文件也会增加系统开销,我们一般只对需要频繁查询或排序的字段创建索引。而且,如果字段中的许多值是相同的,索引不会显著提高查询效率。

以下数据类型的字段值能够进行索引设置:文本、数字、货币、日期/时间型,搜索保存在字段中的值,排序字段中的值。

表的主键将自动被设置为索引,而备注、超链接及 OLE 对象等类型的字段则不能设置索引。Access 2003 为每个字段提供了 3 个索引选项:“无”、“有(有重复)”、“有(无重复)”。

(2) 单字段索引。

索引可分为单一字段索引和多字段索引两种。一般情况下,表中的索引为单一字段索引。建立单一字段索引的方法如下。

① 打开表设计视图,单击要创建索引的字段,该字段属性将出现在“字段属性”区域中。

② 打开“常规”选项卡的“索引”下拉列表,在其中选择“有(有重复)”选项或“有(无重复)”选项即可。

③ 保存修改。

(3) 多字段索引。

如果经常需要同时搜索或排序更多的字段,那么就需要为组合字段设置索引。建立多字段索引的操作步骤如下。

① 在表的设计视图中单击工具栏中的“索引”按钮,弹出“索引”对话框,如图 2-48 所示。

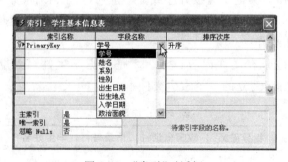

图 2-48 “索引”对话框

② 在“索引名称”列的第一个空行内输入索引名称,索引名称一般与索引字段名相同。

③ 选字段名称,如选择"姓名"建立学生姓名索引,选择"系别"字段建立学生系别索引等,并设置索引的排序次序,如图 2-49 所示。

图 2-49　设置排序次序

注意:建立索引,在很大程度上对表的关联及查询设计有重要意义。

2. 表的主关键字

数据库中的每一个表都必须有一个主关键字,它用于保证表中的每条记录都是唯一的。定义主键的方法很简单,具体方法是单击要设置的主键字段,从弹出的快捷菜单中选择设置为主键菜单选项即可。删除主键的步骤是:首先要删除旧的主键,而删除旧的主键,先要删除其被引用的关系。

3. 创建并查看表间关系

可以在包含相关信息或字段的表之间建立关系。在表中的字段之间可以建立三种类型的关系:一对一、一对多、多对多;而多对多关系可以转化为一对一和一对多关系。一对一关系存在于两个表中含有相同信息的相同字段,即一个表中的每条记录都只对应于相关表中的一条匹配记录,如雇员表和人力资源表。一对多关系存在于当一个表中的每一条记录都对应于相关表中的一条或多条匹配记录时。

(1)创建关系。

在表与表之间建立关系,不仅在于确立了数据表之间的关联,它还确定了数据库的参照完整性。即在设定了关系后,用户不能随意更改建立关联的字段。参照完整性要求关系中一张表中的记录在关系的另一张表中有一条或多条相对应的记录。不同表之间的关联是通过表的主键和外键来确定的。因此,当数据库表的主键更改时,Access 2003 会自动进行检查。

【例题 2-7】　为教学数据库中的表创建连接关系。

操作步骤如下:

① 单击"数据库"窗口工具栏上的"关系"图标,或者选择"工具"菜单的"关系"选项,打开关系窗口。选择"显示表"(右击选择),打开如图 2-50 所示的对话框。

② 将表添加到设计窗口中,如图 2-51 所示。拖

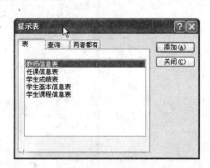

图 2-50　显示表

放一个表的主键到对应的表的相应字段上,根据要求可重复此步骤。例如,选定教师信息表中的"职工号"字段,然后按下鼠标左键并拖动到任课信息表中的"职工号"字段上,然后松开鼠标。这时屏幕上显示如图 2-52 所示的"编辑关系"对话框。

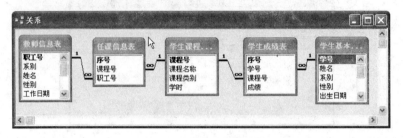

图 2-51　"关系"对话框

(2) 查看、编辑关系。

关系可以查看和编辑。打开"关系"窗口,即可查看关系;而双击表间的连线,可以编辑任何连接关系,此时弹出"编辑关系"窗口,如图 2-52 所示。在"编辑关系"对话框中,检查显示在两个列中的字段名称以确保正确性;必要情况下可以进行更改。如果选择了"实施参照完整性"复选框,且设置了"级联更新相关字段"复选框,则在主表中更改主键值时,将自动更新

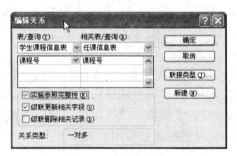

图 2-52　"编辑关系"对话框

所有相关记录中的匹配值。如果设置了"级联删除相关记录"复选框,删除主表中的记录时,将删除任何相关表中的相关记录。

4. 表间关系的修改

用户可以编辑已有的关系,或删除不需要的关系。如上所述,双击关系连线,可编辑关系;而右击连线,选择"删除"快捷菜单项,可删除关系,如图 2-53 所示。

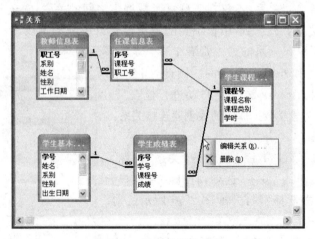

图 2-53　修改和删除关系

2.5 表的其他操作

2.5.1 排列数据

Access 2003 根据主键值自动排序记录。在数据检索和显示期间,用户可以按不同的顺序来排序记录。在数据表视图中,可以对一个或多个字段进行排序。升序的规则是按字母顺序排列文本,从最早到最晚排列日期/时间值,从最低到最高排列数字与货币值,也可以对子表进行排序操作。对于多个字段的排序,Access 2003 使用从左到右的优先排序权。排序结果可存放,而产生物理排序后的文件。排序的操作过程如图 2-54 所示。

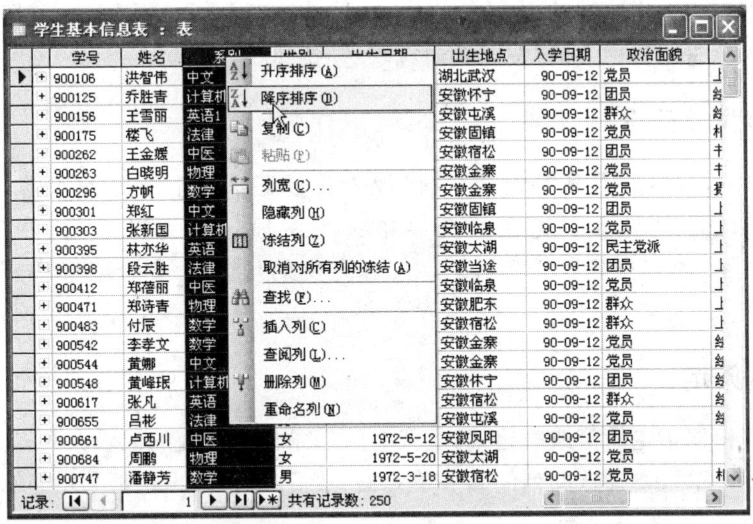

图 2-54 对表进行排序

2.5.2 查找与替换数据

用户可以在数据表视图中查找指定的数据,其操作是通过"编辑"菜单的"查找"选项来完成的。图 2-55 就是"查找和替换"对话框。

图 2-55 "查找和替换"对话框

2.5.3 筛选数据

筛选数据是只将符合筛选条件的数据记录显示出来,以便用户查看。筛选方法有 5 种,分别是按窗体筛选、按选定内容筛选、输入筛选、高级筛选/排序、内容排除筛选。

1. 按窗体筛选

在数据表视图下,工具栏上有两个按钮: ▼"按窗体筛选"按钮、 ▼"应用筛选"按钮。

2. 按选定内容筛选

按选定内容筛选是指先选定数据表中的值,然后在数据表中找出包含此值的记录。

先在数据表中选中字段中某记录的值,然后选择"记录"→"筛选"→"按选定内容筛选"菜单选项,单击工具栏上的"按选定内容筛选"按钮 ▼。

3. 内容排除筛选

用户有时不需要查看某些记录,或已经查看过记录而不想再将其显示出来,这时就要用排除筛选。方法是:先在数据表中选中字段中某记录的值,然后,选择"记录"→"筛选"→"内容排除筛选"命令。右击需要的值并从快捷菜单中选择"内容排除筛选"命令。

4. 输入筛选

输入筛选根据指定的值或表达式,查找与筛选条件相符合的记录。其操作过程如下:在数据表视图中单击要筛选的列的某一单元格,然后右击,弹出快捷菜单。在筛选目标中输入筛选内容,如图 2-56 所示。

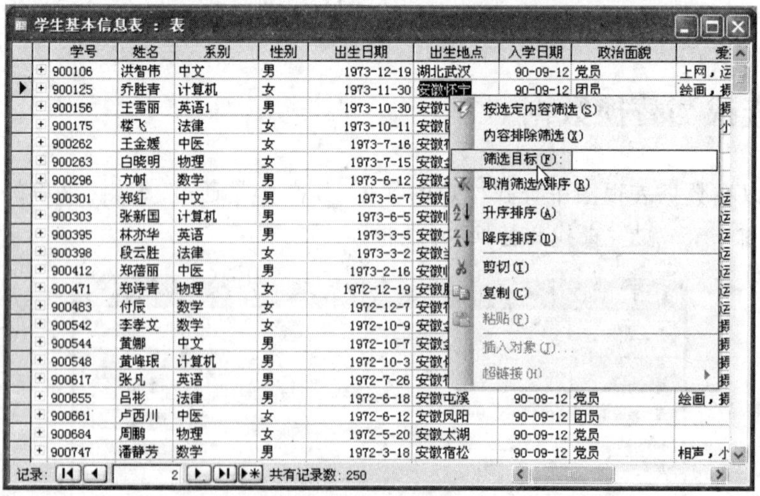

图 2-56　筛选目标

5. 高级筛选与排序

高级筛选与排序可以应用于一个或多个字段的排序或筛选。在“记录”菜单中单击“筛选”菜单项，再选择“高级筛选”。高级筛选/排序窗口分为上、下两部分，上面是含有表中字段的列表，下面是设计网格，如图 2-57 所示。

学生基本信息表筛选1 : 筛选
学生基本...
*
学号
姓名
系别
性别
字段:
排序:
条件:
或:
出生地点
"湖北"

图 2-57　高级筛选编辑界面

(1) 创建筛选。要创建一个高级筛选，首先要把字段添加到用于排序和规定筛选准则的设计网格中。

(2) 设置筛选条件。在“条件”行中，可添加要显示记录的条件，它的设置方法与按窗体筛选的设置方法一样。

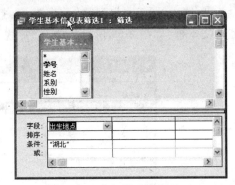

(3) 筛选的使用。用户如果保存了筛选，则该筛选与表一起保存，而不作为独立的对象保存。当用户再次打开该表时，筛选不再起作用。如果用户想在一个表中使用多个筛选或永久保存一个筛选，必须将其作为一个查询保存起来。

(4) 筛选的取消和删除。用户还可以取消和删除筛选。单击工具栏上的“取消筛选/排序”选项。若要完全删除一个筛选，就要通过“清除网格”、“应用筛选”、“关闭”、“高级筛选/排序”等操作来完成。

6. 使用查阅向导

在查看与另一个表连接的某个表时，该表通常包含一个外键(一般是另一个表的主键)。在浏览被连接的表时，外键字段通常是含义不明的，除非把两个表连接并通过查询视图查看数据，否则不能明确该字段的实际值，如图 2-58 所示。

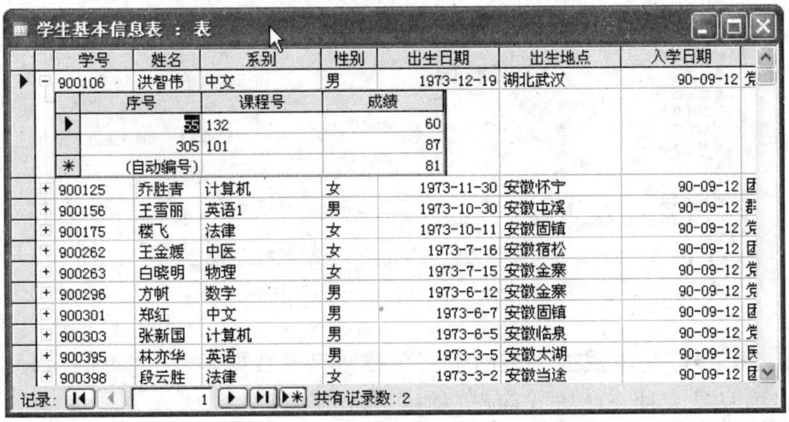

学生基本信息表 : 表
学号 姓名 系别 性别 出生日期 出生地点 入学日期
900106 洪智伟 中文 男 1973-12-19 湖北武汉 90-09-12
序号 课程号 成绩
55 132 60
305 101 87
(自动编号) 81
900125 乔胜青 计算机 女 1973-11-30 安徽怀宁 90-09-12
900156 王雪丽 英语1 男 1973-10-30 安徽屯溪 90-09-12
900175 楼飞 法律 女 1973-10-11 安徽固镇 90-09-12
900262 王金媛 中医 女 1973-7-16 安徽宿松 90-09-12
900263 白晓明 物理 女 1973-7-15 安徽金寨 90-09-12
900296 方帆 数学 男 1973-6-12 安徽金寨 90-09-12
900301 郑红 中文 男 1973-6-7 安徽固镇 90-09-12
900303 张新国 计算机 男 1973-6-5 安徽临泉 90-09-12
900395 林亦华 英语 男 1973-3-5 安徽太湖 90-09-12
900398 段云胜 法律 女 1973-3-2 安徽当途 90-09-12
记录: 1 共有记录数: 2

图 2-58　查询向导

【例题 2-8】 在任课信息表中,任课教师只有职工号,而不知到底是谁。这需要修改字段的显示特点,使它不显示实际内容,而显示另一个表中的查找值(任课教师名)。

操作步骤如下:

① 打开班级表数据表视图,切换到设计视图。

② 选中"职工号"字段的数据类型,打开"查阅"选项卡,可以看到当前显示的控件类型是文本框,如图 2-59 所示。打开"常规"选项卡,如图 2-60 所示。

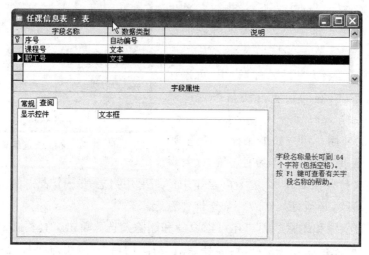

图 2-59 "查阅"选项卡

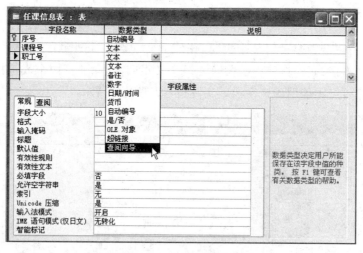

图 2-60 "常规"选项卡

③ 单击"职工号"字段数据类型的下三角按钮显示数据类型为"查阅向导",它不是一种数据类型,而只是一种查阅方式而已,如图 2-60 所示。

④ 系统开启查阅向导,向导询问"请选择为查阅列提供数值的表或查询",我们选择"教师信息表",如图 2-61 所示。

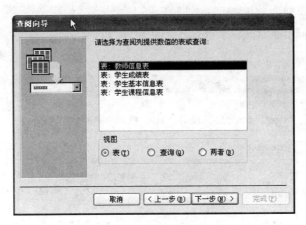

图 2-61　查阅向导选择数据源表

⑤ 向导显示教师信息表的所有字段,选择"职工号"和"姓名",如图 2-62 所示。进入下一步,设置顺序,如图 2-63 所示。

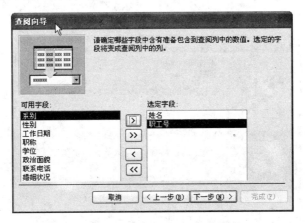

图 2-62　查阅向导选择可用字段

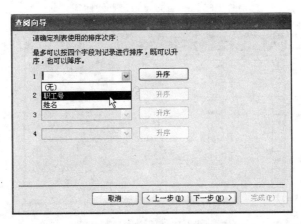

图 2-63　查阅向导字段排序

⑥ 指定查阅列中列的宽度，如图 2-64 所示；指定标签，如图 2-65 所示。显示结果，如图 2-66 所示，可以看到"职工号"字段已经不再显示序号了，而是显示职工号对应的教师姓名了。

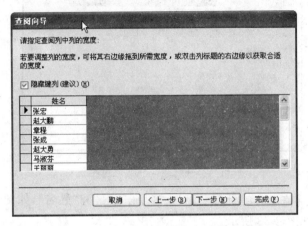

图 2-64　查阅向导指定列宽

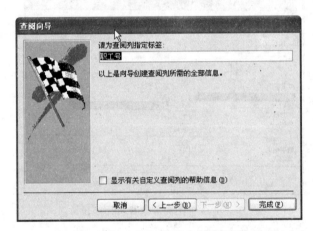

图 2-65　查阅向导指定查阅标签

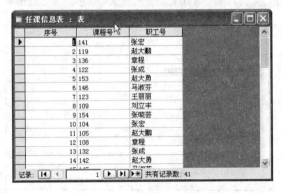

图 2-66　任课信息表

小　结

本章介绍了数据库与数据库表的相关知识及数据库的创建和相关操作,重点介绍了数据库表的多种创建方法;通过对表的结构和外观显示的修改,从而编辑表;表中关键字的作用和设定方法,以及创建索引的方法;通过分析表与表之间的关系,然后创建关系,并对其进行编辑和修改,从而创建一个高质量的数据库表。

(1) 关于数据库创建:数据库可以通过向导和一般性界面创建,同时还介绍了数据库的基本属性的操作。数据库创建以后才可以往数据库中添加各种数据对象。

(2) 创建数据库表:通过向导和设计视图两种方式来创建数据库表,同时了解字段的属性的相关知识,进而可以编辑表结构和表中的信息内容。

(3) 通过设定表之间的关系,然后可以创建表之间的连接关系,并对其进行编辑和修改。

(4) 进一步介绍了表的其他操作,查找和替换记录,筛选记录的使用,可以帮助使用者更快地编辑表中的信息。

习　题　2

一、选择题

1. 邮政编码是由 6 位数字组成的字符串,为邮政编码设置输入掩码,正确的是(　　)。

    A. 000000 　　　　　B. 999999 　　　　　C. CCCCCC 　　　　　D. LLLLLL

2. 如果字段内容为声音文件,则该字段的数据类型应定义为(　　)。

    A. 文本 　　　　　B. 备注 　　　　　C. 超链接 　　　　　D. OLE 对象

3. Access 数据库的核心对象是(　　)。

    A. 表 　　　　　B. 查询 　　　　　C. 窗体 　　　　　D. SQL

4. 字段有效性规则是用户对输入字段值的限制,下列规则的解释正确的是(　　)。

    A. '<And>0 要求输入一个非零值

    B. 0 Or>=80 输入的值必须等于 0 或大于等于 80

    C. Like "?? T?" 输入值必须是以 T 结尾的 4 个字符

    D. <♯1/1/2002♯ 要求输入一个 2001 年以后的日期

5. 排序时如果选取了多个字段,则结果是按照(　　)。

    A. 最左边的列开始排序 　　　　　B. 最右边的列开始排序

    C. 从左向右优先次序依次排序 　　　　　D. 无法进行排序

6. 不可以作为 Access 数据表主键的是(　　)。

    A. 自动编号主键 　　　　　B. 单字段主键

    C. 多字段主键 　　　　　D. OLE 对象主键

7. Access 2003 数据库中包括的对象有(　　)。

A. 表、窗体、报表、页、宏、模块、查询

B. 项目、窗体、报表、页、宏、模块、查询

C. 窗体、报表、页、宏、模块、主键和索引

D. 表、窗体、报表、页、函数、模块、查询

8. Access 的数据类型有（　　　）。

　　A. 整型、文本、备注、货币　　　　　　B. OLE 对象、超链接、日期/时间、整型

　　C. 是/否、自动编号、查询向导　　　　D. 布尔型、自动编号、自定义编号

9. 表与表之间的连接类型具有以下三种（　　　）。

　　A. 内连接、外连接和笛卡儿积　　　　B. 一对一、一对多和多对多

　　C. 内连接、左连接和右连接　　　　　D. 内连接、外连接和超链接

10. 数据库表的外关键字是（　　　）部分。

　　A. 另一个表的关键字　　　　　　　　B. 是本表的关键字

　　C. 与本表没关系的　　　　　　　　　D. 都不对

二、填空题

1. 表的组成包括_____和_____。

2. 要建立两个表之间的关系，必须通过两个表的_____来创建。

3. 某学生的学号是由 9 位数字组成，其中不能包含空格，则学号字段正确的输入编码是_____。

4. Access 提供了两种字段数据类型保存文本或文本和数字的组合，这两种数据类型是_____。

5. Access 中的表对应数据库中的术语是_____。

6. 主关键字的作用是_____。

三、设计题

1. 了解数据库中的表、查询、报表、窗体等对象的不同。

2. 在 d:\student 的文件夹下创建数据库"学生信息数据库.mdb"。

第**3**章

数 据 查 询

学习目标

(1) 根据实际需求确定查询类型，并能够区分各种查询的用途；

(2) 掌握查询准则的构建方法；

(3) 掌握通过查询设计视图创建各类查询的方法；

(4) 掌握查询的使用和维护数据表的方法，掌握操作查询的使用方法，并应用操作查询修改数据表中的记录；

(5) 掌握 SQL 语句的基本语法结构，并利用 SQL 语句创建查询。

数据库中保存了大量的原始数据，但这些数据是静态记录的集合，无法有效地使用和组织。实际应用中常常需要从这些数据中获取符合某些特定条件的信息，这种获取特定信息的过程就是查询。查询是数据库的最重要功能，它是数据库的一个组成对象，能够根据用户设定的条件从一个或多个数据表中提取数据。查询对象为用户方便地查看、分析和更改数据库中的数据提供了一种直观的视图。本章从介绍查询的基本概念、准则等知识出发，重点介绍查询设计视图模式创建各种类型查询的方法。

3.1 查询的功能及分类

3.1.1 查询的概念和功能

查询是 Access 数据库中的一个重要对象。查询是根据设定的条件对数据库中的信息进行检索的过程，结果是由数据库中满足指定条件的数据所构成的一个类似于表的数据集合。这些数据是由数据表中的记录按照某种要求的重新组合。查询结果是一种虚拟表，只是按照一定的条件或准则从一个或多个表中映射出的一种虚拟视图。查询结果并不存储数据，是一些数据的动态集合，其数据会随着数据表中数据的变化而变化。

查询的数据源可以是一个表或查询，也可以是多个相关联的表或查询。从数据源的角度考虑，查询有单表查询和多表查询。在多表查询中，作为数据源的多个表要事先建立关系。查询具有以下功能。

(1) 筛选记录。查询最基本的功能是从一个或多个表中获取满足指定条件的记录集合。

（2）整理数据。在一般情况下,原始数据表中的记录是按照建立时间的先后顺序排列的,实际中可能需要按照某个(些)特定字段的某种顺序查看。通过查询可以在筛选记录的同时,对查询的结果按照某个(些)字段递增或递减排序,实现数据整理的目的。

（3）执行计算。查询的结果不仅可以排序显示,还可以进行数学运算。例如,对数据记录进行总计或求平均值等,并可以指定新字段来存储这些值。

（4）操作表。通过操作查询,不仅可以对现有表中的记录进行插入、更新和删除等操作,还可以生成新表。

（5）作为其他对象的数据源。查询的结果是动态的记录集合,可以作为其他查询、窗体或报表的数据源。

3.1.2　查询的分类

在 Access 中,查询可分为选择查询、参数查询、交叉表查询、操作查询和 SQL 查询 5 种类型。

1. 选择查询

选择查询是最常用的查询方式,它根据用户设定的准则,从一个或多个相关联的表中检索数据并用数据表视图显示查询结果,还可以对记录进行分组、总计、计数及平均值计算。

2. 参数查询

参数查询运行时,根据用户在对话框中输入的查询条件(参数),查找出符合条件的记录。参数查询是一种交互式查询,这种方式对于查找某些特定值的记录特别有效。如果经常定期地执行查询,但每次只是更改其中的一组条件,可以考虑使用参数查询。例如,每个月需要查询在该月过生日的员工的名单,可以使用参数查询。

3. 交叉表查询

交叉表类似于 Excel 电子表格中的交叉分析,是将数据以二维方式显示的数据集合。主要用于显示表中某个字段的计算值,例如总计、计数以及平均值等,并将它们分组,一组列在交叉表的左侧,一组列在交叉表的上部。

4. 操作查询

操作查询主要用于维护表中的数据,可以对表中数据进行编辑,对符合条件的数据进行批量修改,对一个或多个表进行全局性的数据操作。通过操作查询,对表中的记录进行插入、更新、删除等操作,查询结果不是动态集合,而是对源表中的数据进行了更改。操作查询包括更新查询、删除查询、追加查询和生成表查询 4 种。

（1）更新查询。更新查询是根据某种规则来更改一个或多个表中的一条或多条记录。例如,将所有员工的工资提高 5%,或将某类学生的成绩加 5 分。

(2) 删除查询。删除查询是从一个或多个表中删除符合设定条件的记录。在使用删除查询时,删除的是符合条件的整条记录,而不只是删除记录中的某些字段。

(3) 追加查询。追加查询是将一个或多个表的一组记录添加到另外一个已存在的表中。添加的记录可以是源表中的整条记录,也可以是源表的部分字段组成的新记录。

(4) 生成表查询。生成表查询是从表中提取所需字段及记录,将查询结果保存在一个新表中,它根据一个或多个表中的全部或者部分数据来新建表。生成表查询和追加查询有相似之处,两者都是从现有表中选取数据,添加到另一个表中。不同点是前者会自动生成一个新表,而后者是把数据复制到已存在的表中。

5. SQL 查询

SQL 查询是使用 SQL(Structure Query Language,结构化查询语言)语句创建的查询,用户在使用 Access 的交互功能创建查询时,Access 自动地在后台生成等效的 SQL 语句。SQL 查询主要包括联合查询、传递查询、数据定义查询和子查询 4 种。

3.1.3　查询设计视图

查询和表都是 Access 数据库的对象,表可以通过表设计视图或表向导来创建,同样,查询也可以通过查询设计视图或查询向导来创建。用户可以通过查询设计视图来创建复杂的查询,设计视图是 Access 中十分重要的设计工具,利用设计视图是创建数据库对象的最基本、最常用的方法。

打开设计视图的方法有两种:一种是创建一个新查询时打开;另一种是通过打开现有查询。图 3-1 所示是一个现有查询的设计视图,它分为上、下两部分。上半部分显示查询数据源及字段列表,下半部分用于查询准则的设置、查询结果中字段的选择等,其中各项含义如下:

(1) 字段:数据源表中将要查询的字段名称,可以从上半部的来源表中拖曳下来。

(2) 表:显示字段所在的数据源名称,可以是表名或者查询名,一般由系统自动弹出。

图 3-1　查询设计视图

(3) 总计:设置字段的计算方式,默认情况下不显示。

(4) 排序:指定字段在查询结果中显示时的排序方式,即升序或降序,也可以不排序。

(5) 显示:决定对应的字段在查询结果中是否显示,复选框被选中时表示显示,未选中时表示不显示。

(6) 条件:即查询条件,每列表示一个条件;如果多列中都设置了条件,表示多重条件,这些条件之间需要同时成立,即逻辑"与"的关系。

(7) 或:与"条件"行相同,也是表示查询条件,与"条件"行中设置的准则是"或"的关系。

3.2　查询的准则

查询是根据设定的条件,对数据库中的信息进行检索的过程。其中"设定的条件"就是指查询条件,也称为查询准则。查询准则由运算符、常量、字段和函数等构成,Access通过用户设置的准则,从表(查询)中查找出符合条件的记录。因此,创建一个查询,关键是要掌握查询准则的构建方法。

查询准则的构建需要用到运算符,常用运算符构建查询准则,包括算术运算符、关系运算符、逻辑运算符和特殊运算符。

3.2.1　运算符

1. 算术运算符

算术运算符的运算对象是数值型数据,即数字和货币型的数据,包括加法(+)、减法(一)、乘法(*)、除法(/)、整除(\)、求幂(^)和求余(mod)7种,每一种运算符的含义和数学中的算术运算符完全相同,这里不作详细介绍。

2. 关系运算符

常用的关系运算符有等于(=)、不等于(<>)、大于(>)、大于等于(>=)、小于(<)和小于等于(<=)6种。关系运算符也称为比较运算符,用于比较两个运算对象值的关系,运算结果是一个逻辑值"真"或"假"。如果表达式表示的关系成立,运算结果为"真",否则为"假"。在Access中,用True表示逻辑值"真",用False表示逻辑值"假"。

例如,6>=7所表示的关系不成立,即表达式6>=7的值为False;而7>6所表示的关系是成立的,即表达式7>6的值为True。关系运算符用于查询准则中,常用来统计或比较某字段的值。例如,查找成绩低于60分的学生,其关系表达式为:成绩<60。

3. 逻辑运算符

逻辑运算符用于连接逻辑运算来构成逻辑表达式,其运算结果也是逻辑值。常用的逻辑运算符有逻辑与(And)、逻辑或(Or)和取反(Not)3种,其用法与含义见表3-1,表中x和y均是表达式。

表 3-1　逻辑运算符用法

逻辑运算符	用　　法	说　　　　明
And	x And y	当x和y都为真时,整个表达式的值为真,否则为假
Or	x Or y	当x和y都为假时,整个表达式的值为假,否则为真
Not	Not x	当x的值为真时,Not表达式的值为假;当x的值为假时,Not表达式的值为真

在设置查询准则时,逻辑运算符通常用于设置多重条件。多重条件指同一个字段设有一个以上的查询条件,多重条件又可以细分为单一字段或多个字段的多重条件。

同一个字段的多重条件,可以用 And 或 Or 来连接。And 用来表示同时满足多个条件。例如,姓名字段的查询准则设置为:"李 * "And" * 华 * ",表示姓"李"并且名字中有"华"字的记录才符合条件。

如果用 Or 连接,则表示多选条件。例如,要查询所有姓李或姓王的学生,姓名字段的查询准则可以设置为:"李 * " Or "王 * "。

多字段的多重条件,也可以用 And 或 Or 连接,在查询设计视图中,不同字段的"条件"栏中的准则是 And 关系。如果多字段条件间是"或"的关系,需要把准则输入到"或"栏中。例如,图 3-2 中表示查找性别为"男"并且成绩小于 60 分的学生,它对应的逻辑表达式为:性别="男" And 成绩<60。

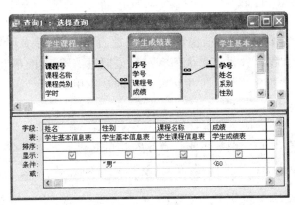

图 3-2　查询准则

Not 运算符字义是"非",一般用于找出不属于某个集合的所有数据。例如,表达式"Not "女""可以表示性别字段"非"女性的记录。

4. 特殊运算符

除以上几种运算符外,Access 还有一些特有运算符。常用的有 In,Between,Like,Is Null 和 Is Not Null。

(1) In 运算符后通常加上多个值的列表。

例如,

In("计算机系","数学系","中文系")

表示查找出系别是计算机系、数学系或中文系的记录,它和下面的表达式意义相同:

"计算机系" Or "数学系" Or "中文系"

(2) Between 运算符可以表示某个范围内的值。

例如,Between 16 And 20 表示某字段(如年龄)值大于 16 并小于 20 的记录,它与在查询设计视图中"年龄"字段"条件"栏中设置成:>16 And <20 具有相同的功能。

再如,Between ＃2009-9-1＃ And ＃2009-12-30＃ 可作为查找日期在 2009-9-1 到

2009-12-30 之间记录的准则。

（3）Like 用于查找不确定条件下的记录，用 Like 连接的运算对象可以使用通配符，最常用的是"?"和"＊"，问号代替任意单个字符，而星号代替任意多个字符。如果在准则中使用通配符，Access 不区分英文字母大、小写，即 Me＊和 me＊意义是一样的。

例如，Like "王＊"可以找到所有姓王的记录。

（4）Is Null 和 Is Not Null 具有相反的功能，Null 在数据库中有特定含义，通常指某个字段不包含任何数据。例如，将"电话号码"字段的查询准则设置为：Is Null，可以查找出电话号码为空值的记录。

3.2.2　常用标准函数

Access 中的标准函数包括数值函数、字符函数、日期函数等多种类型，在查询准则中使用这些函数，为查询操作提供了极大便利。可以通过 Access 的帮助功能来查询相关函数的使用方法，以下主要介绍几种常用标准函数的基本用法。

（1）字符函数。

Left(字符串,n)、Right(字符串,n)、Mid(字符串,p,n)和 Len(字符串)，前三个主要用于从字符串中取子串，Len 函数用于计算字符串的长度。

Left(字符串,n)从字符串的左边取 n 个字符。例如：

Left ("2010 年世界博览会",5)="2010 年"

Right(字符串,n)从字符串右边取 n 个字符。例如：

Right ("2010 年世界博览会",5)="世界博览会"

Mid(字符串,p,n)从字符串的第 p 个字符开始取 n 个字符。例如：

Mid ("2010 年世界博览会",6,2)="世界"

从学生基本信息表中查找姓"李"的记录，查询准则可以表示为：

Left([姓名],1)="李"

查找姓名由 3 个字组成并且第 2 个字是"小"的记录，查询准则可以表示为：

Mid([姓名],2,1)="小" And Len([姓名])=3

（2）日期函数。

Year(日期型表达式)、Month(日期型表达式)、Day(日期型表达式)分别用于取出某个日期的年、月和日，计算结果为数值型数据。

例如，

Year(#2010-9-1#)=2010

从学生基本信息表中查找 1990 年 3 月出生的学生记录，查询准则为：

```
Year([出生日期])=1990 And Month([出生日期])=3
```

另外,还有 3 个获取系统日期或时间的函数:Date()、Time()和 Now()。

Date()用于返回当前系统日期,Time()以 12 小时制返回当前系统时间,Now()返回当前系统日期和时间。假设当前系统日期和时间为 2010 年 9 月 1 日 8:00,则有:

```
Date()=09/01/2010
Time()=8:00 AM
Now()=09/01/2010 8:00 AM
```

假设从学生基本信息表中查找年龄小于 20 岁的记录,查询准则可以表示为:

```
Year(Date())-Year([出生日期])<20
```

每一个查询准则可能有多种不同的表示方法,这就要求在实际应用中灵活运用各种运算符和标准函数。

注意:在 Access 中,文本型的数据用英文半角的双引号("")括起来,并且为了和一般数据作区别,将日期型数据用一对井号(#)括起来,字段名用一对方括号([])括起来。例如,left("姓名",1)和 left([姓名],1)具有完全不同的含义,前者表示从"姓名"这个已知字符串的左边取一个字符,即 left("姓名",1)="姓";而 left([姓名],1)表示从表中"姓名"字段值的左边取一个字符,表中"姓名"字段值是有多个的,所以 left([姓名],1)的值是不确定的。

3.3 选择与计算查询

3.3.1 选择查询

通常情况下,如果不指定查询种类,默认都是建立选择查询,在实际应用中选择查询可以满足大部分需求。选择查询主要用于预览、检索、筛选和汇总数据库中的数据,并且可以对记录进行分组、总计、计数、求平均值等计算。创建查询一般有查询向导和查询设计视图两种方法。查询向导一般用于创建不带条件的简单查询,而创建带条件的复杂查询通过设计视图来实现。查询的主要目的是从表中选取所需的记录,所以建立查询一般要经过选择数据源、加入需求字段、设置查询准则等基本步骤。

【例题 3-1】 在学生基本信息表中查询来自北京的男同学,查询结果中显示"学号"、"姓名"、"性别"和"出生地点"4 个字段,并按"学号"字段升序显示。

【例题解析】 本例中查询的数据源是一个表,是单表查询。数据源是学生基本信息表,其中查询准则有两个条件,即"来自北京"和"男同学",并且这两个条件是逻辑"与"的关系。

条件"来自北京"可以表示为"Left([出生地点],2)="北京"",条件"男同学"可表示为"性别="男"",因此可将条件表示为"Left([出生地点],2)="北京"And 性别="男""。

在创建查询时,多个"与"条件应该设置在"条件"栏的不同列中。

（1）打开设计视图,添加数据源。

操作步骤如下:

① 在"数据库"窗口中,选择"查询"对象;

② 在工具栏中选择"新建",在弹出的"新建查询"对话框中选择"设计视图",如图 3-3 所示,然后单击"确定"按钮,打开查询设计视图,同时弹出"显示表"对话框,如图 3-4 所示;

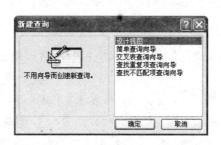

图 3-3 "新建查询"对话框

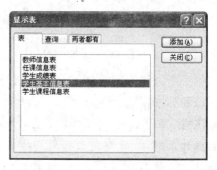

图 3-4 "显示表"对话框

③ 在"显示表"对话框中选择"表"选项卡,选择"学生基本信息表",单击"添加"按钮,或者双击"学生基本信息表"将数据源加到查询设计视图的上半部窗口,然后关闭"显示表"对话框。

如果需要再次打开"显示表"对话框,可以通过工具栏的"显示表"按钮；或者在查询设计视图中右击,在快捷菜单中选择"显示表"命令。

（2）选择查询所需字段。

操作步骤如下:

① 在查询设计视图上半部的数据来源表中双击"学号"、"姓名"、"性别"和"出生地点"4 个字段将其加入到设计视图的"字段"栏中,此时,"显示"栏的复选框均被选中,表示查询结果中将会显示这 4 个字段。

② 将字段加入到"字段"栏后,在"表"栏中一般会自动显示该字段所在的数据源表名称。"性别"和"出生地点"是用于设置查询条件的字段,即使查询结果中不要求显示这两个字段,也要将其加入到"字段"栏中。

③ 如果要求在查询结果中不显示某字段,但该字段又涉及查询准则的设置,可以将该字段对应的"显示"栏复选框中的钩号去掉,即保持复选框空白。

④ "字段"栏中字段的顺序就是在查询结果的字段显示顺序,如果需要调整字段显示顺序,可以在查询设计视图的"字段"列单击选中该字段列,然后按住鼠标左键拖动到需要的位置释放左键即可。

将字段加入到设计视图除了上述方法外,还有两种方法:一是单击选中某字段,然后按住鼠标左键将其拖到设计视图的"字段"栏;二是单击设计视图的"字段"栏,然后单击向下的箭头,从下拉列表中选择字段。

（3）设置查询准则和显示方式。在"性别"的"条件"栏输入："男"，在"出生地点"的"条件"栏输入："Left（[出生地点]，2）＝"北京""，在"学号"字段的"排序"栏选择"升序"，如图 3-5 所示。

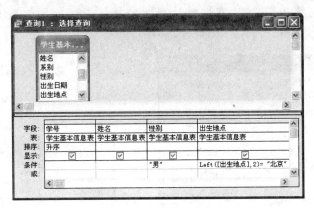

图 3-5　设置查询字段及准则

（4）保存查询。单击工具栏上的"保存"按钮，弹出"另存为"对话框，在"查询名称"文本框中输入查询名称，如图 3-6 所示，然后单击"确定"按钮。

（5）运行查询。单击工具栏上的"运行"按钮 ，切换到查询的数据表视图，显示查询结果，如图 3-7 所示。

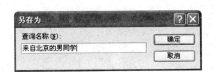

图 3-6　"另存为"对话框

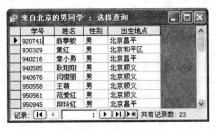

图 3-7　查询结果

运行查询有多种方法：

① 在查询设计视图没有关闭的情形下，还可以通过选择"视图"菜单中的"数据表视图"命令实现；

② 在查询设计视图中右击，在快捷菜单中选择"数据表视图"命令实现；

③ 如果查询设计视图已关闭，可以在查询对象列表中双击相应的查询名称来运行该查询；

④ 也可以通过单击常用工具栏交替出现的"视图"按钮 和 来进行两种视图之间的切换。

【例题 3-2】　在教师信息表中查询职称是副教授的男教师，或职称是讲师的女教师，查询结果中显示"姓名"、"性别"、"职称"和"学位"4 个字段。

【例题解析】　这是一个单表查询，数据源是教师信息表。查询准则有两个条件"职称是副教授的男教师"或"职称是讲师的女教师"，前一个条件表示为"职称＝"副教授" And

性别＝"男""，后一个条件表示为"职称＝"讲师" And 性别＝"女""，因此，查询条件表示为"（职称＝"副教授" And 性别＝"男"）Or（职称＝"讲师" And 性别＝"女"）"，用 Or 连接的条件应写在"或"栏中。

创建方法与例题 3-1 类似，查询设计视图的具体设置如图 3-8 所示，查询结果如图 3-9 所示。

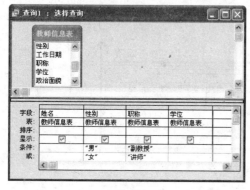

图 3-8　设置查询字段及准则

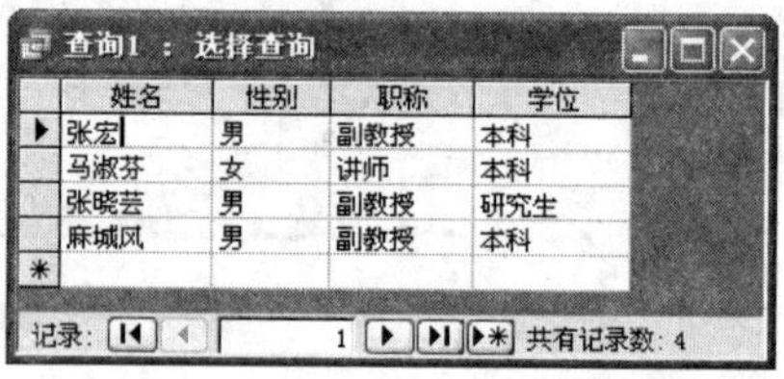

图 3-9　查询结果

【例题 3-3】　查询成绩在 80 分至 90 分之间的所有学生，查询结果中显示"姓名"、"课程名称"和"成绩"3 个字段，并按"学号"字段升序显示。

【例题解析】　本例题所需字段来自 3 个表：学生基本信息表、学生课程信息表和学生成绩表，所以是一个多表查询。大部分的选择查询，其数据通常来源于两个表以上，很少有只为单一表建立查询的情况。既然有两个以上的表，就说明这多个表之间有关系，所以在创建多表查询之前，这多个表之间应该建立关系。

查询结果要求按"学号"字段升序排序，但又不要求在结果中显示"学号"字段，这可以通过将"学号"字段的"显示"栏内的复选框取消选中来实现。

设计过程与前例类似，只是在添加数据源表时，要将学生基本信息表、学生课程信息表和学生成绩表 3 个表都加到设计视图中。设计视图中具体设置如图 3-10 所示，其中"成绩"字段的查询准则也可以为"Between 80 And 90"，查询结果如图 3-11 所示。

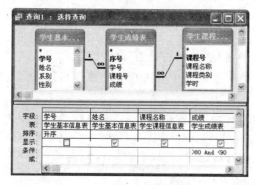

图 3-10　设置查询字段及准则

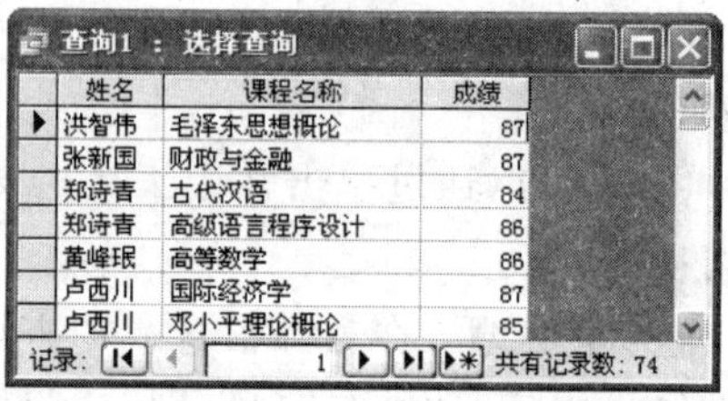

图 3-11　查询结果

3.3.2 总计查询

除了从表(查询)中筛选需要的原始数据外,Access 还可以在查询中对某些字段进行计算。例如,计算学生的平均成绩、统计各类职称的教师人数等,对这些字段的运算,通常是通过 Access 内置函数完成的。

在总计查询中,可以实现预定义计算,也可以由用户自定义计算。

① 预定义字段是指"总计"类计算,是使用系统提供的用于对查询中的分组记录或全部记录进行的计算,包括总计、平均值、计数、最大值、最小值等。

② 用户自定义字段是虚拟字段,它不属于数据源,而是通过数据源中的一个或多个字段值进行计算而得到的,字段名由用户自行设定。例如,计算由[单价]＊[数量]得到的[总金额]字段,其中新增字段"总金额"由表中的"单价"和"数量"两个字段计算得到。

【例题 3-4】 在教师信息表中统计教师人数。

【例题解析】 这是一个不带条件的总计查询。统计教师人数,实际上就是统计教师信息表中记录的数量,只需找到一个能唯一代表记录的字段进行统计即可。在教师信息表中"职工号"字段是唯一可以代表某一条记录的,所以可以对"职工号"字段进行计数来统计教师总人数。

操作步骤如下:

① 打开查询设计视图,将教师信息表添加到设计视图中。

② 添加统计字段。在数据源表中双击"职工号"字段将其加入到"字段"栏中。

③ 添加"总计"栏。选择"视图"菜单的"总计"命令或单击工具栏上的"总计"按钮 |Σ ,在设计视图的"表"和"排序"栏之间会添加一个"总计"栏,并自动将"职工号"字段的"总计"设置为"分组",如图 3-12 所示。

④ 设置总计项。单击"职工号"字段的"总计"栏,单击其右侧的向下箭头,在弹出的下拉列表中选择"计数"函数,如图 3-13 所示。

图 3-12 添加"总计"栏

图 3-13 设置总计项

⑤ 保存查询。单击工具栏上的"保存"按钮,在弹出的"另存为"对话框中输入查询名称"教师人数统计",单击"确定"按钮。

⑥ 单击工具栏上的"运行"按钮运行查询,显示查询结果,如图 3-14 所示。

在查询结果中只有一个自动生成的字段"职工号之计数",该字段名称是可以自定义的。

【例题 3-5】 将例题 3-4 的查询结果改为如图 3-15 所示。

【例题解析】 将该查询的设计视图进行如图 3-16 所示的设置,即可实现本例中的要求。本例对于总计字段不使用自动生成的字段名称,而设置为"教师总人数",查询结果显示的字段名由"职工号之计数"改成"教师总人数"。在图 3-16 中的字段栏将"教师总人数:职工号"改为"教师总人数:[教师信息表]![职工号]"也可以达到同样的功能。这里的"教师总人数"是计算字段在查询结果中显示的字段名称,后面是该计算字段值。前一种方法省略了表的名字,在同一列中的"表"栏要选择"教师信息表"。

图 3-14　总计查询结果

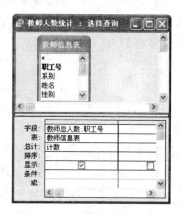

图 3-15　自定义字段名称　　　　　　图 3-16　自定义总计字段名称

创建总计查询时,要用到"总计"项,"总计"项共有 12 个选项,如表 3-2 所示。

表 3-2　总计项及其含义

函数名	说　　明	函数名	说　　明
分组	指定要执行计算的组	标准差	计算字段值的标准差
总计	计算字段的累加值	方差	计算字段值的方差
平均值	计算字段的平均值	第一条记录	计算表或查询中的第一条记录的字段值
最小值	计算字段的最小值	最后一条记录	计算表或查询中的最后一条记录的字段值
最大值	计算字段的最大值	表达式	创建表达式中包含统计函数的计算字段
计数	计算字段值的个数	条件	指定用于该字段的条件

【例题 3-6】 在学生信息表中统计政治面貌是党员的学生人数。

【例题解析】 这是一个带条件的总计查询,条件是"政治面貌是党员"。可以对数据源表中"学号"字段进行计数来统计人数,操作方法与上例类似,但是由于需要设置一个条件,所以在设计视图的"字段"栏要增加一个条件字段"政治面貌","政治面貌"字段的"总计"项设为"条件",这样"政治面貌"字段自动设置为不显示。

查询设计视图的具体设置如图 3-17 所示,查询结果如图 3-18 所示。

图 3-17　设置查询字段及准则

图 3-18　查询结果

3.3.3　分组总计查询

【例题 3-7】　统计教师信息表中各系的教师人数。

【例题解析】　本例需要根据教师的系别进行分组,再统计每组中的记录数,即每个系的教师人数。分组是通过"总计"项设置为"分组"来实现的。首先按"系别"分组,然后对每个系内的"职工号"进行计数,则可以统计出各系的教师人数,因此"职工号"字段的"总计"项设置为"计数"。

查询设计视图的具体设置如图 3-19 所示,查询结果如图 3-20 所示。

图 3-19　设置查询字段及准则

图 3-20　查询结果

【例题 3-8】　根据学生的年级不同,统计学生的平均成绩。查询结果中显示"年级"和"平均成绩"字段,其中"年级"字段值为"学号"的前两位,如学号为"900748",则"年级"字段值为"90 级"。

【例题解析】 本例需要根据学生的"年级"进行分组,再统计每组中"成绩"的平均值。"年级"和"平均成绩"是两个计算字段。"年级"字段值从学生基本信息表的"学号"字段计算得到,即 Left([学生基本信息表! 学号],2)&"级",其中 & 用于连接文本型数据。"平均成绩"字段值从对各组的"成绩"字段求平均值得到,即总计项设置为"平均值"。

查询设计视图的具体设置如图 3-21 所示,查询结果如图 3-22 所示。

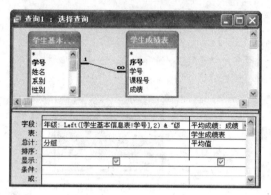

图 3-21 设置计算字段

图 3-22 查询结果

3.4 交叉表查询与参数查询

3.4.1 认识交叉表查询

Access 的交叉表查询类似于 Excel 中的数据透视表,它在整理数据后,以"行"与"列"的方式形成动态数据集合。它将数据源中的字段进行分组,一组列在数据表的左侧,一组列在数据表的上部,行与列的交叉处显示对表中某字段的计算值。

在创建交叉表查询时,要设置行标题、列标题和值。行标题把某一字段或相关数据放入指定的行中,行标题最多可以选择 3 个字段;列标题是对每一列指定的字段进行统计,并将统计结果放入该列,列标题只能选择 1 个字段;值是行与列交叉处的字段,该字段要指定一个总计项,比如平均值、计数等,交叉表查询中只能指定一个总计类型的字段。

3.4.2 创建交叉表查询

创建交叉表查询有查询向导和查询设计视图两种方法。查询向导创建的交叉表查询的数据源必须是一个表或查询;如果数据源来自多个表,可以首先以多个表为数据源建立一个查询,然后再以这个查询为数据源利用查询向导来创建交叉表查询。

【例题 3-9】 创建交叉表查询,统计各系中的男女教师人数。

【例题解析】 这个查询的数据源是一个表,可以使用查询向导来创建。行标题是"系别"字段,列标题是"性别"字段,"行"与"列"交叉处的值,可以对"职工号"计数得到。

操作步骤如下:

① 选择数据库的"查询"对象,单击"新建"按钮,弹出"新建查询"对话框,选择"交叉表查询向导",如图 3-23 所示,然后单击"确定"按钮。

② 弹出"交叉表查询向导"第 1 个对话框,设置查询的数据源,选择"教师信息表",如图 3-24 所示,单击"下一步"按钮。

图 3-23 "新建查询"对话框

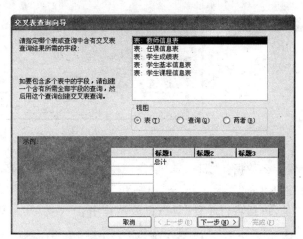

图 3-24 交叉表查询向导之一

③ 弹出"交叉表查询向导"第 2 个对话框,设置交叉表的行标题字段。在"可用字段"列表中双击"姓名"字段,将其加入到"选定字段"列表中,如图 3-25 所示,单击"下一步"按钮。

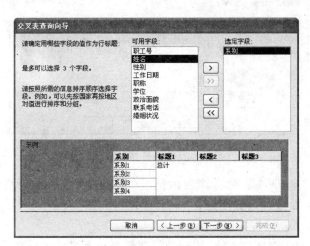

图 3-25 交叉表查询向导之二

④ 弹出"交叉表查询向导"第 3 个对话框,设置交叉表查询的列标题字段。这里选择"性别",如图 3-26 所示,单击"下一步"按钮。

⑤ 弹出"交叉表查询向导"第 4 个对话框,设置交叉表查询的值,即行与列的交叉处

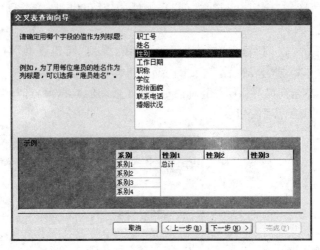

图 3-26　交叉表查询向导之三

计算什么数据。"职工号"字段能唯一代表一条记录,这里选择对"职工号"字段进行"计数",如图 3-27 所示,单击"下一步"按钮。如果不需要在交叉表的每行前显示总计数,需将"是,包括各行小计"复选框取消选中。

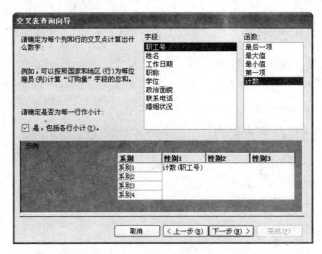

图 3-27　交叉表查询向导之四

⑥ 弹出"交叉表查询向导"第 5 个对话框,设置查询名称。在"请指定查询的名称"文本框内输入"各系男女教师人数",选择"查看查询",如图 3-28 所示,单击"完成"按钮,弹出查询结果,如图 3-29 所示。

【例题 3-10】　创建交叉表查询,统计各门课程每个系学生的最高成绩。

【例题解析】　本例查询的数据源是三个表:学生基本信息表、学生课程信息表和学生成绩表。如果使用交叉表查询向导来创建,首先需要将该查询所需的所有字段放在一个表或查询里,然后再以这个表或查询为数据源来创建交叉表查询。因此,本例使用设计视图更为方便。

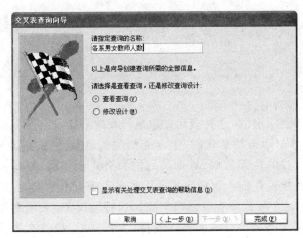

图 3-28　交叉表查询向导之五　　　　　　图 3-29　交叉表查询结果

操作步骤如下：

① 打开查询设计视图，添加学生基本信息表、学生课程信息表和学生成绩表，并将"系别"、"课程名称"和"成绩"添加到"字段"栏。

② 设置查询类型，选择"查询"菜单下的"交叉表查询"命令，设计视图中添加了"总计"栏和"交叉表"栏。

③ 设置交叉表的行标题、列标题和值，具体设置如图 3-30 所示。

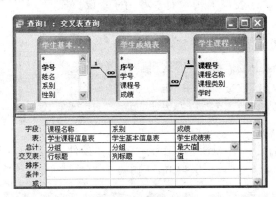

图 3-30　交叉表查询设计视图

④ 保存并运行查询，查询结果如图 3-31 所示。

图 3-31　交叉表查询结果

使用设计视图创建交叉表查询时,凡是字段的"总计"项没有特殊要求的,均要保持默认的"分组"项。

3.4.3 参数查询

在前面介绍的查询中,查询条件都是固定的,这类查询在数据源表的数据没有发生变化的情况下,查询结果也是不变的。当查询条件变化时,上面介绍的查询就不是很方便了。例如,某公司每月需要查询当月生日的员工名单,查询的目的和格式都相同,只是每个月都要将准则改为不同的月份,才能执行查询。这样数据库中将多出若干个相同类型,相同目的,但名称和准则不同的查询对象,势必会浪费磁盘空间。这种情况下,采用参数查询会很方便。参数查询在运行时,可以通过用户输入查询条件(参数)来查找符合条件的记录。参数查询有两种形式:单参数查询和多参数查询。

【例题 3-11】 创建查询,当用户从键盘上输入职工号或姓名时,显示相应的教师任课情况,包括"职工号"、"姓名"、"职称"、"课程名称"和"学时"5 个字段。

【例题解析】 这是一个单参数查询,参数是职工号或者姓名,查询的数据源是教师信息表、任课信息表和学生课程信息表。

操作步骤如下:

① 添加数据源。打开查询设计视图,将教师信息表、任课信息表和学生课程信息表添加到设计视图中,并设置查询显示字段为"职工号"、"姓名"、"职称"、"课程名称"和"学时"。

② 设置参数类型。选择"查询"菜单的"参数"命令,在弹出的"查询参数"对话框中输入参数名,这里假定以"请输入职工号或姓名"作为参数名,数据源表中"职工号"和"姓名"均为文本型字段,所以参数的"数据类型"设置为"文本",如图 3-32 所示,单击"确定"按钮。

图 3-32 "查询参数"对话框

③ 设置查询准则,在设计视图"职工号"字段的"条件"栏输入"Like [请输入职工号或姓名]",在"姓名"字段的"或"栏输入"Like [请输入职工号或姓名]",如图 3-33 所示。

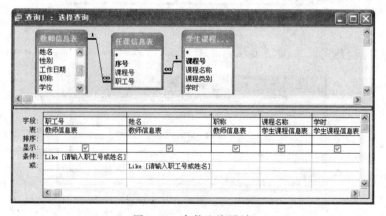

图 3-33 参数查询设计

④ 保存并运行查询。运行时,弹出"输入参数值"对话框,如图 3-34 所示,提示用户输入职工号或姓名。假定输入 8,则查询结果如图 3-35 所示。

图 3-34 "输入参数值"对话框

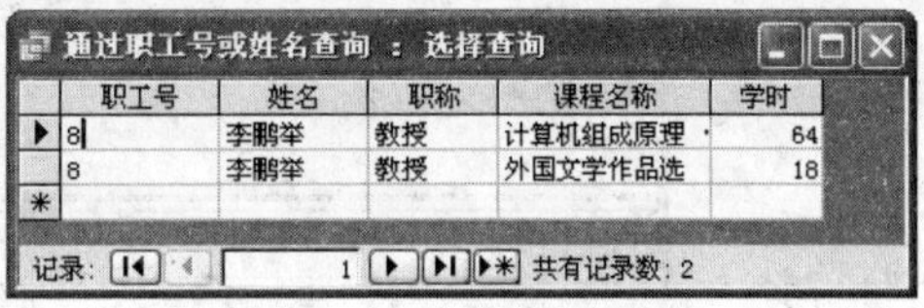

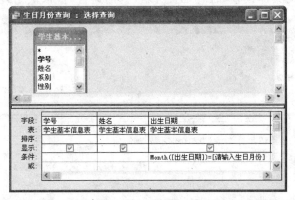

图 3-35 参数查询结果

查询运行时,输入教师姓名也可以查询出相关教师的任课信息。例如,输入"李鹏举",可以查找到这位教师的记录,而输入"李 * ",则可以查找到所有姓李的教师的记录。

如果将 Like 省略,用户在输入参数时必须完全匹配才能查找出相关记录,即输入参数时使用通配符查找不到记录。

在参数查询中,必须用英文的方括号([])来界定参数名,即方括号中的标识符是查询运行时出现在"输入参数值"对话框中的提示文本,但是不能用字段名作为提示文本。在 Access 查询中,方括号用来界定对象名,主要是表、查询、字段、参数等。如果方括号([])内的标识符不是表、查询、字段或其他对象的名称,那么 Access 将它当作参数名称。

上述第②步中的"查询参数"对话框主要有两个作用:一是指定参数的数据类型,一般为条件字段的数据类型;二是指定运行时参数的输入顺序,一般用于多参数查询。如没有特殊需求,在创建参数查询时可以省略这一步。

【例题 3-12】 创建查询,当用户从键盘上输入学生的出生月份时,显示学生相应的信息,包括"学号"、"姓名"和"出生日期"三个字段。

【例题解析】 这是一个单参数查询,操作方法与上例类似,不同的是参数值"月份"需要对数据源表的"出生日期"字段计算得到,月份值=Month([出生日期])。

实现本例中的要求可以用两种方法:第一种是在"出生日期"字段的"条件"栏输入"Month([出生日期])=[请输入生日月份]",如图 3-36 所示;第二种是新增一个计算字段,字段名称自定,这里使用系统默认的"表达式 1",该字段值为 Month([出生日期]),取消该字段"显示"栏复选框的选择,在"条件"栏输入"[请输入生日月份]",如图 3-37 所示。

图 3-36 方法一

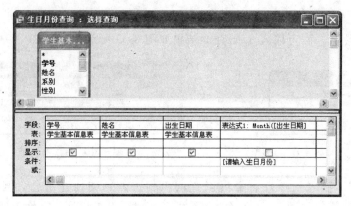

图 3-37　方法二

查询运行时,在"输入参数值"对话框内输入 6,如图 3-38 所示,表示查询 6 月份出生的学生,查询结果如图 3-39 所示。

图 3-38　"输入参数值"对话框

图 3-39　参数查询结果

一个参数可以看作一组条件,如果需要针对多组条件进行查询,可以建立多参数查询,多参数查询的建立方法与单参数查询相同。在运行多参数查询时,系统要求用户依次输入多个参数值。

【例题 3-13】　查询工作日期在某个日期范围内的教师,当用户输入开始日期和结束日期时,显示工作日期在这个范围内的教师信息,包括"职工号"、"姓名"、"职称"和"工作日期"4 个字段。

【例题解析】　这是一个多参数查询,参数值是两个日期。

查询设计视图的具体设置如图 3-40 所示,查询运行时,依次出现两个"输入参数值"

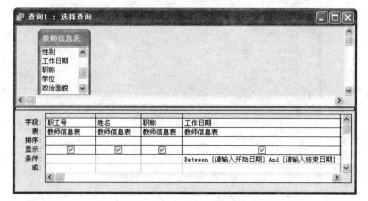

图 3-40　多参数查询设置

对话框,如图 3-41 和图 3-42 所示,分别输入两个日期后,查询结果如图 3-43 所示。

图 3-41　输入第一个
参数值

图 3-42　输入第二个
参数值

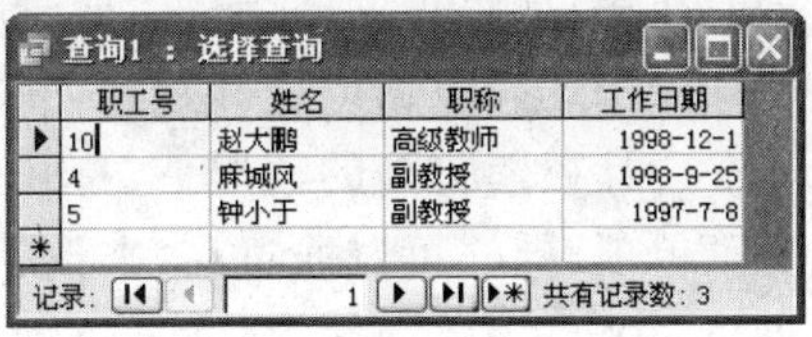

图 3-43　参数查询结果

3.5　操 作 查 询

　　操作查询是 Access 查询对象中的重要组成部分,它用于对数据库进行复杂的数据管理操作,能够通过一次操作完成多个记录的修改。操作查询共有 4 种类型:生成表查询、更新查询、追加查询与删除查询。

3.5.1　认识操作查询

　　"数据库"窗口中新建查询对象,在"新建查询"对话框中,选择"设计视图"。在弹出的"添加表"对话框中,添加用来创建查询的数据源,然后单击"关闭"按钮。在表显示区的空白区域右击,在弹出的快捷菜单中鼠标移动到"查询类型"选项的位置,随即打开子菜单(如图 3-44 和图 3-45 所示),可以看到后 4 项分别是:生成表查询、更新查询、追加查询与删除查询,选择其中的一个选项,即可创建相关类型的操作查询。从图 3-45 中可以看出,这 4 类查询的图标各不相同,也与选择查询的图标不同,目的是区分几种查询各自的类型。相同的是每个图标中均有一个感叹号,由于操作查询运行后,可能会对表中数据作出大量修改,图标中的感叹号目的在于引起用户注意。

图 3-44　创建操作查询的菜单

图 3-45　创建操作查询的快捷菜单

顾名思义,这4类查询首先是查询对象,然后在查询的基础上,对数据表的记录产生一定的作用,如将查询的结果生成表、对查询结果更新或删除等,而前面章节介绍的查询只能从表中选择数据或统计数据,并不能对表中数据进行修改。

在设计视图打开的情况下,打开 Access 菜单栏的"查询"菜单,可以看到与图 3-45 类似的菜单项,同样可以通过在"查询"菜单中选择某个选项来创建这4种类型的查询之一,效果与图 3-45 中一致。除以上两种方法之外,还可以直接单击工具栏的查询类型按钮 右边的小箭头,从而在打开的菜单中选择操作查询类型。

3.5.2 生成表查询

生成表查询利用一个或多个表中的全部或部分数据创建新表。生成表查询的应用范围十分广泛,例如可创建用于导出到其他 Microsoft Access 数据库的表,使用宏或代码自动制作表的备份副本,创建用于保存旧记录的历史表等。创建的新表中的数据是当前数据库中数据的子集,之后数据库中数据记录的变更,则不能在生成的表中体现。

【例题 3-14】 将考试成绩不及格的学生的数据信息存放到新表中,新表命名为"补考学生名单"。

【例题解析】 为了清楚地体现学生补考数据,需要查找学生姓名、学号、补考科目、考试分数等信息,这些信息涵盖在"学生基本信息表"、"学生课程信息表"、"学生成绩表"三张表中,因此,在创建查询时,需要添加此三张表,并建立连接关系。

操作步骤如下:

① 新建查询,打开查询设计视图,并将"学生基本信息表"、"学生课程信息表"、"学生成绩表"添加到查询设计视图的表显示区域,添加的过程中,注意确认表之间的连接。

② 双击"学号"、"姓名"、"课程名称"、"成绩"4 个字段,使之添加到字段行,并在成绩字段的"条件"行单元格中输入条件:＜60。

③ 右击表显示区域的空白部分,打开图 3-45 所示的菜单,选择查询类型为"生成表查询",此时屏幕上出现"生成表"对话框,如图 3-46 所示。该对话框的作用在于确认新生成的表的名字以及存放位置,在对话框中的表名称一栏输入"补考学生名单",新表的存放位置为"当前数据库"保持不变,则新表保存在"教学数据库"中,单击"确定"按钮。

图 3-46 "生成表"对话框

④ 从"查询设计"视图切换到"数据表视图"可预览新建的表。

⑤ 在"查询设计"视图状态下,单击"运行"按钮,执行该生成表查询,此时屏幕上出现

一个操作提示对话框,如图 3-47 所示。

⑥ 阅读对话框中的信息,确定即将进行的操作,单击"是",用户可在"数据库"窗口的"表"对象中看到新建的"补考学生名单"表,如图 3-48 所示。在图 3-47 所示的对话框中,单击"否"将阻止该生成表查询的执行,即不会有新表被建立。

图 3-47　生成表查询执行时的提示对话框

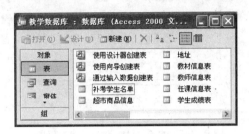

图 3-48　新创建的"补考学生名单"表

3.5.3　删除查询

删除查询是指删除符合设定条件的记录的查询。在数据库的使用过程中,有些数据不再有意义,可以将其删除。第 2 章介绍了数据表中一条记录的删除方法,如果要删除符合设定条件的一组记录,就可以使用删除查询操作完成。

【例题 3-15】　将例题 3-14 生成的"补考学生名单"表中课程名称为"高等数学"的记录删除。

【例题解析】　需要添加到查询中的表只有一个,本题意在删除数据表中符合条件的记录(包括该记录对应的所有字段值),因此,在更改查询类型时应选择"删除查询",选择删除的字段应是所有字段,即"补考学生名单.﹡"。

操作步骤如下:

① 新建查询,打开查询设计视图,将"补考学生名单"表添加到查询中。

② 单击工具栏"查询类型"按钮右侧的向下箭头,在弹出的列表中选择"删除查询",此时,查询设计视图"设计网格"中的"排序"行、"显示"行消失,增加了一个"删除"行。

③ 类似于选择查询中字段选取和条件赋予的过程,先后双击补考学生名单表中的"﹡"字段(对应的"删除"栏自动出现"From")和"课程名称"字段(对应的"删除"栏自动出现"Where"),一个用于确定删除的对象,另一个用于确定删除的条件。在"课程名称"字段下方的"条件"单元格中输入"高等数学",Access 将自动为字符串"高等数学"添加双引号界定符,如图 3-49 所示。

④ 切换到"数据表视图",预览该删除查询检索到的一组记录(也是即将被删除的一组记录)。在"查询设计"视图中单击"运行"按钮,屏幕出现一个提示对话框,如图 3-50 所示,提示"从指定表删除 4 行",可见,预览的数据与执行的操作相符。

⑤ 在提示对话框中单击"是"按钮,Access 将这 4 条记录永久删除,不能执行"撤销"命令将其恢复;若单击"否"按钮,将不删除记录。

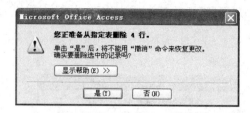

图 3-49　设计删除查询　　　　　　　　图 3-50　"删除查询"执行时的提示对话框

使用删除查询时需要重点注意以下几个事项：

① 该查询运行后，被删除的记录将无法恢复，因此，在运行查询之前，应该先预览即将删除的数据记录；

② 应随时维护数据的备份副本，以防不小心错删了数据。

在某些情况下，执行删除查询可能会同时删除相关表中的记录，即使它们并不包含在此查询中。当删除查询只包含一对多关系中"一"方的表，且该表与其他表建立一对多关系时曾允许对关系使用级联删除，那么这种情况就有可能发生。例如，某学生退学，则删除该学生在"学生基本信息表"中的记录，如果"学生基本信息表"与"学生成绩表"建立了一对多关系，并且编辑关系时选中了"级联删除相关记录"复选框，那么创建的删除查询在删除学生记录的同时，将把该同学成绩表中的相关记录一并删除。

3.5.4　更新查询

维护数据库时，常常需要对符合一定条件的记录作统一修改，这些操作可通过更新查询完成。例如，将特定出版商的所有书籍的价格上调 10％ 的比例，教师的实发工资分等级扣除所得税，课程的总评成绩由平时成绩和期末考试成绩的平均构成等，均可由更新查询来实现数据维护。更新查询的一次运行可以更改多行的内容，和删除查询一样，更新查询的操作也是无法撤销执行的操作，如有需要，在执行该查询前，可先备份数据表。

创建更新查询时，需要注意的细节有：需要更新的数据在哪（几）张数据表中；定义要更新行的搜索条件；需要更新的行的哪（几）个字段需要修改；用什么样的值或表达式替代原来的字段值。

【例题 3-16】　学生课程信息表中，把课程类型是必修课且学时数在 60 以上的课程，均上调 5 个学时。

操作步骤如下：

① 新建查询，打开查询设计视图，将学生课程信息表添加到查询中。

② 单击工具栏"查询类型"按钮右侧的向下箭头，在弹出的列表中选择"更新查询"，此时，查询设计视图的设计网格根据查询种类稍作调整，增加了一个"更新到"行。

③ 选择学生课程信息表中的"课程类别"字段,在其对应的"条件"单元格中输入"必修课"作为过滤记录的条件;选择"学时"字段,在其"条件"单元格中输入">＝60"的限定条件,由于"学时"字段同时作为被更新的字段,所以在其对应的"更新到"单元格输入"[学时]＋5",如图 3-51 所示,以达到题意中上调 5 个课时的目的。

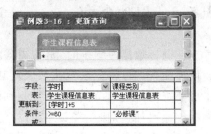

图 3-51　设计更新查询

④ 切换到"数据表视图",预览即将被修改的一组记录。为了确认学生课程信息表中满足条件的记录是否均被选中,可打开数据表,在表中通过两次筛选操作找出"学时 60 以上的必修课"记录,能发现筛选结果的记录数与此处数据表视图中的记录总数是一致的。

⑤ 若保存并关闭查询,然后在查询对象列表运行该查询,屏幕将先后出现两个提示对话框,第一个对话框(如图 3-52(c)所示)提示正准备执行更新查询,第二个对话框(如图 3-52(d)所示)提示将要发生变化的记录数目。类似地,两对话框均选择"是"按钮执行更新操作,选择"否"按钮,操作不执行。图 3-52(a)和(b)示意了更新前后的学时字段数据值的对比。

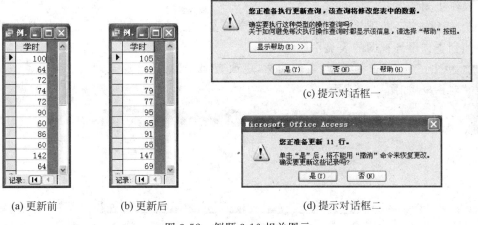

(a) 更新前　　　(b) 更新后　　　(c) 提示对话框一

(d) 提示对话框二

图 3-52　例题 3-16 相关图示

在更新操作查询的使用过程中,注意不能够重复运行同一个查询若干次,因为更新查询每运行一次,都会对数据表中的相关记录修改一次,那么被重复修改的数据很可能早已丢失数据上承载的信息。例如,将例题 3-16 创建的更新查询保存为"例题 3-16",在查询对象列表中,双击"例题 3-16"运行查询,运行结果为图 3-52(b)的基础上各学时数再加 5,最终变成"将学时数在 60 以上的必修课上调 10 个学时",而不是 5 个,问题出在更新查询被多运行了一次。

另外,Access 更新查询不仅可以更新一个字段的值,也可以同时更新多个字段的值。只要在查询设计视图的设计网格中,增加需要更新的字段,并在它们对应的"更新到"单元输入修改内容即可。

3.5.5　追加查询

在进行数据库维护时,常常需要将某个表中符合一定条件的记录添加到另一张表中。使用追加查询可将记录行从某表复制到另一张表,也可在表内复制行。追加查询类似于生成表查询,但该查询将记录复制到已存在的表中。

创建追加查询时,需要注意以下几点。首先必须明确要追加的记录从哪张或哪几张表(源表)中来,这些记录将送往哪个数据库表(目标表)中去,若源表与目标表相同,则从表内进行复制;其次,可以在源表的记录行中复制选定列或所有列的内容,所复制的记录数据必须要与目标表中的对应各列数据兼容,即源列与目标列的数据类型尽量保持一致。例如,假设源表中考试成绩数值包含一位小数,则目标表中的成绩字段必须接受带小数位的数据,以做到数据不丢失。

【例题 3-17】　将学生成绩表中考试成绩在 60 至 65 分的学生添加到例题 3-14 生成的补考学生名单表。

【例题解析】　为了与补考学生名单表中字段保持一致,追加的记录来源于学生基本信息表、学生课程信息表、学生成绩表三张表,因此,在创建查询时,需要添加此三张表,并建立连接关系。随后,过滤出 60 至 65 分的记录,并修改查询的类型为追加查询。

操作步骤如下:

① 新建查询,打开查询设计视图,并将学生基本信息表、学生课程信息表、学生成绩表添加到查询设计视图的表显示区域。

② 单击工具栏"查询类型"右侧箭头,更改查询类型为"追加查询",此时屏幕上出现"追加"对话框,如图 3-53 所示。

图 3-53　"追加"对话框

该对话框用于确认检索的记录即将追加至哪张表(目标表),因此在"表名称"右边的下拉列表框中输入"补考学生名单",或者单击下拉列表右侧的小箭头,在弹出的列表中选择目标表。要追加记录的表在当前数据库中,所以下方的单选按钮保持选择"当前数据库"不变,然后单击"确定"按钮。

③ 依次顺序双击"学号"、"姓名"、"课程名称"、"成绩"四个字段添加到字段行(选择字段的顺序尽量与"补考学生名单"表中的字段顺序相同,使追加的记录值与表中字段一一对应),并在成绩字段下的"条件"单元格中输入条件:>=60 And <=65,如图 3-54 所示。从图 3-54 中可以看出,"设计网格"部分增加了"追加到"行,通过该行可以确认追加的记录与目标表中字段的对应关系,此题中不需作修改。

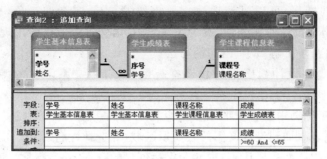

图 3-54　设计追加查询

④ 从查询设计视图切换到数据表视图可预览要追加的一组记录。在查询设计视图
状态下,单击"运行"按钮,执行该追加查询,此
时屏幕上出现一个操作提示对话框,如
图 3-55 所示。

⑤ 与上述操作查询相同,提示对话框中单
击"是"按钮,Access 执行操作;若单击"否"按
钮,将不向指定表追加记录。单击"是"按钮,向

图 3-55　生成表查询执行时的提示对话框

补考学生名单表追加 57 行,可在表对象中打开补考学生名单表查看追加结果。

与更新查询一样,追加查询也不能够重复多次执行,否则将向目标表追加同一组记录
若干次,造成目标表中数据记录的重复。另外,追加查询操作也是无法撤销的,作为预防
措施,必要的情况下需对执行该查询前的数据进行备份。

3.6　SQL 查 询

SQL(Structure Query Language)是"结构化查询语言"的英文缩写,由 IBM 公司
1974 年研制。SQL 是用于访问和处理数据库的标准计算机语言,也是数据库领域中应用
最为广泛的数据库查询语言,应用于各类数据库软件。目前的所有关系型数据库管理系
统都以 SQL 作为核心。

SQL 是高级的非过程化编程语言,它不要求用户指定数据的存放方法,也不需要用
户了解具体的数据存放方式,只需掌握 SQL 语法即能完成对数据的管理。Access 中对
数据库进行的操作,例如,数据表的创建、表字段的修改、插入新记录、删除数据、执行数据
查询等,均能够通过 SQL 来实现。SQL 还能实现联合查询、传递查询、数据定义查询和
子查询等其他 4 种查询操作。

3.6.1　查看查询中的 SQL 语句

一个 Access 查询对象实质上是一条 SQL 语句,而 Access 提供的查询设计视图实质
上是为我们提供了一个编写相应 SQL 语句的可视化工具。在 Access 提供的查询设计视

图中，通过直观的操作，可以迅速地建立所需要的 Access 查询对象，也就是编写一条 SQL 语句，从而增加设计的便利性，减少编写 SQL 语句过程中可能出现的错误。现通过一个简单的例子，初步了解 SQL 语句的写法。

【例题 3-18】 在设计视图中创建选择查询，查看中文系学生的姓名、性别及政治面貌。

【例题解析】 例题中要查看的字段信息均来自同一张表：学生基本信息表，打开查询设计视图，将该表添加到设计视图的表显示区域，并选择姓名、性别、政治面貌及系别字段，在"系别"字段的条件一栏填入"中文"，保存创建的查询，并运行之，即得符合题意的结果。设计视图如图 3-56 所示。

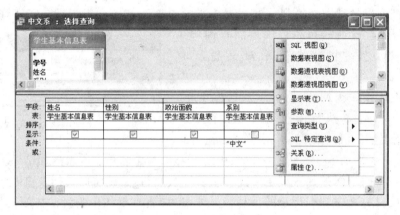

图 3-56 查询设计视图

在查询设计视图的表显示区域右击，打开了一个快捷菜单（如图 3-56 所示），菜单中的第一项为"SQL 视图"，选中该选项，得到图 3-57 所示的界面。要从 SQL 视图返回查询设计视图同样有两种方法：

图 3-57 SQL 视图

（1）右击图 3-57 中 SQL 视图的标题栏，在弹出的快捷菜单中选择"查询设计"选项；

（2）单击主菜单栏"视图"菜单下的"设计视图"选项。

图 3-57 中 SQL 的查询语句描述如下：

SELECT 学生基本信息表.姓名, 学生基本信息表.性别, 学生基本信息表.政治面貌
FROM 学生基本信息表
WHERE(((学生基本信息表.系别)="中文"));

仔细观察这个看似复杂实则简单的语句，它含有英文单词若干，字段名若干（字段名写成"表名.字段"的格式），表名若干，以最后一行的分号标识语句结束。用通俗的语言翻译出该句的含义是：当学生信息表中的系别字段值为"中文"的时候，从学生信息表中选

择学生基本信息表中的姓名字段,学生基本信息表中的性别字段、学生基本信息表中的政治面貌字段。

从上例 SQL 语言中可以看出,例题中的 SQL 查询语句实际上就是把用户对数据库的需求,用一种简练且规范的书写方法(语法)表现出来,这种写法只要编写正确,计算机就能识别并执行它,然后把执行结果展示出来。

应用 Access 2003 的查询对象是实现关系数据库查询操作的主要方法,借助于 Access 2003 为查询对象提供的可视化工具,可以很方便地进行 Access 2003 查询对象的创建、修改和运行。SQL 为数据库的操作提供了另一种方法,前一种方法(查询设计视图)是在后一种的基础上建立的。掌握 SQL 的语法,实际上是从本质完成对数据库的操控。

3.6.2 SQL 基本语法

在数据库上执行的大部分工作都由 SQL 语句完成,本节关注 SQL 语法的两个部分:数据操作语句(Data Manipulation Language,DML)和 数据定义语句(Data Definition Language,DDL),这里重点介绍它们的语法规定和功能含义。

1. 数据操作语句 DML

数据操作语句 DML 有:SELECT 数据查询语句,UPDATE 数据更新语句,INSERT INTO 数据插入语句与 DELETE 数据删除语句。

(1) SELECT。查询语句 SELECT 用于查询数据库并检索出符合指定条件的数据,该语句的完整语法格式如下:

```
SELECT [predicate] {*|table.*|[table.]field1[AS alias1][,[table.]field2
[AS alias2][,...]]}
FROM tableexpression [, ...] [IN externaldatabase]
[WHERE...]
[GROUP BY...]
[HAVING...]
[ORDER BY...[ASC|DESC]];
```

上述 SELECT 语法格式中,大写字母为 SQL 关键字,小写字母为语句参数;方括号([])所括部分为可有可无的内容(内容可选),用大括号({})括起来的部分表示必须从中选择其中的一个;竖线(|)用于分隔开可选部分。从上面代码可以看出,SELECT 语句由 7 个主要子句构成:SELECT 子句、AS 子句、FROM 子句、WHERE 子句、GROUP BY 子句、HAVING 子句和 ORDER BY 子句,其中 SELECT 子句和 FROM 子句必选。各关键字的概要信息以及各参数取值情况参见表 3-3,各子句的用法如下文描述。

参数 predicate 包括了 ALL、DISTINCT、DISTINCTROW 与 TOP,应用这些参数去限制查询后所得的结果,默认参数为 ALL。

表 3-3　SELECT 语句关键字汇总

参　数	取值及其含义	说　明
Predicate	ALL | DISTINCT | DISTINCTROW | TOP	谓词，用于限定返回的记录数及特征。默认为 ALL
*	全部字段	从指定的表中选择该表的全部字段
Table	表的名称	数据的来源
Field1	字段名称	包含在表中的字段
Alias1	别名	给某列数据取别名，用来作列表头
Tableexpression	表的名称	要查找的数据包含在这些表中
Externaldatabase	数据库的名称	Tableexpression 指定的表包含在 Externaldatabase 指定的数据库中
WHERE	条件表达式	过滤出满足条件的记录
GROUP BY	字段名列表	根据所列字段名分组
ORDER BY	字段名列表	根据所列字段名排序
HAVING	条件表达式	分组后，过滤出满足条件的记录

【例题 3-19】 从学生课程信息表中查找出第 1 至 5 条记录。

【例题解析】 与查询相关的表只有一张，且没有要求字段，用 SELECT 语句描述该查询为：

```
SELECT TOP 5 * FROM 学生课程信息表;
```

FROM 的作用在于指定从哪个数据库的哪张表查找记录，TOP 5 的作用是找到表的前 5 条记录。TOP 5 后的星号（*），其作用是选择数据表的所有字段，与查询设计视图中表字段列表内的星号含义相同。执行结果如图 3-58 所示。

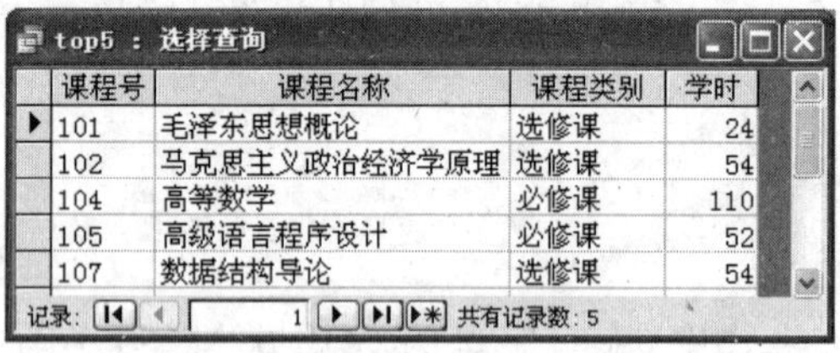

课程号	课程名称	课程类别	学时
101	毛泽东思想概论	选修课	24
102	马克思主义政治经济学原理	选修课	54
104	高等数学	必修课	110
105	高级语言程序设计	必修课	52
107	数据结构导论	选修课	54

图 3-58　例题 3-19 的执行结果，状态栏的记录数为 5

【例题 3-20】 请用一个查询语句找出：教学数据库中总共有多少个系别以及具体系名。

【例题解析】 "系别"字段出现在学生基本信息表中，但学生基本信息表中的记录较多，且系名有重复，把系别一列直接查找出来，不便查阅，可通过 DISTINCT 参数来解决问题：

```
SELECT distinct 系别 FROM 学生基本信息表;
```

执行结果如图 3-59(a)所示。在以上写法“系别”的后面加上一个“AS 本校各系名称如下”,即:

```
SELECT distinct 系别 AS 本校各系名称如下 FROM 学生基本信息表;
```

语句的运行结果如图 3-59(b)所示,由此可见,AS 的作用是为某个字段取别名。

正如 3.6.1 小节中讨论过的,WHERE 语句的目的是描述筛选条件,并不需要查询表中的全部记录,而是符合一定筛选条件的记录。筛选条件可以用一系列的条件表达式来实现。

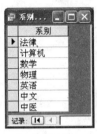

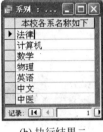

(a) 执行结果一

(b) 执行结果二

图 3-59 例题 3-20 的执行结果

姓名	性别	职称	学位
麻城风	男	副教授	本科
张宏	男	副教授	本科
张晓芸	男	副教授	研究生
王成里	男	高级教师	本科
赵大鹏	男	高级教师	本科
李达成	男	讲师	本科
章程	男	讲师	专科
李鹏举	男	教授	本科

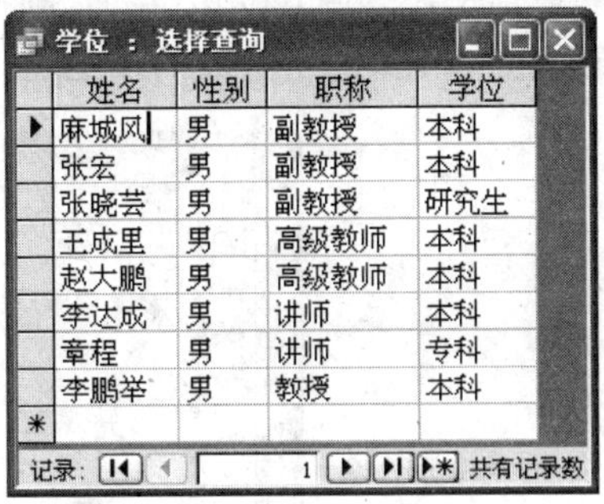

图 3-60 例题 3-21 的执行结果

【例题 3-21】 从教师信息表中取出姓名、性别、职称、学位字段,要求性别为男,并按职称排序,职称相同则按学位排序。

【例题解析】 本例题的查询语句书写如下:

```
SELECT 姓名,性别,职称,学位
FROM 教师信息表
WHERE 性别='男'
ORDER BY 职称,学位;
```

WHERE 子句筛选出所有男教师的记录, ORDER BY 子句的作用是对记录排序。从图 3-60 的结果中可以看出,记录按“职称”字段值各自分组排开,职称相同的,又按学位值是否一样排在一起。ORDER BY 子句后跟两个字段名称,标识了排序字段的先后顺序,倘若题目的要求是“先按学位排序,学位相同则按职称排”,那么该查询语句又该如何书写?这个问题留给读者自行解答,并仔细体会排序字段的顺序可否任意颠倒。

单击图 3-60 的标题栏选择“查询设计”选项,在打开的设计视图中,职称字段与学位字段的排序栏有“升序”字样,由此可再次得出 SQL 查询与 Access 查询之间是相互关联的,同时还能分析出,在未加任何修饰的情况下,SQL 的 ORDER BY 子句默认为升序,可在某排序字段的后头添上一个 DESC 实现降序排列,详见例题 3-22。

【例题 3-22】 查询教师姓名及其参加工作日期,且按工作时间降序排列。

【例题解析】 本例题的查询语句书写如下:

```
SELECT 姓名,工作日期
FROM 教师信息表
```

ORDER BY 工作日期 DESC

在 SELECT 语句中,GROUP BY 子句将查询的结果做分组统计,分组的依据是 GROUP BY 后的字段。简单举例:

```
SELECT 系别,count(学号)
FROM 学生基本信息表
GROUP BY 系别;
```

查询的结果(如图 3-61(a)所示)包含两个子段列,该查询的目的在于统计各系人数。首先按系别字段分组,count(学号)将系别相同的记录个数有多少条统计出来。这里涉及 SQL 函数的应用,常用函数的用法见表 3-4。

(a) GROUP BY 子句的应用结果　　(b) 带 HAVING 子句的查询

图 3-61　　GROUP BY 与 HAVING 子句

表 3-4　SQL 统计函数

函　　数	说　　明
MIN	返回一个指定列中最小的数值
MAX	返回一个指定列中最大的数值
SUM	返回一个指定列中所有数值的总和
AVG	返回一个指定列中的所有数值的平均值
COUNT	返回一个指定列中的所有数值数目(NULL 不计入)
COUNT(＊)	返回一个表中记录的行数

若在上述查询语句后添加 HAVING 子句,即

```
SELECT 系别,count(学号)
FROM 学生基本信息表
GROUP BY 系别
HAVING 系别="法律"or 系别="数学";
```

其查询结果如图 3-61(b)所示。从语句中可观察到,HAVING 子句后面写入的不是字段,而是条件表达式,也就是说,HAVING 是做条件限定的,它允许为每一个 GROUP BY 的分组指定条件,即根据写入的条件表达式来选择分组后的记录。上例中 HAVING 子句要求系别字段值是法律或数学,因此只统计出这两个系的人数。

在数据库的访问中,SQL 统计函数非常重要,函数功能是从 SELECT 语句的查询结果中按列计算某种数据,并返回计算后的结果值。GROUP BY 子句常伴随着 SQL 函数出现,也可以不使用 GROUP BY 子句,如:

SELECT AVG(学时) AS 平均学时 FROM 学生课程信息表;

这条语句将返回一个单一结果,它计算了学生课程信息表中"学时"一列所有数据的平均值,如图 3-62 所示。

SQL 的 SELECT 语句在 Access 的很多场合都十分适用,它的每个子句都有其本身独有的功能,将 SELECT 的各个子句灵活组合能完成很多实际中的应用。

（2）INSERT INTO。INSERT INTO 语句用于向数据表中插入或者增加一行数据,其语法格式为:

图 3-62　AVG 统计函数的应用

```
INSERT INTO tablename(first_column,...,last_column)
VALUES(first_value,...,last_value);
```

该语句首先指定数据库表的名称,将要插入新数据的各个字段名写在紧跟表名的小括号中,各个字段值放入 VALUES 语句中。

【例题 3-23】　将本课程"Access 数据库程序设计"的相关信息添加到学生课程信息表中。课程相关信息有:课程号为 134,是必修课,64 学时。

```
INSERT INTO 学生课程信息表(课程号,课程名称,课程类别,学时)
VALUES("134", "Access 数据库程序设计","必修课",64);
```

这里需注意:在描述字段的值时,先了解表中每个字段的类型(可通过打开表设计器查看),文本类型(即字符串)都要用双引号括起来,数据可直接书写,日期型等类型数据要用到其他界限符,详情参见 3.2.2 小节。

本例 INSERT INTO 查询的执行过程与结果如图 3-63 所示。

(a) 插入新记录时的提示对话框

(b) 新记录已添入学生课程信息表

图 3-63　记录追加

（3）DELETE。DELETE 语句用来从数据表中删除记录,其语句格式为:

DELETE FROM tablename [WHERE...]

如同 SELECT 语句,WHERE 后跟条件表达式,DELECT 语句从 tablename 指定的表中删除满足条件的记录。

例如,将例题 3-23 中新增加的记录编号为 134 的记录删除。

```
DELETE FROM 学生课程信息表 WHERE 课程号="134";
```

执行该 SQL 语句,课程号为"134"的一行被删除。类似于下面的语句,需谨慎使用:

```
DELETE FROM 学生课程信息表
```

这条语句中没有使用 WHERE 语句,即执行 DELETE 操作时没有任何条件,因此会将学生课程信息表中所有的记录删除。如果只删除表中的一行或者几行,需写上 WHERE 子句,用于指明符合条件的行。

(4) UPDATE。UPDATE 语句用于更新或者改变符合指定条件的记录,它是通过构造 WHERE 子句来限定条件,其语句格式如下:

```
UPDATE TableName
SET column1=newvalue1[,column2=newvalue2...]
[WHERE...]
```

同样,这里的大写字母表示关键字,小写字母表示参数,下面举例说明 UPDATE 语句的用法。

【例题 3-24】 把王雪丽(学号 900156)、付辰(学号 900483)、夏毅(学号 910131)、张凡(学号 900617)4 名同学的政治面貌由群众修改为团员。

```
UPDATE 学生基本信息表 SET 政治面貌="团员"
WHERE 学号 In ("900156","900483","910131","900617");
```

INSERT INTO、UPDATE 与 DELETE 操作语句的功能,也可分别由 3.5 节中的追加查询、更新查询与删除查询实现,前三个语句与后三种操作查询实际上在完成相同的任务。在查询对象列表中能够发现,INSERT INTO 语句创建的查询图标与追加查询的图标一致,UPDATE 查询图标与更新查询图标、DELETE 查询图标与删除查询图标也分别相同。

2. 数据定义语句 DDL

SQL 的数据定义语句使用户有能力创建或删除表,同时也可以定义索引(键),规定表之间的链接,以及施加表间的约束。这里对 SQL 的几个创建语句做简单介绍。

(1) CREATE TABLE。CREATE TABLE 语句用于创建数据库中的表,其语法为:

```
CREATE TABLE TableName (ColumnName1 DataType,
ColumnName2 DataType,
ColumnName3 DataType,
...);
```

其中 ColumnName 指字段名,各字段的数据类型(DataType)写在字段名的后部,中间以空格间隔开。数据类型与表设计视图中的数据类型含义一致,具体可用表 3-5 的左列描述字段的类型。

例如,新建查询并切换到 SQL 视图,输入以下创建语句:

表 3-5　字段的数据类型

数据类型	描　述
smallint(size)	整型。括号内规定数字的最大位数,不规定位数也可
int(size)	长整型
char(size)	字符串型。固定长度的字符串
text	文本型。可变长度的字符串
real 与 float	单精度型与双精度型
money	货币型
date 与 DateTime	日期型与日期时间型
bit	是/否型。允许 0、1 或 NULL
image	OLE 对象

```
CREATE TABLE 教材信息表(书名 char(40),作者 char(10),出版社 char(15),
            出版日期 date,价格 money,ISBN char(17));
```

单击"保存"按钮,在弹出的对话框中输入文件名 BookInfo。执行 BookInfo,可在表对象中看到新增加的表:教材信息表,如图 3-64 所示。读者可打开该表的设计视图,验证每个字段的数据类型,以及字段的大小,是否与上述 CREATE TABLE 语句中描述的字段类型相符合。

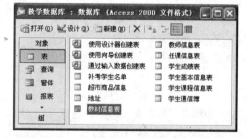

(2) ALTER TABLE。ALTER TABLE 语句用于在已有的表中添加、删除或修改字段。

图 3-64　CREATE TABLE 创建的教材信息表

例如,在教材信息表增加一个字段"影印本",类型为"是/否型",表结构修改语句为:

```
ALTER TABLE 教材信息表 ADD 影印本 bit;
```

修改影印本字段的类型为 char,宽度为 2,表结构修改语句为:

```
ALTER TABLE 教材信息表 ALTER 影印本 char(2);
```

删除添加的"影印本"字段,表结构修改语句为:

```
ALTER TABLE 教材信息表 DROP COLUMN 影印本;
```

上述三个修改语句执行时,通过观察教材信息表的变化,体会 ALTER TABLE 的作用。

(3) DROP TABLE。DROP TABLE 语句用于删除表,其结构、属性及索引也会被删除。例如,

```
DROP TABLE 教材信息表;
```

此语句执行后,教材信息表连同表中数据一并被删除。

3.6.3　联合查询

联合查询的 UNION 运算符可以将两个或两个以上 SELECT 语句的查询结果集合合并，使之作为一个结果集合显示，即执行联合查询。UNION 的语法格式为：

```
select_statement
UNION [ALL] SelectStatement
[UNION [ALL] SelectStatement][…]
```

其中，select_statement 为待联合的 SELECT 查询语句。ALL 选项表示将所有行合并到结果中，不指定该项时，被联合查询结果中的重复行将只保留一行。

【例题 3-25】　物理系的男同学由物理系的江小洋教师带队，参加周末的植树活动，请列出参加活动的学生名单及老师的电话号码。

【例题解析】　所查找字段来自两张不同的数据表，且两张表之间没有直接的一对多关系，可在各自表中分别查询需要的字段，然后合并，其 SQL 语句如下：

图 3-65　联合查询数据表视图

```
SELECT 姓名,系别
FROM 学生基本信息表
WHERE 系别="物理" AND 性别="男"
UNION
SELECT 姓名,联系电话
FROM 教师信息表
WHERE 姓名="江小洋"
ORDER BY 系别 DESC;
```

联合查询的结果如图 3-65 所示。

这里须注意 SQL 要求 SELECT 的列表必须匹配，即列的数据类型一致，在本例中学生信息表的姓名字段和教师信息表的姓名字段均为文本型，同时系别字段和电话号码字段也都是文本型。

联合查询时，查询结果的列标题为第一个查询语句的列标题，因此，要定义列标题必须在第一个查询语句中定义。要对联合查询结果排序时，也必须使用第一个查询语句中的字段或者列标题。

在包括多个查询的 UNION 语句中，其执行顺序是自左至右，可以使用括号改变执行顺序的优先级。例如，

```
查询 1 UNION (查询 2 UNION 查询 3);
```

3.6.4　传递查询

SQL 传递查询用于将命令直接发送到 ODBC 数据库服务器，实现对其他类型的数据库操作。通过使用 SQL 传递查询，可以直接作用服务器表，实施检索记录或数据更改操作。

若要创建 SQL 传递查询,必须首先创建一个系统数据源名称(DSN),然后再创建 SQL 传递查询,具体步骤如下:

① 单击"开始",指向"设置",然后单击"控制面板"。

② 在"控制面板"中,双击"管理工具"。

③ 双击"数据源(ODBC)"。

④ 在"ODBC 数据源管理器"对话框中,单击"系统 DSN"选项卡。

⑤ 单击"添加"按钮。

⑥ 选择相应的驱动程序。

⑦ 单击"完成"按钮,然后为所选驱动程序提供其他必需的信息。

使用 Access 创建传递查询步骤:

① 在"数据库"窗口中,单击"对象"下的"查询"项,然后单击"新建"按钮。

② 在"新建查询"对话框中,单击"设计视图",然后单击"确定"按钮。

③ 单击"显示表"对话框中的"关闭"项,而不添加任何表或查询。

④ 在"查询"菜单上,指向"SQL 特定查询",然后单击"传递"按钮。

⑤ 在工具栏上,单击"属性"以显示查询的属性表。

⑥ 在查询的属性表中,将鼠标指针置于"ODBC 连接字符串"属性中,然后单击"生成(…)"按钮。

⑦ 利用"ODBC 连接字符串"属性,可以指定与要连接的数据库有关的信息。可以键入连接信息,或者单击"生成",然后输入与要连接的服务器有关的信息。

⑧ 当提示是否在连接字符串中保存密码时,如果希望将密码和登录名存储在连接字符串信息中,请单击"是"按钮。

⑨ 如果查询不属于可返回记录的类型,请将"ReturnsRecords"属性设置为"No"。

⑩ 在"SQL 传递查询"窗口中,键入您的传递查询;若要运行查询,请单击工具栏上的"运行"按钮(对于返回记录的 SQL 传递查询,请单击工具栏上的"视图")。如果需要,Microsoft Access 将提示输入有关服务器数据库的信息。

3.6.5　数据定义查询

数据定义查询用于创建、删除表,更改表结构,或创建、删除、修改数据库中的索引。Access 支持的数据定义语句如表 3-6 所示。每个数据定义查询只能由一个数据定义语句组成,表中语句的用法举例在 3.6.2 小节已介绍,这里不再重复。

表 3-6　数据定义语句及用途

SQL 语句	用　　途
CREATE TABLE	创建表
ALTER TABLE	在已有表中添加新字段或约束
DROP	从数据库中删除表,或者从字段组中删除索引
CREATE INDEX	为字段或字段组创建索引

3.6.6　子查询

所谓的"子查询"(SubQuery)就是内含某一个 SELECT、INSERT、UPDATE 或 DELETE 命令于其中的 SELECT 查询。SELECT、INSERT、UPDATE 或 DELETE 命令中允许是一个表达式的地方皆可以内含子查询,子查询甚至可以再内含于另外一个子查询中。

【例题 3-26】　查询并显示学生基本信息表中高于平均年龄的学生记录。

【例题解析】　学生的平均年龄可通过一个统计查询来完成,再将表中的出生日期字段与平均年龄做比较,找出符合条件的记录。因此,在"条件"行输入一个"求平均年龄的子查询"来定义字段的条件。操作步骤如下:

① 打开查询设计视图,将学生基本信息表添加到设计窗口。

② 双击学生基本信息表字段列表中的" * "和"出生日期"字段,将其分别放到字段行的第 1 列和第 2 列,并取消选中"出生日期"下的"显示"复选框,即该列作为条件判断,不作显示用。

③ 在"出生日期"下的"条件"单元格内输入"Year([出生日期])>(SELECT AVG (YEAR([出生日期]))FROM 学生基本信息表)",如图 3-66 所示。

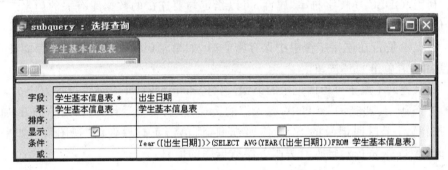

图 3-66　子查询应用

④ 保存并执行查询,查看执行结果。

⑤ 切换到 SQL 视图,阅读 SQL 语句子查询的写法:

```
SELECT 学生基本信息表.*
FROM 学生基本信息表
WHERE ((Year([出生日期])>(SELECT AVG(YEAR([出生日期]))FROM学生基本信息表)));
```

子查询类似查询之间的嵌套关系,子查询又被称为"内层查询",而内含子查询的查询则称为"外层查询"。内层查询会先被运行(如上例 WHERE 条件子句中的求平均年龄会先计算),因此我们经常利用其查询结果作为 WHERE 参数中的个别数据记录的过滤条件或是 HAVING 参数中的分组数据的过滤条件。

3.7 查询的操作

3.7.1 运行已创建的查询

按照查询运行结果的不同,将查询运行操作分成两类:

(1)通过执行已创建的查询文件,直接得到查询结果的数据表视图。这类查询包括选择查询、交叉查询、计算查询、参数查询等。

(2)执行已创建的查询文件,即对数据库中的表进行更改操作,通过比较查询执行前后的表中数据,方能观察到查询结果。这类查询包括生成表查询、删除表查询、表修改查询、更新查询、追加查询、删除查询等。

第一类查询的运行方式与打开表的操作相似,选中某个查询,双击,则运行操作完成,这是一种方法;另一种方法适用于对查询语句的调试,具体的,先打开某查询的设计视图,单击工具栏的运行按钮 ,即执行查询,查询结果视图随之打开。在第二种方法中,可以很方便地在 SQL 视图、查询设计视图与数据表视图之间任意切换,用户能够采用自己熟悉的方式对查询进行修改与调试,如何进行切换操作已在前面章节讨论,这里不再重复,如图 3-67 所示。

图 3-67　视图切换的快捷菜单

第二类查询属于操作查询,它的目的在于对表中数据的修改,或者对表结构修改,而不是从表中取得数据集合。这类查询的运行参见 3.5 节和 3.6.2 小节的数据操作语句部分和数据定义语句部分。

若某查询的设置存在错误,那么必须将错误修改,才能得到查询结果视图;若该查询是参数查询,运行后则需在弹出的提示对话框中输入参数,才能得到符合参数条件的查询结果视图。

3.7.2 编辑查询中的字段

1. 添加字段

增加查询中的字段,方法是打开查询的设计视图,将光标定位在字段栏中的空白区域,在空白区的右边出现一个向下的小箭头(下拉列表框),单击下拉箭头,即打开包含当前表中所有字段的下拉列表,从列表中选择需要显示的列(如图 3-68 所示)。若编辑已有的查询字段,操作方法与上述相同,只需单击要修改的字段名,然后在下拉列表框中重选字段。

查询设计视图的表显示区域,双击某表中的字段,该字段亦将自动添加到"字段"网格栏的空白列,可用作查询快速添加字段的方法。

需要注意的地方有图 3-68 设计网格中的"显示"栏,该栏目由复选框控制,只有复选框被选中(即小方框中出现☑),那么☑所对应的字段才能在查询结果中显示。否则,尽管在字段栏选择了某一字段,该字段也不出现在查询数据视图中。

2. 删除字段

打开如图 3-68 所示的查询设计视图,或打开数据表,并显示"高级筛选/排序"窗口(从记录菜单的筛选子菜单中打开)。单击列选定器选定相应的字段(鼠标移至待删除的字段名称的上方,鼠标变为向下的黑色小箭头后,单击左键),然后按下 Del 键,该字段从设计网格中删除。字段删除后,只是将其从查询或筛选的设计中删除,并没有从数据表中删除字段及其数据。

3. 移动字段

首先打开查询设计视图,或打开数据表并显示"高级筛选/排序"窗口。其次,选定要移动的列,选定方法与上同。选定多列时,可以拖过相邻的数列来选定,被选中的列反相显示。再次单击选定字段中的任何一个选定器,然后将字段拖曳到新位置。另外,鼠标拖动字段选定器的分界线,可以修改列的显示宽度。

除此之外,也可通过修改 SQL 语句来编辑查询中的字段。例如,在 SELECT 子句中,用户可根据自己的需求,添加、删除字段,改变字段的顺序,或者为字段取别名,操作过程类似于文本编辑,十分便捷。

图 3-68　字段的下拉列表框图

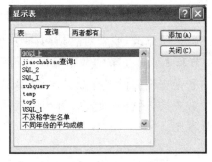

图 3-69　"显示表"对话框

3.7.3　编辑查询中的数据源

编辑查询中的数据源,即重新选择查询中用到的数据表。例如,添加新的数据表到当前查询、删除查询中已有的表等。查询也可以作为另一个查询的数据源,选择图 3-69 中的"查询"选项卡,即以现有查询作为数据源,"两者都有"选项卡中包含了现有数据库中的所有数据源对象。

(1) 添加表或查询。

添加表或查询的操作步骤如下:

① 在查询"设计"视图中打开查询。

② 在工具栏上单击"显示表"按钮。

③ 在"显示表"对话框中,单击包含要对其数据进行操作的对象的选项卡。如果需要的表在其他数据库或应用程序中,请先将表链接到活动的数据库。

④ 单击要添加到当前查询的数据表对象名或查询对象名。如果要同时选定多个对象,在单击每个对象名时按住 Ctrl 键;如果要选定一块对象,请先单击此块的第一个对象名,按住 Shift 键,然后再单击最后一个对象名。

⑤ 单击"添加"按钮,然后单击"关闭"按钮。

另外,从"数据库"窗口中将表或查询名拖曳到查询"设计"视图的上部,也可以将表或查询添加到查询中。如果查询中有多个表或查询,则需要建立表之间(或查询之间)的关联。

（2）删除表或查询。

在查询"设计"视图的表显示区域,单击要删除的表或查询的字段列表,从而选定表或查询,然后按 Del 键。已经从字段列表中拖曳到设计网格的字段也将从查询中删除,但是表或查询对象并不会从数据库中删除。

3.7.4 为查询结果排序

SELECT 查询语句的 ORDER BY 子句,提供了为查询结果排序的方法与原理,这里举例说明在查询设计视图中如何设置排序依据。

例题 3-21 的查询设计视图如图 3-70 所示,例题原意从教师信息表中过滤出男教师的姓名等字段,并按职称排序及学位排序,图中也可在"职称"、"学位"字段的排序网格栏中发现"升序"选项。因此,需要对查询结果按某字段排序,只需在对应的排序栏选择"升序"或者"降序"选项即可。需要注意的是排序字段的顺序,从左至右查看排序字段的顺序,最靠左部的作为最先排序的依据(第一排序字段),第一排序字段相同,则按照较右边的字段进行排序。若排序字段有两个以上,则以此类推。本例中,若修改题意为"先按学位排序,再按职称排",只需将"学位"字段移动到"职称"字段的左边。

图 3-70 排序

小　　结

本章主要学习了 Access 中的重要对象——查询的创建和使用。查询能对数据库进行信息浏览、检索,并根据实际需要对数据表进行插入、更改等操作,为管理数据提供了极大便利。Access 中查询主要分为选择查询、参数查询、交叉表查询、操作查询和 SQL 查询 5 种类型。从数据源表的角度考察,查询可分为单表查询和多表查询,其中实际中多表查询的应用较多,创建多表查询前要将多表建立关系。

(1)创建查询一般有查询向导和查询设计视图两种方法,本章重点介绍了通过设计视图创建各种查询的方法。实际应用中,首先根据需求确定查询类型,创建查询时一般要经过选择数据源、加入需求字段、设置查询准则等基本步骤,其中能够熟练掌握查询准则的构建是创建查询最基本的要求。查询准则一般由运算符、标准函数等组成,一个准则有多种表示形式,这就要求熟练掌握各种运算符和标准函数的用法。

(2)SQL 查询是使用 SQL 语句创建的查询。可以用结构化查询语言(SQL)来查询、更新和管理 Microsoft Access 这样的关系数据库。除此之外,与 SQL 协同工作的数据库系统还有许多,比如 DB2、Informix、Microsoft SQL Server、Oracle、Sybase 等,掌握 SQL 的基本语法,也是掌握多种数据库的操作方法。

(3)在查询设计视图中创建查询时,Access 将在后台构造等效的 SQL 语句。事实上,在查询设计视图的属性表中,大多数的查询属性在 SQL 视图中都有可用的等效子句和选项。如果愿意,可以在 SQL 视图中查看和编辑 SQL 语句,在 SQL 视图中更改查询后,查询的显示方式可能不同于以前在设计视图中的显示方式。

(4)某些 SQL 查询,称为 SQL 特定查询,不能在设计网格中创建。对于传递查询、数据定义查询和联合查询,必须直接在 SQL 视图中创建 SQL 语句。对于子查询,则在查询设计网格的"字段"行或"条件"行中输入 SQL 语句。

习 题 3

一、选择题

1. 下列不属于查询的三种视图的是( )。
   A. 设计视图　　　　B. 模板视图　　　　C. 数据表视图　　　　D. SQL 视图
2. 在查询设计视图中( )。
   A. 可以添加数据库表,也可以添加查询
   B. 只能添加数据库表
   C. 只能添加查询
   D. 数据库表和查询都不能添加
3. 查找图书编号是"01"或"02"的记录,可以在查询设计视图"条件"栏中输入( )。
   A. "01" And "02"　　　　　　　　　B. Not In("01","02")
   C. In("01","02")　　　　　　　　　D. Not("01" And "02")
4. 条件"Between 80 and 90"的意思是( )。
   A. 数值 80 到 90 之间的数字
   B. 数值 80 和 90 这两个数字
   C. 数值 80 和 90 这两个数字之外的数字
   D. 数值 80 和 90 包含这两个数字,并且除此之外的数字

5. 内部计算函数"First"的意思是求所在字段内所有的值的（　　　）。

 A. 和   B. 平均值   C. 最小值   D. 第一个值

6. 若要查找"学生"表中所有姓"王"的记录，可以在查询设计视图的"条件"栏输入（　　　）。

 A. Like "王" B. Like "王 ＊" C. ＝"王"   D. ＝"王 ＊"

7. Access 中查询日期型值需要用（　　　）括起来。

 A. 括号   B. 半角的井号（♯）

 C. 双引号   D. 单引号

8. 查询可分为选择查询、（　　　）、交叉表查询、操作查询和 SQL 查询 5 种类型。

 A. 总计查询   B. 生成表查询 C. 追加查询   D. 参数查询

9. 总计查询属于（　　　）。

 A. 选择查询   B. 操作查询 C. SQL 查询   D. 交叉表查询

10. 通过向导来创建交叉表查询，查询的数据源可以是（　　　）。

 A. 多个表 B. 多个查询 C. 一个表或查询 D. 以上都不是

11. 利用 SQL 能够创建（　　　）。

 A. 选择查询 B. 删除查询 C. 统计查询   D. 以上都对

12. 如果要将计算机系 2000 年以前参加工作的所有教师的职称全部改为教授，则适合使用的查询是（　　　）。

 A. 更新查询 B. 参数查询 C. 统计查询   D. 选择查询

13. 下列关于 SQL 语句的说法中，错误的是（　　　）。

 A. INSERT 语句可以向数据表中追加新的数据记录

 B. UPDATE 语句用来修改数据表中已经存在的数据记录

 C. DELETE 语句用来删除数据表中的记录

 D. SELECT…INTO 语句用来将两个或更多个表或查询中的字段合并到查询结果的一个字段中

14. 如果在数据库中已有同名的表，要通过查询覆盖原来的表，应该使用的查询类型是（　　　）。

 A. 删除   B. 追加   C. 生成表   D. 更新

15. 在 SQL 语言中，SELECT 语句的执行结果是（　　　）。

 A. 动态数据集合 B. 元组   C. 属性   D. 数据库

16. 传递查询是数据库自己不执行，而执行查询的是另一个（　　　）。

 A. 数据表 B. 数据库 C. 查询   D. SQL 查询

17. 在查询中要统计记录的个数，应使用的函数是（　　　）。

 A. SUM   B. COUNT(列名)

 C. COUNT(＊)   D. AVG

18. 在 SQL 语句中，与表达式"between 1000 AND 2000"功能相同的表达式是（　　　）。

 A. 工资＞＝1000 AND 工资＜＝2000

B. 工资>1000 AND 工资<2000

C. 工资<=1000 AND 工资>=2000

D. 工资<1000 AND 工资>2000

19. 在 Access 数据库中创建一个新表，应该使用的 SQL 语句是(　　)。

A. create table　　B. create index

C. alter table　　D. DROP table

20. 在 Access 的学生信息表中有学号、姓名、性别和入学成绩字段。有以下语句：

```
SELECT 性别,avg(入学成绩)FROM 学生信息表 GROUP BY 性别
```

其功能是(　　)。

A. 计算并显示所有学生的入学成绩的平均值

B. 按性别分组计算并显示所有学生的入学成绩的平均值

C. 计算并显示所有学生的性别和入学成绩的平均值

D. 按性别分组计算并显示性别和入学成绩的平均值

21. 在 Access 数据库中已建立了家庭住址联系表，若查找“邮编”是 233000 和 230000 的记录，应在 SELECT 查询的 WHERE 子句中输入以下条件表达式(　　)。

A. "233000" And "230000"　　B. "233000" Or "230000"

C. In(233000,230000)　　D. Not In (233000, 230000)

二、应用题

1. 在教学数据库中，查找考试成绩为 90 分以上的同学，要求查询结果显示学生姓名与成绩结果，且按成绩降序排列，写出 SQL 语句。

2. 创建销售数据库，包含商品信息表和销售记录表，表中各字段如图 3-71 所示。根据表中数据及以下要求，分别写出它们的 SQL 语句。

商品信息(货号,商品名称,进价,售价,生产日期)

销售记录表(流水号,货号,销售时间,销售员,卖出数量,折扣)

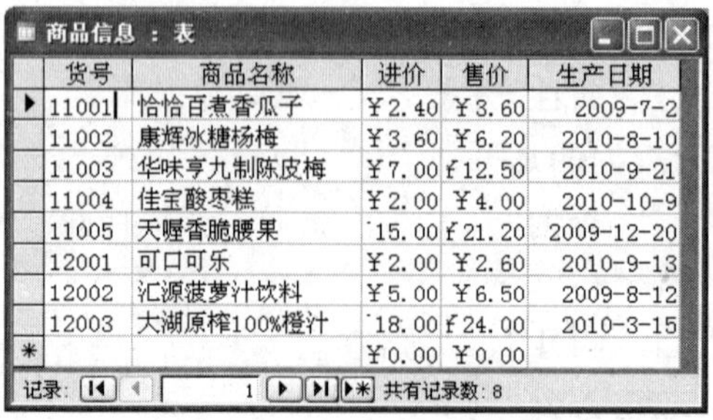
商品信息 ：表

货号	商品名称	进价	售价	生产日期
11001	恰恰百煮香瓜子	￥2.40	￥3.60	2009-7-2
11002	康辉冰糖杨梅	￥3.60	￥6.20	2010-8-10
11003	华味亨九制陈皮梅	￥7.00	￥12.50	2010-9-21
11004	佳宝酸枣糕	￥2.00	￥4.00	2010-10-9
11005	天喔香脆腰果	￥15.00	￥21.20	2009-12-20
12001	可口可乐	￥2.00	￥2.60	2010-9-13
12002	汇源菠萝汁饮料	￥5.00	￥6.50	2009-8-12
12003	大湖原榨100%橙汁	￥18.00	￥24.00	2010-3-15
*		￥0.00	￥0.00	

记录: 1 共有记录数: 8

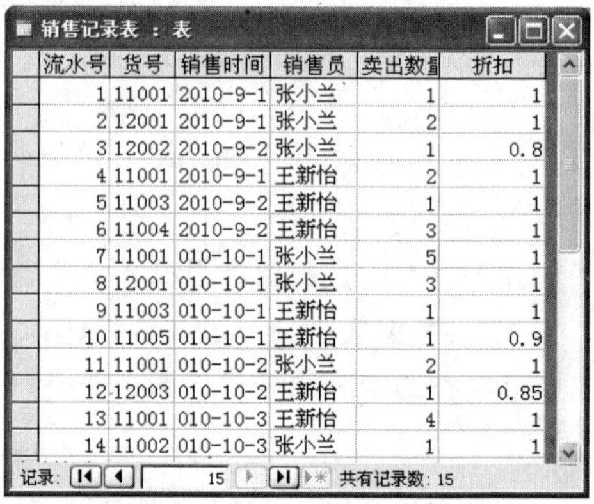
销售记录表 ：表

流水号	货号	销售时间	销售员	卖出数量	折扣
1	11001	2010-9-1	张小兰	1	1
2	12001	2010-9-1	张小兰	2	1
3	12002	2010-9-2	张小兰	1	0.8
4	11001	2010-9-1	王新怡	2	1
5	11003	2010-9-2	王新怡	1	1
6	11004	2010-9-2	王新怡	3	1
7	11001	010-10-1	张小兰	5	1
8	12001	010-10-1	张小兰	3	1
9	11003	010-10-1	王新怡	1	1
10	11005	010-10-1	王新怡	1	0.9
11	11001	010-10-2	张小兰	2	1
12	12003	010-10-2	王新怡	1	0.85
13	11001	010-10-3	王新怡	4	1
14	11002	010-10-3	张小兰	1	1

记录: 15 共有记录数: 15

图 3-71　商品信息表和销售记录表

（1）商品信息表的数据记录按进价升序排列。

（2）创建查询，查找销售员张小兰 2010 年 9 月 1 日一天的销售记录。

（3）查询所有售出时带折扣的商品销售记录。

（4）统计出生产日期年份相同的商品各有多少件。

（5）计算 10 月份所有卖出的商品销售利润的总和。

第4章

窗　体

学习目标

(1) 了解窗体的结构、分类和视图；

(2) 掌握窗体的创建方法，重点掌握设计视图下窗体的创建；

(3) 掌握子窗体的创建、窗体中控件的使用方法、了解窗体格式的修改。

窗体又称为表单，是 Access 数据库中一个重要的对象。窗体为查看、添加、编辑和删除数据提供了一种灵活的方法。窗体将数据表中的数据输出到屏幕反映给用户，又将用户的输入反馈到数据表中去，是一种良好的输入、输出界面，也是用户和应用程序之间的主要接口。窗体使用文字、图形、图像、音频、视频等控件将数据表中的内容显示给用户。

4.1　认 识 窗 体

4.1.1　窗体的概念与功能

1. 窗体的界面

窗体在人机交互过程中扮演越来越重要的角色，为用户提供了方便、直观、简单的操作界面。窗体具有多种类型，界面不同，窗体完成的功能也不同。窗体中显示的信息可分为两大类：

(1) 窗体设计完成后不再变动，一般是一些提示性的信息。例如，说明性的文字或图形，标题文字、直线、矩形框等就属于此类，这些信息在窗体运行过程中不再变化。

(2) 窗体显示或处理数据的过程随着所处理数据的变化而变化。在处理数据时用来显示具体的姓名的控件就是此类中的一个典型代表。利用此类控件可以在窗体的信息和数据库中的数据源之间建立联系。

如图 4-1 所示的"学生信息"窗体中，"学号"、"姓名"、"系别"、"性别"、"出生日期"、"出生地点"、"入学日期"、"政治面貌"、"爱好"、"照片"就是在设计的过程中已经确定好的，不会随记录的变化而变化，因而属于第一类；而"900156"、"王雪丽"、"英语"、"女"等是数据表学生基本信息表中相应字段的具体数值，随着查看记录的不同，这些数据也有所变化,因而属于第二类。

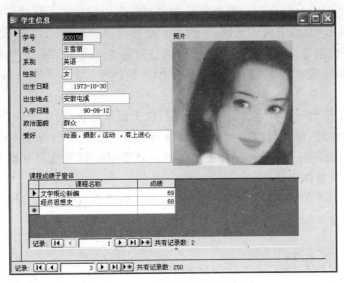

图 4-1 "学生信息"窗体

2. 窗体的功能

窗体是用户对数据库进行操作的界面,以表、查询或 SQL 语句作为数据源,窗体主要有以下功能:①显示数据;②添加、修改和删除数据;③控制程序的流程;④信息的显示和数据的打印。

4.1.2 窗体的结构

窗体由多个称为"节"的部分组成,包括"窗体页眉"、"页面页眉"、"主体"、"页面页脚"、"窗体页脚"5 节,如图 4-2 所示。

图 4-2 窗体中的节

（1）"主体"节是每个窗体必须具有的，用于显示数据表中的记录。可以在屏幕或打印的页面上显示一条记录，也可以根据屏幕和页面的大小显示多条记录。

（2）"窗体页眉"节位于窗体顶部，一般用于设置窗体的总标题、窗体使用说明或一些执行任务的命令按钮等。窗体页眉中显示的信息对每个记录而言都是相同的。在"窗体视图"中窗体页眉出现在屏幕的顶部，而在打印的窗体中，窗体页眉只出现在第一页的顶部。

（3）"窗体页脚"节和"窗体页眉"节相对应，位于窗体底部。在"窗体视图"中，窗体页脚出现在屏幕的底部，而在打印窗体中，窗体页脚只出现在最后一条主体节之后。

（4）"页面页眉"节一般用来在每张打印页的顶部显示标题或列标题等信息，页面页眉只出现在打印的窗体中。

（5）"页面页脚"节在每张打印页的底部显示日期或页号等信息。同样，页面页脚也只出现在打印的窗体中。

4.1.3　窗体的分类

Access 将窗体分成如下几种类型：纵栏式窗体、表格式窗体、数据表窗体、图表窗体和数据透视表窗体。

（1）纵栏式窗体。纵栏式窗体将数据表中的记录按列显示在窗体上，每列的左边显示字段名，右边显示字段的具体内容，如图 4-3 所示。在纵栏式窗体中除了可以放置标签、文本框外，还可以放置图片、线条、矩形框等控件，并且可以设置控件不同的颜色、效果等属性。合理地放置纵栏式窗体中控件的位置，可以提高操作的便利程度和数据的处理效率。

（2）表格式窗体。在纵栏式窗体中，同一时刻一个窗体只能处理一条数据记录，如果数据的字段数比较少，则会浪费窗体空间。这种情况下可以建立表格式窗体，把多条记录同时显示在窗体上，通过拖动滚动条可以查看到所有记录，如图 4-4 所示。

图 4-3　纵栏式窗体

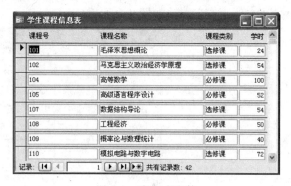

图 4-4　表格式窗体

（3）数据表窗体。从外表上看，数据表窗体和数据表视图或查询显示数据的界面相似，在表格式窗体中，OLE 等字段的内容也会显示出来，而在数据表窗体中，OLE 字段内容不会显示,仅仅做个说明。OLE 字段通常都比较大,这样会节省很多窗体空间,如图 4-5 所示。

学生基本信息表

学号	姓名	系别	性	出生日期	出生地点	入学日期	政治面貌	爱好	照片
900106	洪智伟	中文	男	1973-12-19	湖北武汉	90-09-12	党员	上网,运动,	位图图像
900125	乔胜青	计算机	女	1973-11-30	安徽怀宁	90-09-12	团员	绘画,摄影,	位图图像
900156	王雪丽	英语	男	1973-10-30	安徽屯溪	90-09-12	群众	绘画,摄影,	位图图像
900175	楼飞	法律	女	1973-10-11	安徽固镇	90-09-12	党员	相声,小品	
900262	王金媛	中医	女	1973-7-16	安徽宿松	90-09-12	团员	书法	
900263	白晓明	物理	女	1973-7-15	安徽金寨	90-09-12	党员	书法	
900296	方帆	数学	男	1973-6-12	安徽金寨	90-09-12	党员	摄影	
900301	郑红	中文	男	1973-6-7	安徽固镇	90-09-12	团员	上网,运动,	
900303	张新国	计算机	男	1973-6-5	安徽临泉	90-09-12	党员	上网,运动,	
900395	林亦华	英语	男	1973-3-5	安徽太湖	90-09-12	民主党派	上网,运动,	
900398	段云胜	法律	女	1973-3-2	安徽当途	90-09-12	团员	上网,运动,	
900412	郑蓓丽	中医	男	1973-2-16	安徽临泉	90-09-12	党员	上网,运动,	
900471	郑诗青	物理	女	1972-12-19	安徽肥东	90-09-12	群众	上网,运动,	

记录: 1 共有记录数: 250

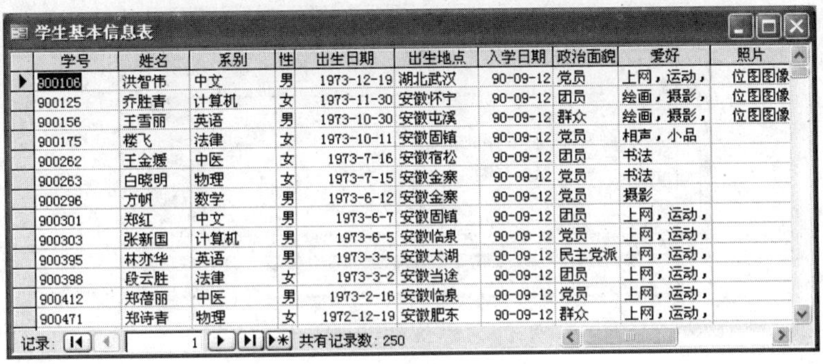

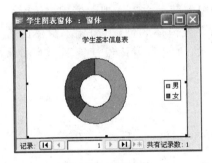

图 4-5　数据表窗体

(4) 图表窗体。图表窗体是 Access 利用 Microsoft Graph 工具,以图表的方式形象地显示数据表中数据的窗体,如图 4-6 所示。

(5) 数据透视表窗体。数据透视表窗体是以指定的数据产生一个类似 Excel 的分析表而建立的一种窗体。从外表上看有点类似交叉表查询中的数据显示模式,但是数据透视表窗体中允许用户对表格内的数据进行操作。用户可以根据不同的数据分析方式来改变透视表窗体的布局。数据透视表窗体对数据进行的处理是交叉表查询所不能完全替代的,如图 4-7 所示。

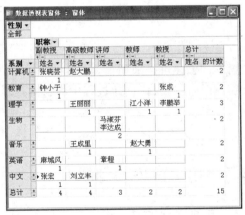

图 4-6　图表窗体

图 4-7　数据透视表窗体

4.1.4　窗体的视图

Access 窗体有三种视图:设计视图、窗体视图和数据表视图。通过单击"视图"菜单或"窗体视图"工具栏中的"视图"按钮可以进行三个视图间的切换。

(1) 窗体的设计视图用于窗体界面的设计。窗体的设计视图下可以新建新窗体,也可以对已创建窗体的设计进行修改,如图 4-8 所示。

图 4-8　窗体的设计视图

（2）窗体的窗体视图用于查看数据源中的记录信息，并可以添加、修改和删除数据表中的数据。该视图下通常每次只能查看一条记录，用户可以通过窗体视图下面的记录导航按钮浏览其他的记录信息。窗体的设计视图创建窗体后，即可切换到窗体视图中查看窗体中显示的数据信息和窗体的设计运行效果，但在该视图下不可对窗体的设计进行修改，如图 4-1 所示。

（3）窗体的数据表视图用于查看以二维表格格式显示的数据源中的记录信息，该视图下也可以添加、修改和删除数据表中的数据。

4.2　创 建 窗 体

窗体的创建可以采用窗体的向导和窗体的设计视图两种方法实现。使用窗体的向导创建窗体时，通过窗体创建过程中的自动提示步骤，完成窗体的创建，简化了窗体的布局过程。如果向导创建的窗体不能完全满足用户的要求，则可在窗体设计视图中对窗体进行修改，或直接采用窗体设计视图创建窗体。

4.2.1　单个窗体的创建

1. 自动创建窗体

如果用户对所创建的窗体没有个性化的要求，那么可以使用 Access 中的"自动创建窗体"选项来创建窗体，它是创建一个窗体的最简单方法。

【例题 4-1】　使用"自动创建窗体"选项创建"学生基本信息"窗体。

操作步骤如下：

① 在"数据库"窗口中，单击对象栏中的"窗体"对象。

② 单击"数据库"窗口中工具栏上的"新建"按钮，显示"新建窗体"对话框，在对话框中选中"自动创建窗体：纵栏式"，然后从"请选择该对象数据的来源表或查询"组合框中选择"学生基本信息表"，如图 4-9 所示。

③ 单击"确定"按钮，Access 自动创建以学生基本信息表为数据来源的一个纵栏式窗体，窗体显示效果如图 4-10 所示。

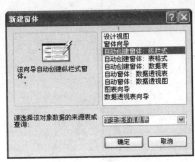

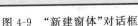

图 4-9　"新建窗体"对话框

图 4-10　纵栏式"学生基本信息表"窗体

④ 单击工具栏上的"保存"按钮，窗体名称保存为"学生基本信息表"（可更改），即可将此窗体保存起来。

注意：

① 在使用"自动创建窗体"方式创建窗体时，通过选择"自动创建窗体：纵栏式"来创建纵栏式窗体，还可以在图 4-9 中选择"自动创建窗体：表格式"、"自动创建窗体：数据表"来创建表格式和数据表类型的窗体。

② 设置窗体数据源时，在"请选择该对象数据的来源表或查询"组合框中除了可以选择单个表外，还可以选择单个查询。

2. 图表向导

在设计窗体时，如果在窗体中放置的是多组数据，并且需要进行数据对比，这时以图形的方式显示数据是一个较好的选择。

【例题 4-2】　使用图表窗体显示学生基本信息表中的男女学生比例。

【例题解析】　为了使窗体更形象，或为了特殊需要，可以使用图表向导来创建带有图表的窗体。

操作步骤如下：

① 在"数据库"窗口中，选中"窗体"对象，单击"数据库"窗口中的"新建"按钮，显示"新建窗体"对话框。

② 在"新建窗体"对话框中，选择"图表向导"，然后从"请选择该对象数据的来源表或查询"组合框中选择"学生基本信息表"，如图 4-11 所示。

③ 单击"确定"按钮，在出现的对话框中首先选中字段并单击" > "按钮将图表中将要使用的字段"性别"、"姓名"添加到右侧的列表中，如图 4-12 所示。字段的添加还可以直接双击该字段实现。

④ 单击"下一步"按钮，在出现的对话框中选择图表的类型，本题选择圆环图，如图 4-13 所示。

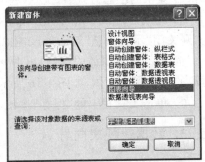

图 4-11　"新建窗体"对话框的设置

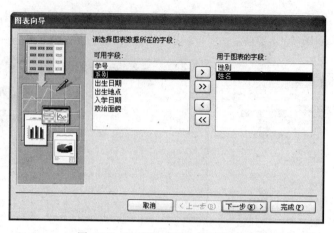

图 4-12　选择图表窗体使用的字段

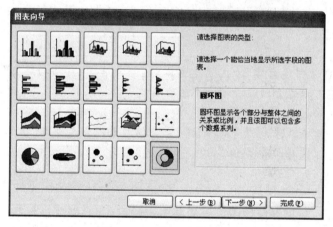

图 4-13　选择图表的类型

⑤ 单击"下一步"按钮,在出现的对话框中选择图表的布局方式。默认情况下向导已将字段放置在各框中,若默认放置不符合要求,可将该字段拖离边框重新放置新字段。此题将右边的两个字段"性别"、"姓名"采用如图 4-14 所示的放置位置。如果用于汇总的字段为数字类型的,则可双击数据框的位置,在弹出的对话框中更改对数据的汇总方式,Access 提供的汇总方式有"无"、"总计"、"平均值"、"最小值"、"最大值"、"计数"。

⑥ 完成后可以单击"预览"按钮,预览图表的样式,如图 4-15 所示。如果满意窗体布局,则关闭"示例预览"对话框,单击"下一步"按钮。

⑦ 输入图表窗体的标题,单击"完成"按钮。Access 自动创建以学生基本信息表为数据源的一个图表窗体,如图 4-16 所示。

⑧ 单击工具栏上的"保存"按钮,可将此窗体保存起来。

3. 数据透视表向导

有些时候需要对数据表中的数据进行统计,并将统计后的结果显示在另外一个表中,这时候 Access 提供的数据透视表就可以实现上述需求。

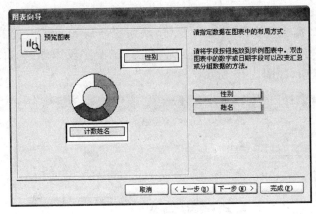

图 4-14　图表的布局

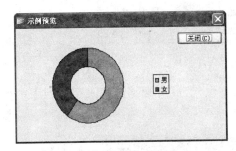

图 4-15　预览图表的样式

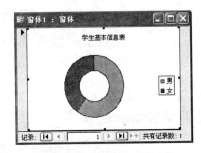

图 4-16　图表窗体

【例题 4-3】　使用教师信息表作为数据源,创建一个统计各系不同职称的教师人数的数据透视表。

【例题解析】　数据透视表对象是一种能用所选格式和计算方法汇总大量数据的交互式表。

操作步骤如下:

① 在"数据库"窗口中选中"窗体"对象,单击"新建"按钮。

② 在显示新建对话框中选中"数据透视表向导",单击"确定"按钮,显示如图 4-17 所

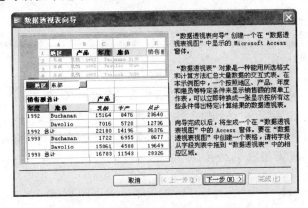

图 4-17　"数据透视表向导"对话框

示的"数据透视表向导"对话框,单击"下一步"按钮。

③ 在显示的"数据透视表向导"对话框中,从"表/查询"组合框中选择"教师信息表",然后将"可用字段"列表中的"系别"、"姓名"、"职称"三个字段添加到右侧的"为进行透视而选取的字段"列表中,如图 4-18 所示。

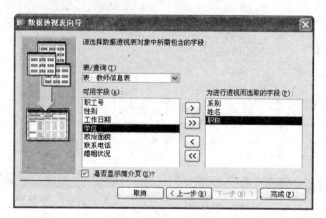

图 4-18　透视表字段选择界面

④ 单击"完成"按钮,显示如图 4-19 所示的窗体,然后将数据透视表字段列表中显示的字段拖动到相应的区域。

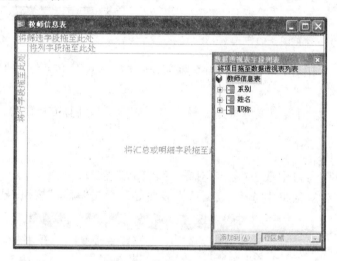

图 4-19　数据透视表窗口

⑤ 在图 4-19 中将"系别"字段拖动到"行字段"放置位置,将"职称"字段拖动到"列字段"放置位置,将"姓名"字段拖动到"汇总"或"明细"字段放置位置,效果如图 4-20 所示。

⑥ 单击需要汇总的字段"姓名",单击工具栏上的"自动计算"按钮,从菜单列表中选择汇总函数"计数",效果如图 4-21 所示。

⑦ 单击工具栏上的"保存"按钮保存此窗体。

注意:

① 创建数据透视表窗体时,应用于透视表的字段也可以是多个表或查询中的字段。

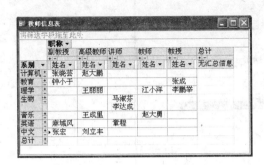

图 4-20 数据透视表中字段的添加效果

图 4-21 数据透视表窗体

　　② 在统计时还可以在"筛选字段"的位置放置字段,首先进行筛选,符合筛选条件的数据才可以进行汇总和统计。"行字段"和"列字段"的放置位置均可以放置多个字段。

　　③ 在进行汇总计算时,可供选择的汇总函数包括"合计"、"计数"、"最小值"、"最大值"、"平均值"、"标准偏差"、"方差"、"标准偏差总体"和"方差总体"。

4. 窗体向导

　　一般我们创建的窗体不需要全部的数据表字段。窗体向导可以帮助我们从数据表中选出若干我们需要的字段,根据这些字段创建一个合适的窗体。

　　【例题 4-4】　创建一个基于学生基本信息表的窗体,显示学生的"学号"、"姓名"、"性别"、"出生日期"、"政治面貌"字段的信息。

　　【例题解析】　使用"窗体向导"来创建窗体,格式将比自动创建窗体要丰富一些。

　　操作步骤如下:

　　① 在"数据库"窗口中选中"窗体"对象。

　　② 直接双击"数据库"窗口中创建窗体的快捷方式"使用向导创建窗体",或单击"新建"按钮,显示新建对话框。在显示的新建对话框中选中"窗体向导",单击"确定"按钮。

　　③ 在显示的向导对话框中选择数据源。首先从"表/查询"列表框中选择本题所需的表学生基本信息表,然后从"可用字段"列表框中通过" > "按钮把"学号"、"姓名"、"性别"、"出生日期"、"政治面貌"字段分别添加到"选定的字段"列表框中,效果如图 4-22 所示。若需要添加的是"可用字段"列表框中的所有字段,可单击" >> "按钮实现。若需要删除已经选定的字段可通过" < "按钮或" << "按钮实现。

　　④ 单击"下一步"按钮,在显示的对话框中选择窗体的布局方式"纵栏表"(或选择"表格"、"数据表"等),如图 4-23 所示。

　　⑤ 单击"下一步"按钮,在如图 4-24 所示的对话框中选择窗体的样式(10 种),选择可选项中的"标准"项。

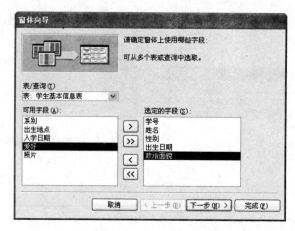

图 4-22　窗体中字段的选择

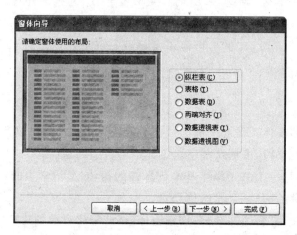

图 4-23　选择布局

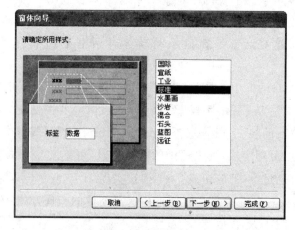

图 4-24　选择窗体的样式

⑥ 单击"下一步"按钮,在出现的对话框中输入窗体的标题,如图 4-25 所示。

⑦ 单击"完成"按钮,Access 会自动创建以学生基本信息表为数据来源的窗体并且将其保存起来,如图 4-26 所示。

图 4-25 输入窗体的标题

图 4-26 "学生基本信息表"窗体

注意：使用窗体向导创建窗体时,应用于窗体的字段也可以是多个表或查询中的字段。

5. 设计视图

可以通过向导来创建一个漂亮的窗体,但是创建的窗体有时需要在窗体设计视图中修改后才能满足我们的需求。窗体设计视图不仅可以修改已有窗体,还可以新建窗体。使用设计视图创建窗体时,窗体的记录源可以是单个表、查询或 SQL 语句。

【例题 4-5】 使用设计视图创建窗体,显示学生的"学号"、"姓名"、"性别"、"课程名称"、"成绩"字段的信息。

【例题解析】 使用设计视图创建窗体时,若显示的字段来自多个表,可以首先创建包含多表字段的查询,然后创建窗体,或采用首先创建窗体,设置窗体属性时创建查询或输入 SQL 语句作为窗体的记录源。

操作步骤如下：

① 在"数据库"窗口中选中"窗体"对象。

② 直接双击"数据库"窗口中创建窗体的快捷方式"在设计视图中创建窗体",将创建一个只包含主体节的空白窗体,如图 4-27 所示。

③ 双击标尺交叉点处的窗体选择器,打开窗体的属性对话框,如图 4-28 所示,设置"数据"选项卡中的"记录源"属性。如果记录源为单个表或已创建的查询,则直接从记录源属性右侧列表框中选择；若包含多表字段的查询未创建,则单击右侧的生成器按钮创建查询。

④ 单击右侧生成器按钮显示"查询生成器"窗口,在此窗口中添加所需的表和表中的字段,如图 4-29 所示。若单击工具栏上的"保存"按钮输入查询名称保存查询,关闭此窗口并保存对属性的修改,则以此查询作为窗体数据源。若不保存直接关闭窗口,则以此对应的 SQL 语句作为窗体的记录源,此题保存为"学生成绩查询"。若查询已创建,则省略此操作。

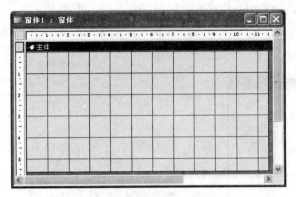

图 4-27 包含主体节的空白窗体

图 4-28 窗体属性对话框

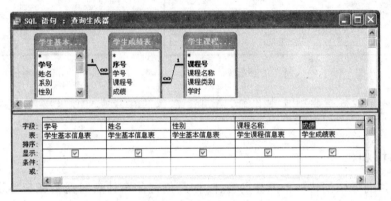

图 4-29 "查询生成器"窗口

⑤ 设置窗体记录源属性后会显示"字段列表",关闭窗体属性对话框,在字段列表中按住 Ctrl 键,同时选中字段列表中的"学号"、"姓名"、"性别"等多个字段,同时拖动到窗体中,如图 4-30 所示。若取消某个选中的字段,则按住 Ctrl 键再次单击即可取消字段的选中。若字段列表没有自动显示出来,则单击工具栏上的"字段列表"按钮,使字段列表显示出来。

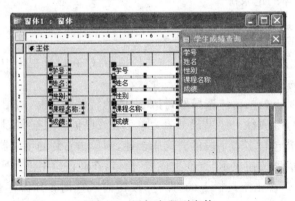

图 4-30 添加字段到窗体

⑥ 单击"视图"菜单下的"窗体页眉/页脚",则在窗体中添加窗体页眉节和窗体页脚节,然后单击工具箱中"标签"按钮,按住鼠标左键在窗体页眉节中拖动形成一个矩形框,在矩形框中输入"学生成绩信息",输入完成按回车键,如图 4-31 所示。

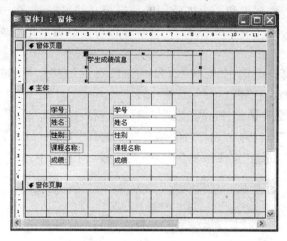

图 4-31 添加窗体页眉/页脚节

⑦ 选中标签单击工具栏上的"属性"按钮,在打开的标签属性对话框中,设置"格式"选项卡下的"字号"为 18。此时可以适当调整各节的高度,将鼠标放在调整节的下边线向上或向下拖动鼠标改变节的高度,按此方法调节窗体页脚节的高度。

⑧ 在"视图"菜单中选择"窗体视图"命令。将窗体的视图切换到"窗体视图",查看窗体的效果,如图 4-32 所示。最后单击工具栏的"保存"按钮,保存窗体。

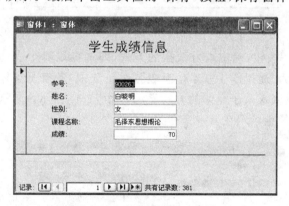

图 4-32 窗体视图显示效果

4.2.2 主/子窗体的创建

1. 使用向导创建主/子窗体

主/子窗体可以使我们设计的窗体在显示一个数据记录的同时,显示与这个记录相关的、保存在另外一个数据表中的数据。

【**例题 4-6**】 以学生基本信息表和学生成绩表为数据来源,同时创建主窗体和子窗体。

【**例题解析**】 下面创建一个主窗体显示学生基本信息,然后增加一个子窗体来显示每个学生的成绩情况。

① 主窗体使用的数据表和子窗体使用的数据表必须已经建立一对多的关系;

② 主窗体的布局只能使用纵栏式,子窗体的布局可以是数据表或表格式。

操作步骤如下:

① 在"数据库"窗口中选中"窗体"对象,单击"新建"按钮,显示"新建"对话框,选中"窗体向导",单击"确定"按钮。

② 在显示的向导对话框中,从"表/查询"组合框中选择"学生基本信息表",单击"⟩⟩"按钮选择全部字段;再从"表/查询"组合框中选择"学生成绩表",双击"可用字段"列表框中的"课程号"和"成绩"字段添加到"选定的字段"列表框中,如图 4-33 所示。

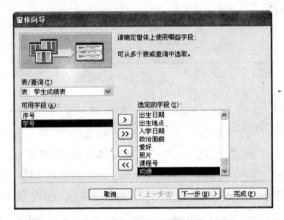

图 4-33　选定主/子窗体中的字段

③ 单击"下一步"按钮,确定查看数据的方式,即选择以哪个表的数据作为主窗体的数据来源,本题设置为"通过学生基本信息表",然后选中"带有子窗体的窗体"单选项,即将关联表中的信息以嵌入式子窗体的方式显示,如图 4-34 所示。若选中"链接窗体"单选项,则将关联表中的信息显示在另一个相关联的窗体上。

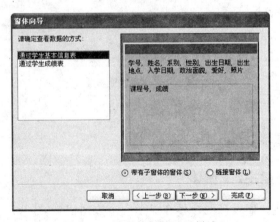

图 4-34　设置数据的显示样式

④ 单击"下一步"按钮,在显示的对话框中确定子窗体使用的布局,设置为"数据表",如图 4-35 所示。

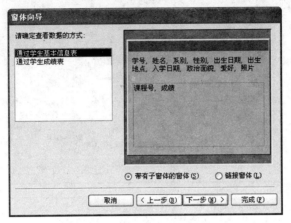

图 4-35　确定子窗体的布局

⑤ 单击"下一步"按钮,在出现的对话框中选择窗体使用的样式,选择 10 个选项中的"标准",如图 4-36 所示。

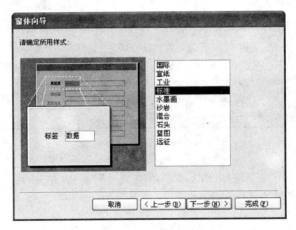

图 4-36　确定窗体的样式

⑥ 单击"下一步"按钮,在出现的对话框中分别输入主窗体和子窗体的标题,如图 4-37 所示。

⑦ 单击"完成"按钮后,Access 会自动创建主窗体和嵌入式子窗体,并且以指定的标题作为窗体名称将其保存起来,窗体显示效果如图 4-38 所示。

2. 使用子窗体/子报表控件创建子窗体

【例题 4-7】　创建一个基于数据表教师信息表的纵栏式窗体作为主窗体,创建基于任课信息表的表格式窗体作为子窗体,并将子窗体嵌入到主窗体中。

【例题解析】　当子窗体只显示与主窗体相关的记录时,意味着主窗体和子窗体是同步的。要实现数据同步,作为主窗体的基础表(或查询)与子窗体的基础表(或查询)之间

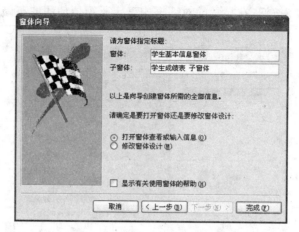

图 4-37　指定主、子窗体标题

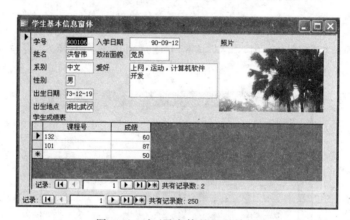

图 4-38　主/子窗体的显示效果

必须是一对多关系。作为主窗体的基础表必须是一对多关系中的"一"端,而作为子窗体基础的表必须是一对多关系中的"多"端。

操作步骤如下:

①　在"数据库"窗口中,单击对象栏中的"窗体"对象。

②　单击"新建"按钮,在显示的"新建窗体"对话框中选中"自动创建窗体:纵栏式",从"请选择该对象数据的来源表或查询"组合框中选择"教师信息表",然后单击"确定"按钮,创建一个纵栏式窗体,保存为"教师主窗体",切换到窗体的设计视图,如图 4-39 所示。

③　单击"新建"按钮,在显示的"新建窗体"对话框中选中"自动创建窗体:表格式",从"请选择该对象数据的来源表或查询"组合框中选

图 4-39　主窗体的设计视图

择"任课信息表",然后单击"确定"按钮,创建一个表格式窗体并保存为"任课子窗体","任课子窗体"如图4-40所示,该子窗体也可采用数据表窗体。

④ 在"教师主窗体"的设计视图中,将鼠标放在主体节的下边线处向下拖动鼠标适当增加主体节的高度。单击工具箱中的"控件向导"使其处于关闭状态,然后单击工具箱中的"子窗体/子报表"按钮,在教师主窗体的主体节中添加"子窗体/子报表"控件。

⑤ 单击选中添加的"子窗体/子报表"控件,打开其属性对话框,设置"数据"选项卡中的"源对象"属性为已创建的子窗体"任课子窗体",将"链接子字段"和"链接主字段"都设置为"职工号",使主窗体和子窗体的信息通过职工号字段关联在一起。属性设置如图4-41所示。

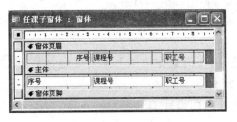

图 4-40 子窗体的设计视图

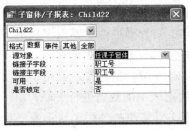

图 4-41 子窗体/子报表的属性设置

⑥ 修改子窗体/子报表控件的附加标签的"标题"属性为"任课信息",适当调整该控件的位置和大小,主/子窗体的设计视图如图4-42所示。

⑦ 单击"视图"菜单下的"窗体视图",查看窗体中数据的显示效果如图4-43所示,单击工具栏上的"保存"按钮,保存主/子窗体的设计结果。

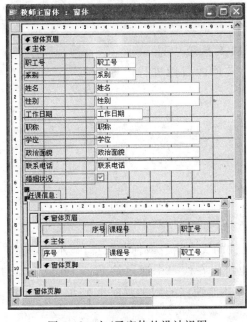

图 4-42 主/子窗体的设计视图

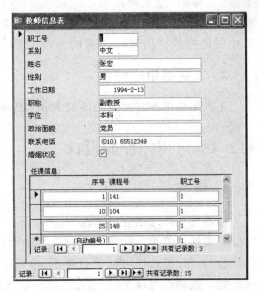

图 4-43 主/子窗体的窗体视图

注意：

① 子窗体的添加还可以打开控件向导，根据子窗体/子报表控件向导的提示完成子窗体的添加。

② 连接主窗体和子窗体的字段可以不显示在主/子窗体中，但必须存在于主窗体和子窗体的记录源中。

4.2.3 窗体中的控件和工具箱

控件是窗体中用于显示数据、执行操作或起装饰作用的对象。常见的控件有标签、命令按钮、文本框等。控件的类型可以分为结合型、非结合型和计算型。

（1）结合型控件主要用于显示、处理数据表或查询中的一个字段，并可将对数据表中数据的操作保存到数据库中；

（2）非结合型控件主要用于显示一些信息，这些信息在窗体上不需要经常变动，不需要和数据表中的数据进行关联；

（3）计算型控件用于显示需要经过表达式计算而得到的结果。

1. 工具箱

在 Access 中定义了许多控件，并把其中最常用的控件放在一个可视化的窗体设计工具中，称为窗体设计工具箱（简称工具箱）。利用窗体设计工具箱中提供的控件，用户可以自行设计满足特定需求的、精美的窗体。

窗体设计工具箱和其他 Office 软件附带的工具栏相似，如图 4-44 所示。在窗体设计视图中可以通过"视图"菜单中的"工具箱"选项或工具栏上的"工具箱"按钮来选择显示或者隐藏工具箱。在设计窗体时，可以直接从工具箱中选取相应的控件作为窗体内容的一部分，同时对控件的属性进行设置。

图 4-44 工具箱

2. 工具箱中的控件

工具箱中的控件及其功能如表 4-1 所示。

4.2.4 常用控件的设计

1. 标签

标签是一种非结合型的控件，用于显示提示性的文本信息或标题信息，显示的信息在"标题"属性中修改。标题文本可以直接编辑，也可以在代码中通过给 Caption 属性赋值间接修改。标签控件可以单独使用，也可以作为其他控件的附加标签起到说明的作用。标签的常用属性有以下几个。

表 4-1　工具箱中的控件及功能

控件名称	功　　能	控件名称	功　　能
选择对象	此按钮可以在窗体上选取控件、节或窗体	Aα 标签	显示说明信息,Access 会自动为添加在窗体上的控件附加标签
控件向导	用于打开/关闭控件向导。此按钮处于按下状态,当创建带有向导的控件时,会自动打开控件向导来创建控件。带有向导的控件有文本框、组合框、列表框、选项组等	未绑定对象框	用于显示未结合的 OLE 对象。当记录改变时,该对象不会改变
切换按钮	可以单独使用,用于显示"是/否"类型的数据,来接收用户的是或否的选择。可与选项组控件结合在一起使用	复选框	可以单独使用,用于显示"是/否"类型的数据,来接收用户的是/否的选择。可与选项组控件结合在一起使用
选项按钮	可以单独使用,用于显示"是/否"类型的数据,来接收用户的是或否的选择。可与选项组控件结合在一起使用	子窗体/子报表	用于在窗体或报表上添加子窗体或子报表
列表框	显示可滚动的数值列表。在用户输入数据时,只能用列表中提供的值进行输入或修改现有的数据	组合框	结合了文本框和列表框的特性,输入数据时,既可直接输入,也可从列表中选择
选项组	与切换按钮、选项按钮或复选框结合起来使用,用来显示一组可供用户选择的值,每次只能有一个选项处于选中状态	绑定对象框	用于显示结合的 OLE 对象,一般用来显示记录源中 OLE 类型的字段的值。当记录改变时,该对象会一起改变
文本框	用于显示、输入或编辑窗体、报表或数据访问页记录源中的数据,显示计算的结果,接收用户输入的数据	图像	用于显示静态图片。在 Access 中不能对图片进行编辑
分页符	用于在窗体上开始一个新的屏幕,或在打印的窗体上开始新的一页	选项卡	用于创建多页的窗体,在选项卡上可以添加其他的控件
矩形	显示一个矩形框,可将一些控件组合在一起	直线	用于显示一条直线,可突出显示特别重要的信息
命令按钮	用于完成各种操作	其他控件	用于向窗体中添加系统上已经安装的 ActiveX 控件

(1) 名称:对象的"名称"属性,又称 Name 属性,是窗体中唯一标识对象的标记,也是窗体中所有对象都具有的属性,此属性只可以在设计视图中修改,在窗体视图中不可修改。在设计代码时,只能使用该属性来引用一个控件对象。在同一作用域内的任何两个对象(如两个标签)不可以有相同的名称属性值。

（2）标题：对象的"标题"属性，又称 Caption 属性，用来定义对象的标题文本，很多控件都有标题属性（如窗体、命令按钮等）。

在设计代码时如果要修改标题属性，应该使用 Caption 来引用此属性。在同一作用域下两个对象可以有相同的标题属性值。用户在为控件设定标题属性值时，可以将其中的某个字符作为访问键，方法是在该字符前插入一个符号（&）。比如需要设置一个标签的访问键为 Z，则只需要在此标签的标题属性上输入 &Z 即可，显示时 Z 下方有一个下划线。

【例题 4-8】 新建一个窗体，设计一个名为 BiaoQian 的标签，标题显示为"Access 数据库教程"。

操作步骤如下：

① 新建一个窗体，打开其设计视图。

② 在工具箱中单击"标签"按钮，按住鼠标左键在窗体设计视图中拖动形成一个矩形框，在矩形框中输入"Access 数据库教程"，按 Enter 键。

③ 在刚添加的标签控件上右击，在弹出的快捷菜单中选择"属性"选项，或选中此标签控件，单击工具栏上的"属性"按钮，显示"属性"对话框，选择"其他"选项卡，在名称属性后面的文本框中输入 BiaoQian。

在 Access 的 VBA 编程中，也可以通过程序代码来定义控件的属性。在本例中可以用：

```
BiaoQian.Caption="Access 数据库教程"
```

来定义标题。

2. 文本框

文本框用于显示和编辑变量、数据表或查询中的数据以及计算结果。文本框控件的类型可以是结合型、非结合型和计算型。文本框中可以编辑显示任何类型的数据，如文本型、数字型、是否型、日期型等。文本框属性可以在文本框属性对话框中设置（将鼠标放在刚添加的文本框上右击，在弹出的快捷菜单中选择"属性"选项），如图 4-45 所示。常用的文本框属性有以下几个。

图 4-45　文本框属性

（1）控件来源（ControlSource）：文本框的"控件来源"属性可以指定文本框中显示的数据来源，可以对绑定到表中的字段、查询或者 SQL 语句的数据进行显示和编辑，也可以显示表达式的结果，这即是结合型和计算型的文本框的作用。对非结合型的文本框控件来源属性为空，用于接收用户的临时输入信息，并不保存在数据库中。控件来源属性可以通过属性对话框中的"数据"选项卡设置。

（2）值属性（Value）：该属性返回文本框控件的已保存值。其默认值是空串，在设计视图中不可见。

（3）控件位置：Access 用 4 个属性表示控件的大小与位置，分别是左边距（Left）、上边距（Top）、宽度（Width）、高度（Height）。在属性对话框中，选中"格式"选项卡即可设置文本框的位置。

（4）文字格式：Access 的大多数控件中都需要显示文字，文字格式也是通过属性对话框中的"格式"选项卡进行设置。

（5）特殊效果：用于设定控件的显示效果，包括"平面"、"凸起"、"凹陷"、"蚀刻"、"阴影"、"凿痕"6 种显示效果。很多控件可修改特殊效果（如标签、文本框、复选框等）。

【例题 4-9】 新建一个窗体，窗体中设置一个文本框，显示当前日期，字体为楷体，大小为 15 号字。

操作步骤如下：

① 在"数据库"窗口的"窗体"对象中，单击"新建"按钮。

② 在弹出的"新建窗体"对话框中选择"设计视图"选项，单击"确定"按钮。

③ 单击工具箱中的"文本框"按钮，在窗体中按住鼠标左键拖动形成一个矩形框，放开鼠标左键在窗体中即可形成一个带有附加标签的文本框，同时屏幕自动弹出一个"文本框向导"对话框，可以通过向导设置文本框的格式、名称等，也可以取消，按下面的方法设置。

④ 单击工具栏上的"属性"按钮，屏幕显示如图 4-45 所示的文本框属性设置对话框，可以通过"其他"或者"全部"两个选项卡定义文本框的名称。

⑤ 通过属性对话框的"数据"选项卡，将其控件来源设置为"＝Date()"。

⑥ 通过"格式"选项卡，将其字体设置为"楷体"，字体大小设置为 15。

⑦ 单击文本框的附加标签，按上述方法打开标签的"属性"对话框，修改"标题"属性为提示信息"当前日期："，同时也可以设置标签的上述属性。

注意：

① 在显示由表达式计算得来的结果时，控件来源中的内容应先输入＝，再输入表达式。

② 在利用工具箱向窗体中添加控件时，可以通过单击"控件向导"按钮取消控件向导的选中状态，使添加控件时相应的向导对话框不会自动弹出。

【例题 4-10】 新建一个窗体，显示教师的"姓名"、"性别"、"系别"、"职称"、"工作日期"和"教龄"信息，其中教龄信息通过工作日期进行计算。

【例题解析】 在文本框中显示表或查询中的某个字段时，应先将表或查询作为窗体的记录源，然后才能设置文本框的控件来源。

操作步骤如下：

① 在"数据库"窗口中选中"窗体"对象，单击"新建"按钮，显示"新建"对话框；选择"设计视图"选项，单击"确定"按钮。

② 选中窗体，单击工具栏中的"属性"按钮，在弹出的窗体属性对话框中，选择"数据"选项卡，将其记录源设置为"教师信息表"，如图 4-46 所示。

③ 设置窗体的记录源后，会出现教师信息表的字段列表。若字段列表没有显示，则单击工具栏上的"字段列表"按钮，使字段列表显示出来，如图 4-47 所示。

④ 从字段列表中选定"姓名"字段，按住鼠标左键将其拖动到窗体的主体节，此时会创建一个绑定到姓名字段的文本框，其附加标签显示的标题为字段名称姓名，按上述方法

图 4-46 设置窗体的记录源

图 4-47 窗体的字段列表

添加显示性别、系别、职称、工作日期信息的文本框。

⑤ 添加用于显示教龄的计算型的文本框,在工具箱上单击"文本框"按钮,在窗体中添加一个文本框控件,并取消显示的文本框设置向导。

⑥ 选中文本框控件的附加标签,打开属性对话框,将标签的"标题"属性修改为"教龄:",选中文本框,在其属性对话框中,将"控件来源"属性修改为"=Year(Date())-Year([工作日期])",如图 4-48 所示。

⑦ 在"视图"菜单中选择"窗体视图",查看窗体中显示的教师信息,如图 4-49 所示,最后保存窗体。

图 4-48 文本框的控件来源设置

图 4-49 窗体视图显示的效果

注意:对绑定到姓名、性别等字段的文本框的添加方法与添加教龄对应的文本框的方法相似,只需对添加的文本框的属性进行如下修改:①文本框的控件来源属性修改为绑定到的字段名称;②附加标签的标题信息为该字段的名称或相应的提示信息。

3. 命令按钮

在窗体中可以使用命令按钮来执行某些操作,如关闭、确定及取消等。使用 Access 的命令按钮向导可以创建 32 种不同的命令按钮。常用的命令按钮属性有以下两种。

(1) 可见性(Visible):可见性的数据类型是逻辑型。当它的值是"真"时,表示窗体中的控件在窗体视图中显示供用户操作;当它的值是"假"时,表示窗体中的控件在窗体视图中不显示。Access提供的所有控件几乎都有可见性属性。

（2）是否有效（Enabled）：是否有效也是一个逻辑型数据类型，当它的值是"真"时，表示窗体中的控件在窗体视图中能够供用户操作；当它的值是"假"时，表示窗体中的控件也能在窗体视图中显示，但是用户不能操作。

【例题 4-11】 创建基于学生基本信息表的纵栏式窗体，并添加用于添加记录、删除记录和保存记录的按钮。

操作步骤如下：

① 首先采用"自动创建窗体"的方法创建基于学生基本信息表的纵栏式窗体，然后切换到设计视图，适当增加主体节的高度，如图4-50所示。

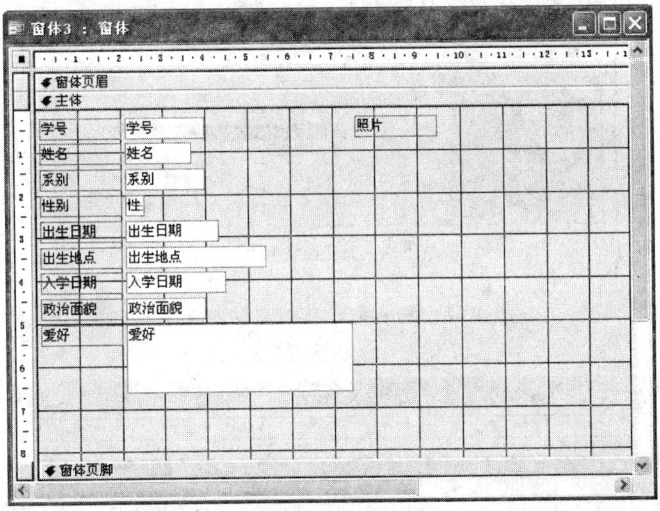

图 4-50　纵栏式窗体

② 在工具箱中"控件向导"处于选中的状态下，单击工具箱中的"命令按钮"按钮，在窗体的设计视图添加一个命令按钮，此时会弹出命令按钮的向导，在向导对话框中从"类别"框内选中"记录操作"，然后在对应的"操作"框中选择"添加新记录"，如图4-51所示。

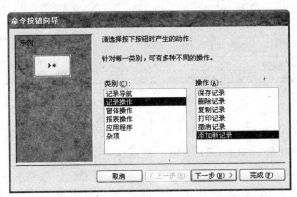

图 4-51　选择命令按钮功能

③ 单击"下一步"按钮,在出现的对话框中单击"文本"选项,在文本框内输入"添加记录",如图 4-52 所示。

④ 单击"下一步"按钮,在出现的对话框中确定命令按钮的名称属性,单击"完成"按钮,完成此命令按钮的添加。

⑤ 按照上述步骤,在窗体上再添加两个命令按钮,在向导对话框中的"类别"框内选中"记录操作",然后在对应的"操作"框中分别选择"删除记录"和"保存记录",根据提示完成命令按钮的添加,并调整控件的布局,如图 4-53 所示。

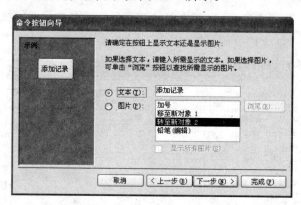

图 4-52　输入命令按钮的标题文本

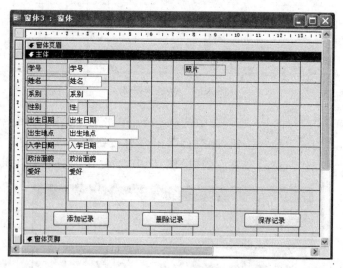

图 4-53　命令按钮的添加

⑥ 在"视图"菜单中选择"窗体视图"命令将窗体的视图切换到"窗体视图",查看窗体的效果和命令按钮的功能,如图 4-54 所示。最后保存窗体。

注意:

① 数据库中记录的添加、删除和保存的操作除了可以通过上述命令按钮来实现,还可以通过以下方法实现:添加记录可以通过单击工具栏上的"新记录"按钮或窗体下方的记录导航中的"新记录"按钮来实现。删除记录可以通过单击工具栏上的"删除记录"按钮

图 4-54　窗体视图的显示效果

实现。保存添加的新记录和对记录的修改可以通过在记录间移动来实现。

② 如果命令按钮向导不能完成命令按钮执行的操作,则通过命令按钮属性对话框中的"事件"选项卡与宏、模块联系起来,其功能由宏和模块来实现。

4. 选项按钮、复选框与切换按钮

选项按钮(在很多文献和软件中也称为单选按钮)、复选框和切换按钮控件的主要属性是 Value。选项按钮、复选框在选中时其值被设置为 True,如果不选中,则为 False;对于切换按钮,如果按下其 Value 属性值被设置为 True,否则为 False,如表 4-2 所示。

表 4-2　选项按钮、复选框与切换按钮的 Value 属性值

按 钮 类 型	状 态	外 观 状 态
复选框	True	正方形,中间有勾号
复选框	False	空心正方形
切换按钮	True	按钮被按下
切换按钮	False	按钮被抬起
选项按钮(选中)	True	圆圈,里面有一个圆点
选项按钮(未选中)	False	空心圆圈

选项按钮、复选框和切换按钮可以单独使用,用于显示"是/否"类型的数据。

【例题 4-12】　新建一个窗体,用于显示教师的"姓名"、"性别"、"职称"和"婚姻状况",并将婚姻状况分别用选项按钮、复选框和切换按钮显示字段值。

操作步骤如下:

① 在"数据库"窗口中选中"窗体"对象,单击"新建"按钮,显示"新建"对话框;选择"设计视图"选项,并在窗口底部的下拉列表中选择"教师信息表"作为窗体的记录源,单击"确定"按钮。

② 在窗体的设计视图下,从显示的教师信息表的字段列表中,将"姓名"、"性别"、"职称"和"婚姻状况"字段分别拖放到窗体上(可以按下 Ctrl 键通过鼠标单击同时选中这 4

个字段,将选中的多个字段拖放到窗体上)。"婚姻状况"字段的是否类型默认以复选框控件显示字段值。若字段列表没有显示,则需要单击工具栏上的"字段列表"按钮,使字段列表显示出来。

③ 单击工具箱中的"选项按钮",在窗体的设计视图上单击添加"选项按钮"控件,选中该控件的附加标签,打开其属性对话框修改其"标题"属性为"婚姻状况",选中选项按钮,在打开的选项按钮属性对话框中,将"数据"选项卡中的"控件来源"属性通过输入或从下拉列表中选择的方式修改为"婚姻状况",如图 4-55 所示。

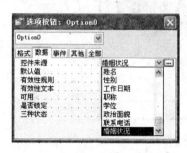

图 4-55　选项按钮的属性修改

④ 单击工具箱中的"切换按钮",在窗体的设计视图上按住鼠标左键拖动添加一个适当大小的切换按钮控件,打开其属性对话框,修改"标题"属性为"婚姻状况"、"控件来源"属性为"婚姻状况",使其绑定到婚姻状况字段,如图 4-56 所示。

⑤ 在"视图"菜单中选择"窗体视图"命令将窗体的视图切换到窗体视图,查看选项按钮、复选框和切换按钮的显示效果,此时按钮处于选中的状态,如图 4-57 所示。最后输入窗体名称保存窗体。

图 4-56　切换按钮的属性修改

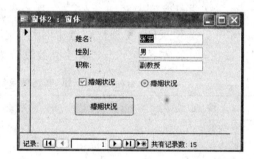

图 4-57　窗体视图的显示效果

注意:复选框控件显示是/否类型的字段值时,添加方法还可以和选项按钮的方法一致,添加后修改附加标签的标题属性和复选框控件的控件来源属性。

5. 选项组

选项组控件的作用是将一组复选框、切换按钮、选项按钮控件组合在一起,给出多个可供选择的选项值,用户可以十分容易地从这一组选项中选择某一个确定的值,并且每次一组选项中只允许一个选项处于选中的状态。

选项组中控件的选项值(OptionValue)属性经常被使用,当复选框、切换按钮、选项按钮控件被放置在选项组控件中表示多个可供选择的选项时,选项组将根据各选项控件选项值属性的值来识别哪个控件被选中。默认情况下选项组中第一个控件的选项值属性值为 1,第二个控件的选项值属性值为 2,以此类推。

【例题 4-13】 在例题 4-12 建立的窗体上,使用选项组控件显示"婚姻状况"字段的值。

操作步骤如下:

① 在"数据库"窗口中选中"窗体"对象,单击选中例题 4-12 建立的显示教师信息的窗体,单击"设计"按钮,打开窗体的设计视图。单击使工具箱中的"控件向导"处于未选中的状态,按下面的步骤添加选项组控件,用户也可以打开控件向导根据向导的提示完成选项组控件的添加。

② 单击工具箱中的"选项组",在窗体的设计视图上按住鼠标左键拖动添加一个适当大小的选项组控件,选中选项组控件的附加标签,打开其属性对话框,修改"标题"属性为"婚姻状况",选中选项组控件打开其属性对话框,修改控件的"控件来源"属性为"婚姻状况",如图 4-58 所示。

图 4-58　选项组的属性设置

③ 单击工具箱中的"选项按钮"按钮,或选择"复选框"或"切换按钮",在选项组控件的内部通过拖动添加一个选项按钮控件,并修改选项按钮控件的附加标签的"标题"属性为"已婚",按同样的方法在选项组内添加第二个选项按钮控件,修改其附加标签的"标题"属性为"未婚"。

④ 单击选中选项组中的第一个选项按钮控件,打开属性对话框,修改"数据"选项卡中的"选项值"属性为-1,如图 4-59 所示。单击选中第二个选项按钮控件,在属性对话框中修改其"数据"选项卡中的"选项值"属性为 0。

⑤ 在"视图"菜单中选择"窗体视图"命令,查看窗体视图的显示效果,此时婚姻状况为选中的状态,则在选项组控件的表示方法中,已婚对应的选项按钮处于选中的状态,未婚对应的选项按钮处于未选中状态,如图 4-60 所示。

图 4-59　选项按钮属性的修改

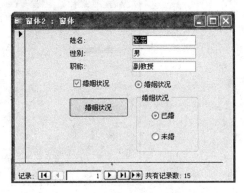

图 4-60　窗体视图显示效果

注意:"是/否"类型的数据用于表示两种情况:真和假,分别对应数值为-1 和 0。所以选项组控件表示是/否类型的数据时,两个选项的选项值属性分别设置为-1 和 0。对其他类型的数据则可采用默认的选项值的取值方法:1、2……以此类推,每个选项值只能对应数字,不能对应文本。

6. 组合框与列表框

如果在窗体上输入的数据总是取自某一个表或查询，或取自固定内容的数据，可以使用组合框或列表框控件来完成。这样既可以保证输入数据的正确，也可以提高数据的输入效率。组合框和下拉式菜单相似，在屏幕上显示一列数据。把光标移动到需要的选项上然后按 Enter 键（或单击鼠标）即可选中相应的数据。选择了某项数据后，如果组合框和某一个字段绑定，则该项数据被传递到绑定的字段。列表框控件可以让用户无需单击下拉箭头即可看到所有的选项，使用方法和组合框相似。如果记录数过多，系统会自动加上垂直或水平滚动条。

组合框与列表框的区别：①组合框能够输入而列表框不能；②组合框只能够进行单项选择，而列表框可以进行多项选择（只需要将其"多重选择"属性改为"简单"就可以了）。

【例题 4-14】 新建一个窗体，用于显示学生的"学号"、"姓名"、"系别"、"性别"和"政治面貌"信息，要求将"性别"字段用组合框表示，"政治面貌"字段用列表框表示。

操作步骤如下：

① 在"数据库"窗口中选中"窗体"对象，单击"新建"按钮，显示"新建"对话框；选择"设计视图"选项，并在窗口底部的下拉列表中选择学生基本信息表作为窗体的记录源，单击"确定"按钮。

② 在窗体的设计视图下，从字段列表中选择学号、姓名、系别字段拖放到窗体上。在工具箱的"控件向导"选中的状态下，单击工具箱中的"组合框"，然后在窗体中单击。

③ 屏幕显示组合框向导，如图 4-61 所示，选择"自行键入所需的值"，然后单击"下一步"按钮。如果组合框中列出的值从某一个表或查询获得，则选择"使用组合框查阅表或查询中的值"选项。

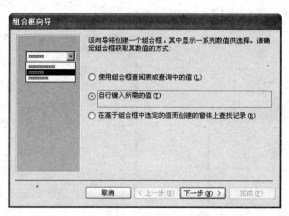

图 4-61　确定组合框获取数值的方式

④ 显示如图 4-62 所示的"组合框向导"对话框，输入列数"1"，然后在表格中输入组合框中显示的值"男"、"女"，单击"下一步"按钮。

⑤ 在出现的对话框中选择"将该数值保存在这个字段中"单选项，在后面的组合框中选择"性别"字段，然后单击"下一步"按钮，如图 4-63 所示。

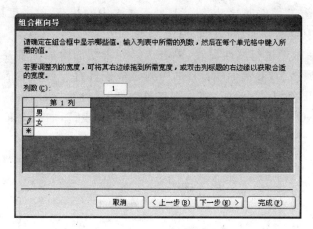

图 4-62　组合框显示值的设置

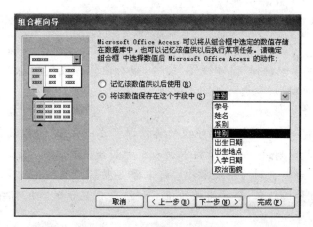

图 4-63　组合框保存字段

⑥ 在出现的对话框中输入"性别"，单击"完成"按钮，如图 4-64 所示。

图 4-64　组合框标签的设置

⑦ 单击工具箱的"控件向导"按钮使其处于未选中的状态,单击工具箱中的"列表框"按钮,然后在窗体中单击添加"列表框"控件。

⑧ 在属性对话框中进行属性设置,单击选择列表框的附加标签控件,打开属性对话框,修改其"标题"属性为"政治面貌:",选中列表框控件打开属性对话框,修改"数据"选项卡的"控件来源"属性为"政治面貌","行来源类型"属性为"表/查询","行来源"属性为"SELECT DISTINCT 政治面貌 FROM 学生基本信息表;",如图 4-65 所示。

图 4-65　列表框的属性设置

⑨ 在"视图"菜单中选择"窗体视图"命令,查看窗体视图的显示效果,此时性别字段的值为"男",政治面貌为"党员",如图 4-66 所示。

注意:

① 列表框和组合框控件绑定到字段的属性设置方法相似,均需设置"控件来源"、"行来源类型"和"行来源"属性。当自行键入列表框和组合框控件列出的值时,属性设置分别为"控件来源"设置为绑定到的字段名称、"行来源类型"为"值列表"、"行来源"属性中输入多个不同的用双引号括起来,分号间隔的值。如组合框显示的"性别"字段的属性设置如图 4-67 所示。

图 4-66　窗体视图的显示效果

图 4-67　组合框的属性设置

② 组合框能够输入而列表框不能。若想使用组合框输入时,只限于列表中列出的值,可以通过修改组合框的属性来实现,方法是:将如图 4-67 所示的组合框的"数据"选项卡中的"限于列表"属性设置为"是"。

7. 选项卡

使用选项卡可以在同一个区域中显示多个不同内容的窗口。默认情况下选项卡控件包含两个页面(即两个选项),也可以再增加。在某个选项卡上右击,然后选择"插入"命令,就可以插入新的选项,新选项插入到选中的选项卡的前面。已经建立的选项也可以删除。右击某个选项,然后选择"删除"命令即可。可以在选项卡中放置新的控件,也可以复制其他窗体或其他选项卡。但是选项卡之间的控件不能进行拖放操作,单击选项卡可以使它成为活动页。

【例题 4-15】 创建学生信息多页窗体,窗体包含两部分内容,一部分是学生基本信息,另一部分是学生成绩信息。使用选项卡分别显示两部分的信息。

【例题解析】 可以用工具箱中的"选项卡"按钮来创建有选项卡的窗体。在这种窗体中,可以将各种控件放置在窗体中的不同选项卡上。

操作步骤如下:

① 在"数据库"窗口中选中"窗体"对象,单击"新建"按钮,显示"新建"对话框;选择"设计视图"选项,并设置以"学生基本信息表"为数据源,单击"确定"按钮,显示一个空白的窗体和字段列表。

② 单击工具箱中的"选项卡"按钮,在窗体上拖动适当的大小实现"选项卡"控件的添加,如图 4-68 所示。

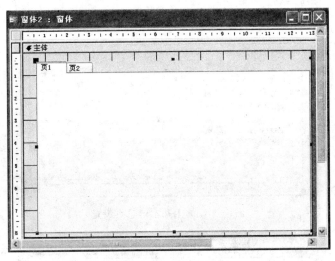

图 4-68 选项卡的添加

③ 打开选项卡的属性对话框,选中"页 1"选项卡,在属性对话框的"格式"选项卡中的"标题"属性中输入"学生基本信息"。选中"页 2"选项卡,在属性对话框的"格式"选项卡中的"标题"属性中输入"学生成绩信息",如图 4-69 所示,关闭属性对话框。

④ 单击"学生基本信息"页,从字段列表中将所有的字段添加到"学生基本信息"页中,并调整控件的位置,如图 4-70 所示。

⑤ 单击"学生成绩信息"页,从"数据库"窗口中将例题 4-6 中创建的子窗体"学生成绩表 子窗体"直接拖动到学生成绩信息页中,并调整其大小,如图 4-71 所示。

⑥ 切换到"窗体视图"即可看到如图 4-72 所示的显示效果,单击"学生成绩信息"页即可看到该页中显示的数据信息,然后保存窗体。

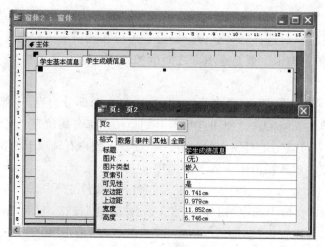

图 4-69　设置选项卡页属性

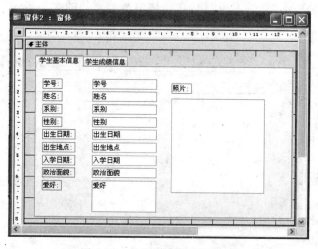

图 4-70　学生基本信息页设置

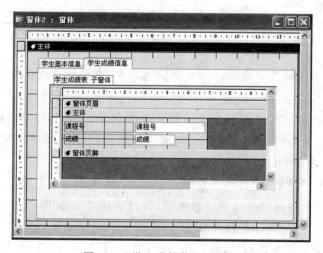

图 4-71　学生成绩信息页设置

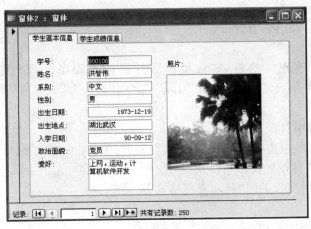

图 4-72　选项卡的显示效果

4.3　美化窗体

4.3.1　窗体的格式属性

在窗体的设计视图下,可以对已创建窗体的格式进行修改,使窗体的界面更美观。操作时用户可以单击工具栏上的"属性"按钮或单击"视图"菜单中的"属性"命令来显示窗体的属性对话框,在属性对话框的"格式"选项卡中对窗体的格式进行修改。窗体常用到的属性如表 4-3 所示。

表 4-3　窗体的常用属性

属　　性	功　　能
标题	设置窗体的标题信息
默认视图	设置打开窗体时窗体的类型,默认为单个窗体
设置窗体允许的视图	设置是否允许在指定的视图下打开窗体,包括允许"窗体"视图、允许"数据表"视图等。每个默认值都为是
记录选择器	查看数据时,是否显示记录选择器,默认为是
导航按钮	查看数据时,是否显示窗体下方的记录导航按钮,默认为是
滚动条	设置查看数据时,是否显示垂直或水平滚动条,默认为两者都有
边框样式	选择窗体边框的类型。默认为可调边框
宽度	设置窗体的宽度
图片	设置窗体的背景图片

4.3.2　使用自动套用格式

如果想快速修改窗体的格式,还可以选择窗体事先定义好的格式应用于窗体。Access 提供了 10 种预定义的格式,如"国际"、"宣纸"、"工业"、"标准"等。

操作步骤如下:

① 在设计视图中打开窗体;

② 在"格式"菜单中选择"自动套用格式",在弹出的对话框中从"国际"、"宣纸"、"工业"等格式中选择一种设置窗体的样式,如图 4-73 所示;

③ 单击"确定"按钮,关闭"自动套用格式"对话框。

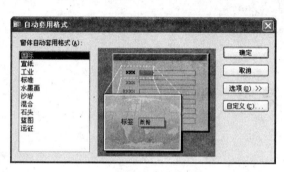

图 4-73　"自动套用格式"对话框

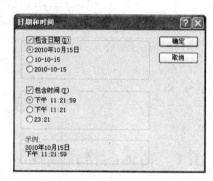

图 4-74　"日期和时间"对话框

4.3.3　添加当前日期和时间

如果在窗体上显示当前的日期和时间,可以通过菜单命令或直接在窗体上添加一个带有日期和时间表达式的计算型的文本框来实现。

操作步骤如下:

① 在设计视图中打开窗体。

② 在"插入"菜单中选择"日期和时间",在弹出的对话框中选择"包含日期"、"包含时间"或两者都选择,单击"确定"按钮,如图 4-74 所示。

③ 在窗体的主体节会添加计算型的文本框,显示日期的文本框的"控件来源"属性为"＝Date( )",显示时间的文本框"控件来源"属性为"＝Time( )"。如果当前添加的窗体包含窗体页眉节,则当前日期和时间添加在窗体页眉节,否则添加在主体节。如果采用直接添加文本框控件的方法,则修改文本框控件的控件来源属性为上述值即可。

4.3.4　调整窗体中的控件大小

为了使窗体中添加的控件整齐、美观,对窗体中控件的大小也需要调整,而且有些控件的大小不能够完全显示其内容,则需调整控件的大小适应其显示的内容。单个控件大小的调整只需要单击选中该控件,然后用鼠标拖动控件四周的尺寸控制柄来修改控件的

大小。对窗体中的多个控件也可以通过大小的调整使其具有相同的高度和宽度,操作步骤如下:

① 在设计视图中打开窗体。

② 按住 Shift 键的同时选中需要调整大小的多个控件。

③ 在"格式"菜单中选择"大小"命令,在弹出的级联菜单中选择"至最高"、"至最短"、"至最宽"、"至最窄"中的一种即可,如图 4-75 所示。

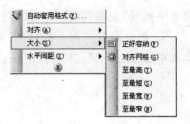

图 4-75　调整控件的大小

4.3.5　对齐窗体中的控件

创建控件时,常用拖曳的方式进行设置,因此控件所处的位置很容易与其他控件的位置不协调,为了窗体中的控件更加整齐、美观,应将控件的位置对齐。

操作步骤如下:

① 在设计视图中打开窗体。

② 按住 Shift 键的同时选中需要对齐的多个控件。

③ 在"格式"菜单中选择"对齐"命令,在弹出的级联菜单中选择"靠左"、"靠右"、"靠上"、"靠下"、"对齐网格"中的一种方式即可,如图 4-76 所示。

图 4-76　控件对齐方式

图 4-77　调整控件间的水平间距

4.3.6　调整窗体中控件的间距

为了窗体中的控件更加整齐、美观,还可以调整控件之间的间距,可以使各控件间保持相同的间距或改变控件之间的间距。

操作步骤如下:

① 在设计视图中打开窗体。

② 按住 Shift 键的同时选中调整间距的多个控件。

③ 调整水平方向上控件间的间距,在"格式"菜单中选择"水平间距",在弹出的级联

菜单中选择"相同"、"增加"、"减小"中的一种方式即可,如图 4-77 所示。

④ 调整垂直方向上控件间的间距,在"格式"菜单中选择"垂直间距",在弹出的级联菜单中选择"相同"、"增加"、"减小"中的一种方式即可。

小　结

本章介绍了窗体的相关概念、各种不同类型窗体的创建、窗体上各种不同控件的使用方法,最后还学习了对窗体的属性的修改和美化,使窗体界面更加美观。

（1）窗体的相关概念。了解窗体的概念和作用,窗体的组成部分及各组成部分的作用和添加方法,窗体的分类,窗体的视图及各视图的作用和视图间的切换。

（2）窗体的创建。创建窗体的方法有多种,掌握各种窗体的创建方法,包括自动创建窗体、图表向导、数据透视表、窗体向导和设计视图。窗体的创建包括对子窗体的创建方法的掌握。

（3）窗体中控件的使用。控件是窗体的最主要的组成部分,掌握标签、文本框、命令按钮、列表框和组合框等控件的使用。

（4）窗体的美化。窗体是用户与应用程序之间的接口,通过界面来完成对数据库中数据的操作,通过对窗体格式的设置使窗体布局更合理、界面更美观,更容易操作和掌握。

习　题　4

一、单项选择题

1. 表格式窗体同一时刻能显示(　　)记录。
　　A. 1 条　　　　　　B. 2 条　　　　　　C. 3 条　　　　　　D. 多条
2. 在窗体中,位于(　　)中的内容在打印预览或打印时才显示。
　　A. 窗体页眉　　　B. 窗体页脚　　　C. 主体　　　　　　D. 页面页眉
3. 主窗体和子窗体通常用于显示有(　　)关系的多个表或查询的数据。
　　A. 一对一　　　　B. 一对多　　　　C. 多对多　　　　D. 多对一
4. 自动创建的窗体不包含(　　)。
　　A. 纵栏式　　　　B. 数据表　　　　C. 表格式　　　　D. 新奇式
5. 不是窗体组成部分的是(　　)。
　　A. 窗体页眉　　　B. 窗体页脚　　　C. 主体　　　　　　D. 窗体设计器
6. "特殊效果"属性值用于设定控件的显示效果,下列不属于"特殊效果"属性值的是(　　)。
　　A. 凹陷　　　　　B. 平面　　　　　C. 透明　　　　　　D. 凸起
7. 创建窗体的数据源不能是(　　)。
　　A. 一个表　　　　B. 一个查询　　　C. 一个报表　　　D. 表或查询

8. 不是窗体控件的是（　　　）。

　　A. 表　　　　　　　B. 标签　　　　　　C. 文本框　　　　　D. 命令按钮

9. 在窗体中可以使用（　　　）来执行某项操作或某些操作。

　　A. 选项按钮　　　B. 文本框控件　　C. 复选框控件　　D. 命令按钮

10. 用于显示说明信息的控件是（　　　）。

　　A. 复选框　　　　B. 文本框　　　　C. 标签　　　　　D. 控件向导

11. 用界面形式操作数据的是（　　　）。

　　A. 报表　　　　　B. 窗体　　　　　C. VBA　　　　　D. 宏

12. 下面关于窗体的用途叙述错误的是（　　　）。

　　A. 可以接收用户输入的数据或命令

　　B. 可以显示、编辑数据表中的数据

　　C. 可以构造方便、美观的输入输出界面

　　D. 可以直接存储数据

13. 没有数据来源的控件类型是（　　　）。

　　A. 结合型　　　　B. 非结合型　　　C. 计算型　　　　D. A 和 B 均对

14. 内部计算函数 Avg 的功能是求所在字段内所有值的（　　　）。

　　A. 和　　　　　　B. 平均值　　　　C. 最小值　　　　D. 第一个值

15. 可以作为绑定到"是/否"字段的独立控件的按钮名称是（　　　）。

　　A. 列表框控件　　B. 文本框控件　　C. 命令按钮　　　D. 复选框控件

16. 在窗体的窗体视图中可以进行（　　　）。

　　A. 创建或修改窗体　　　　　　　　B. 显示、添加和修改表中的数据

　　C. 创建报表　　　　　　　　　　　D. 以上都可以

17. 子窗体可以显示为（　　　）。

　　A. 纵栏式　　　　B. 表格式　　　　C. 数据表　　　　D. 数据表或表格式

18. 在计算控件中,每个表达式前都加上（　　　）符号。

　　A. ＝　　　　　　B. !　　　　　　　C. ,　　　　　　　D. &

19. 能够将一些内容列举出来供用户选择的控件是（　　　）。

　　A. 直线控件　　　B. 文本框控件　　C. 组合框控件　　D. 选项卡控件

20. 通过窗体对象用户不能完成（　　　）。

　　A. 输入数据　　　　　　　　　　　B. 编辑数据

　　C. 更新数据　　　　　　　　　　　D. 显示和查询表中的数据

21. Access 的窗体由多个部分组成,每个部分称为一个（　　　）。

　　A. 控件　　　　　B. 子窗体　　　　C. 节　　　　　　D. 页

22. "输入掩码"用于设定控件的输入格式,对（　　　）数据有效。

　　A. 数字型　　　　B. 文本型　　　　C. 货币型　　　　D. 备注型

23. 数据透视表窗体是以表或查询为数据源产生一个（　　　）的分析表而建立的一种窗体。

　　A. Excel　　　　　B. Word　　　　　C. Access　　　　D. dBase

24. 当窗体中的内容较多而无法在一页中显示时,可以使用( )控件来进行分页。

    A. 命令按钮控件   B. 组合框控件

    C. 选项卡控件   D. 选项组控件

25. 主窗体只能显示为( ),子窗体可以显示为( ),也可以显示为( )。

    A. 纵栏式窗体、图表窗体、数据表窗体

    B. 纵栏式窗体、表格式窗体、主/子窗体

    C. 纵栏式窗体、表格式窗体、数据表窗体

    D. 纵栏式窗体、数据透视表窗体、图表窗体

二、填空题

1. 使用窗体设计视图,一是可以创建窗体,二是可以_____。

2. _____、_____、_____可为窗体提供数据源。

3. 控件是窗体中用于显示数据、_____和装饰窗体的对象。

4. Access 中控件的类型有_____、_____、_____三种。

5. 窗体中的信息主要有两类,一类是设计的提示信息,另一类是所处理的数据源_____中的记录。

6. 若用多个表作为窗体的数据来源,那么必须先创建一个_____。

7. 主要用于显示、输入、修改数据库中的字段值的控件类型是_____。

8. 窗体是_____和 Access 应用程序之间的接口。

9. Access 可以自动创建纵栏式窗体、表格式窗体和_____窗体。

10. 窗体最多由窗体页眉、窗体页脚、_____、_____、_____五大部分组成。

三、设计题

1. 创建一个基于学生课程信息表的"课程浏览"窗体,窗体中包括学生课程信息表中的所有字段;布局为纵栏表;窗体样式为宣纸。

2. 创建一个基于学生基本信息表的窗体,要求"性别"字段用列表框控件显示、"政治面貌"字段用组合框控件显示,并显示通过"出生日期"字段计算得来的"年龄"信息,然后添加用于移动到第一条、移动到最后一条、前移一条和后移一条的命令按钮。

3. 创建主/子窗体,主窗体中显示教师的基本信息,子窗体中显示教师的任课信息。

第5章

报　　表

学习目标

(1) 了解报表的组成、分类和视图；

(2) 掌握报表的创建方法，重点掌握设计视图下报表的创建和编辑；

(3) 掌握报表中数据的排序、分组和汇总计算的方法；

(4) 掌握子报表和多列报表的创建。

实际应用中，许多信息都需要打印保存。报表是使用非常广泛的一个对象，几乎任何一个应用软件系统都需要制作各种各样的报表。Access 可以将表或查询中的数据以表格的形式显示或者打印。在显示或者打印数据时，一方面对格式有一定的要求，另一方面对功能也有一定的期望，常常需要进行分类汇总、统计、求和等数值计算。Access 数据库中的报表对象为所有这些需求提供了解决方案，提供的报表设计工具能够按照需要创建一个非常美观的报表。

5.1　认　识　报　表

5.1.1　报表的概念与功能

报表是 Access 数据库中的重要对象之一，是以打印格式显示数据的一种有效的方式，它根据特定的格式打印格式化的通过各种处理的数据，在报表中显示的内容主要来源于 Access 中的数据表或查询，部分来源于设计报表时添加的一些提示性信息。报表的主要功能是显示格式化的数据、计算数据、汇总数据、根据制定的格式组织数据，还可以嵌入图片丰富数据的显示，并能将它们打印出来，展示给用户。

5.1.2　报表的组成

报表的组成与窗体类似，报表由"报表页眉"、"页面页眉"、"主体"、"页面页脚"和"报表页脚"5 个部分组成，每一部分称为一个"节"，如图 5-1 所示。每个节在报表中具有特定的目的，并按照预期次序打印。

（1）"报表页眉"节是用来在报表的开头放置信息。位于报表顶部，一般用于设置报表的总标题和一些说明性的文字等，在整个报表中只会显示一次。报表页眉中显示的信息对每个记录而言都是相同的。在"打印预览"视图中报表页眉只出现在第一页的顶部。

图 5-1　报表的组成

（2）"页面页眉"节是用来在报表页面的上方放置信息。在每张打印页的顶部显示诸如标题或列标头的信息。

（3）"主体"节用来包含报表的主体，可以在主体中放置控件和显示数据。功能和窗体中的主体节相同，即显示数据库中的记录。可以在屏幕或打印页面上显示一条记录，也可以根据屏幕和页面的大小显示多条记录。

（4）"页面页脚"节是用来在报表页面的下方放置信息。在每张打印页的底部显示诸如日期或页号等信息。

（5）"报表页脚"节和"报表页眉"节相对应，位于报表最后一页，用来在报表的底部放置信息，如报表总结和总计数等。

其中"主体"节是每个报表必须具有的。大部分的报表只有主体节，根据实际需要也可以加上其他节。另外，在上述 5 个节的基础上还可以通过"排序与分组"菜单来设置"组页眉/组页脚"，以实现报表的分组统计和分组打印。组页眉主要安排标签、文本框或其他控件，来显示分组信息；组页脚一般安排一些用来显示分组统计信息的控件。

5.1.3　报表的分类

Access 数据库中的报表主要有 4 类，分别是纵栏式、表格式、图表式和标签式报表。

（1）纵栏式。纵栏式报表也称为窗体报表，和纵栏式窗体界面相似，一般只有主体节，在主体节区域内显示一条或多条记录，记录中的每个字段垂直显示，左侧显示字段名，右侧显示字段的具体内容。一般来说本类型报表每次显示一条记录，也可以和子报表结合起来使用，同时显示一对多关系数据表中"多"端的记录，甚至包括统计数据，如图 5-2所示。

（2）表格式。表格式报表是以整齐的行、列的形式显示记录数据，通常一行显示一条记录、一页显示多行记录。表格式报表与纵栏式报表不同，表格式报表中记录不是垂直显示，而是水平显示，并且字段名是水平显示在报表的页面页眉区域，字段的具体内容水平显示在报表的主体区域，如图 5-3 所示。

（3）图表式。图表式报表是指包含图表显示的报表类型，它使用图形的方式将数据之间的关系形象化展示出来，如图 5-4 所示。

（4）标签式。标签是一种经常使用的特殊类型的报表。例如，考试时贴在考生座位上的考生标签就是最常使用的标签式报表，如图 5-5 所示。

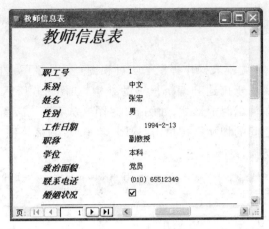

图 5-2　纵栏式报表

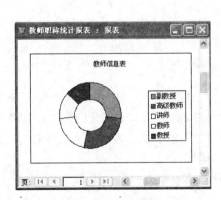

图 5-3　表格式报表

图 5-4　图表式报表　　　　　图 5-5　标签式报表

5.1.4 报表的视图

和窗体一样，Access为报表操作提供了三种视图：设计视图、打印预览视图和版面预览视图。设计视图主要用于创建和编辑报表的结构，如图5-6所示。打印预览视图用于查看报表的页面数据在输出时的形式，如图5-2～图5-5所示。版面预览视图用于查看报表的页面设置。视图之间的切换通过单击"视图"菜单或"窗体视图"工具栏中的"视图"按钮在三个视图间进行切换。

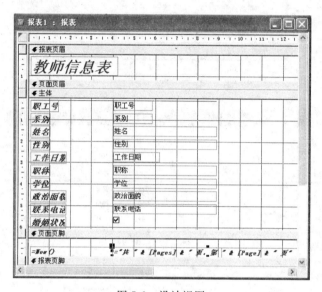

图 5-6　设计视图

5.2　报表的创建与编辑

5.2.1　报表的创建

1. 自动创建报表

Access为多种样式的报表提供了自动化的创建方法，使用这些方法不需要复杂操作即可创建一个图文并茂的非常实用的报表。Access能够自动创建纵栏式和表格式两种报表，通过这种方法只需要选择报表的数据来源就可以以最快的速度创建出报表来。

【例题 5-1】　使用"自动创建报表"向导创建"教师基本信息"报表。

操作步骤如下：

① 在"数据库"窗口中，单击对象栏中的"报表"对象。

② 单击"新建"按钮,在弹出的对话框中选择"自动创建报表:纵栏式",在"请选择该对象数据的来源表或查询"下拉列表框中选择"教师信息表",如图 5-7 所示。

③ 单击"确定"按钮,即自动生成一个报表,如图 5-8 所示。然后单击工具栏上的"保存"按钮,输入报表的名称保存报表。

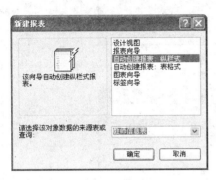

图 5-7　创建纵栏式报表

图 5-8　纵栏式报表

注意:在本例步骤②的对话框中如果选择"自动创建报表:表格式",那么会自动创建表格式报表,数据源的选择可以是表/查询。

2. 图表向导

图表向导和图表窗体一样,也可以创建一个报表,使其以图形方式显示统计数据。

【例题 5-2】　用图形的方式显示教师信息表中各职称教师的人数。

【例题解析】　使用图表向导功能可以创建以图形方式显示的报表。

操作步骤如下:

① 在"数据库"窗口中,单击对象栏中的"报表"对象。

② 单击"新建"按钮,在弹出的对话框中选择"图表向导",在"请选择该对象数据的来源表或查询"下拉列表框中选择"教师信息表",如图 5-9 所示。

③ 单击"确定"按钮,在弹出的对话框中添加"姓名"、"职称"字段到"用于图表的字段"列表框中,如图 5-10 所示。此时选择用于图表的字段最多只可以选择 6 个。

④ 单击"下一步"按钮,在显示的选择图表类型对话框中选"柱形图",如图 5-11 所示。

⑤ 单击"下一步"按钮,在图表的布局方式对话框中,用鼠标将数据拖曳成如图 5-12 所示,可以

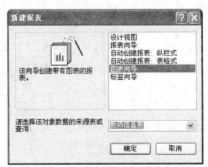

图 5-9　"新建报表"对话框

图 5-10　选择图表字段

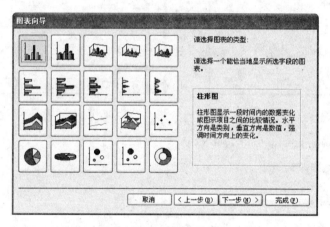

图 5-11　选择图表的类型

单击"图表预览"按钮预览图表。如果用于汇总的字段为数字类型的,则可双击汇总数据框的位置,在弹出的对话框中更改对数据的汇总方式,Access 提供的汇总方式有"无"、"总计"、"平均值"、"最小值"、"最大值"、"计数"。

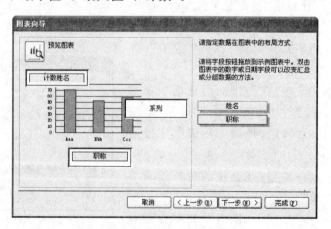

图 5-12　图表的布局方式对话框

⑥ 单击"下一步"按钮,在显示的图表标题对话框中输入图表标题"教师职称统计"后,单击"完成"按钮,即可查看图表的打印预览效果,如图5-13所示,最后保存报表。

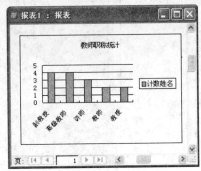

图5-13 图表报表的预览

3. 标签向导

使用标签向导可以创建标签式报表,这样就可以根据需要打印各种标签。

【**例题5-3**】 使用标签向导创建一个标签式报表,内容仅包含学生的"学号"和"姓名"。

【**例题解析**】 利用标签向导可以创建一个标签式报表,同时还可以按照数据库中一或多个字段对标签进行排序。

操作步骤如下:

① 在"数据库"窗口中,单击对象栏中的"报表"对象。

② 单击"新建"按钮,在弹出的对话框中选择"标签向导",在"请选择该对象数据的来源表或查询"下拉列表框中选择"学生基本信息表"。

③ 单击"确定"按钮,屏幕上弹出指定标签尺寸对话框,如图5-14所示。在对话框中可以选择标准型号的标签,也可以自定义标签大小。此处选择型号为"C2166"的标签式样。

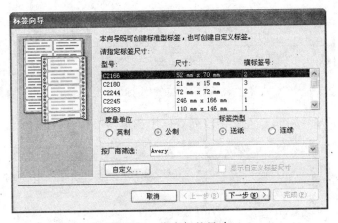

图5-14 指定标签尺寸

④ 单击"下一步"按钮,在弹出的指定文本字体和颜色的对话框中选择文本使用的字体、字号、字体粗细、文本颜色等,如图5-15所示。

⑤ 单击"下一步"按钮,屏幕上弹出确定显示标签内容的对话框,可以从左侧"可用字段"列表中选择字段到右边建立原型标签,同时也可以在标签上输入所需的文字信息。本题首先输入文字"学号:",按多次空格给出一定的间隔,然后从左侧添加"学号"字段到右侧"原型标签"列表框中,按下 Enter 键;在下一行输入"姓名:",按多次空格给出一定的间隔,然后从左侧添加"姓名"字段到右侧,效果如图5-16所示。

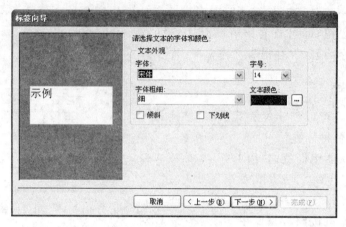

图 5-15　字体选择对话框

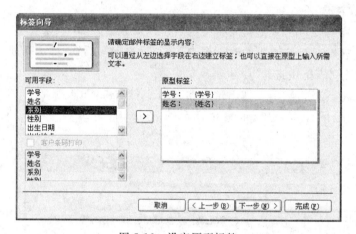

图 5-16　设定原型标签

⑥ 单击"下一步"按钮,从左侧字段列表框中选择排序字段,如图 5-17 所示。

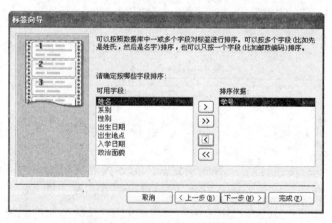

图 5-17　设定标签的排序依据

⑦ 单击"下一步"按钮，在出现的对话框中输入报表的名称"学生信息标签"，单击"完成"按钮，显示效果如图 5-18 所示。

4. 报表向导

如果在创建报表的过程中需要对报表的数据来源进行适当地筛选，那么可以使用报表向导来创建。

【例题 5-4】 使用报表向导创建教师基本信息报表，按性别进行分组，按参加工作时间的降序排序。

【例题解析】 利用报表向导可以对报表的数据来源进行适当地筛选。

操作步骤如下：

① 在"数据库"窗口中，单击对象栏中的"报表"对象。

② 单击"新建"按钮，在弹出的对话框中选择"报表向导"，在"请选择该对象数据的来源表或查询"下拉列表框中选择"教师信息表"，如图 5-19 所示。

图 5-18　标签的显示效果

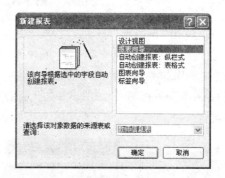

图 5-19　"新建报表"对话框

③ 单击"确定"按钮，在弹出的对话框中单击"＞＞"按钮将"教师信息表"中所有字段从左侧的"可用字段："列表框中添加到右侧的"选定的字段："列表框中，如图 5-20 所示。此时也可根据要求只添加表/查询中的部分字段。

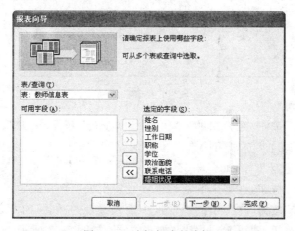

图 5-20　选择报表的字段

④ 单击"下一步"按钮,在弹出的对话框中确定分组级别,此处需要按"性别"分组,则双击左侧列表框中的"性别"字段,使之显示在右侧图形页面的顶部,如图 5-21 所示。

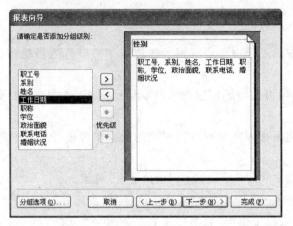

图 5-21　向导中选择分组

⑤ 单击"下一步"按钮,在弹出的对话框中设置排序次序,此处需要按"工作日期"进行降序排序,则在第一个下拉组合框中选择"工作日期",然后单击其后的按钮,使之按降序排列,如图 5-22 所示。此时如果需要对表中的数据进行汇总,则单击图中"汇总选项"按钮,显示如图 5-23 所示的对话框,设置需要的汇总值,否则直接执行后面的操作。

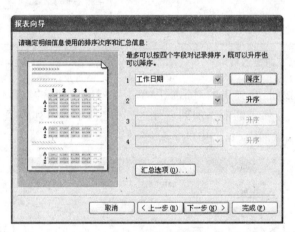

图 5-22·　报表的排序

⑥ 单击"下一步"按钮,在弹出的对话框中设置布局方式,根据需要从"布局"选项组中选择一种布局,从"方向"选项组中选择报表的打印方向是纵向还是横向。此题选择布局为"递阶"、"纵向"进行打印,如图 5-24 所示。

⑦ 单击"下一步"按钮,在弹出的对话框中设置报表所用样式,如图 5-25 所示。

⑧ 单击"下一步"按钮,在弹出的对话框中输入报表的标题,如图 5-26 所示。

⑨ 单击"完成"按钮,即可看到报表的制作效果,如图 5-27 所示。

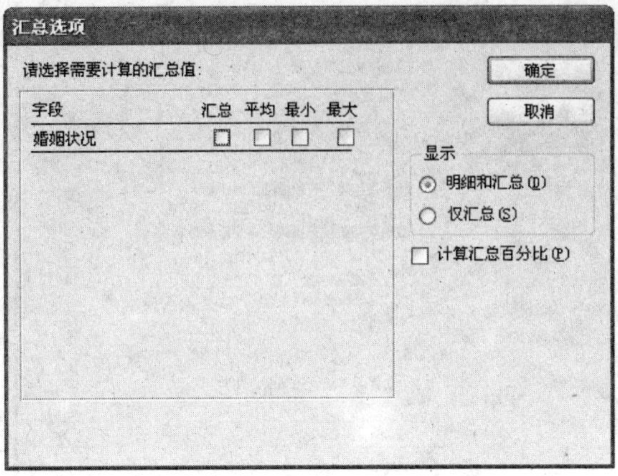

图 5-23 "汇总选项"对话框

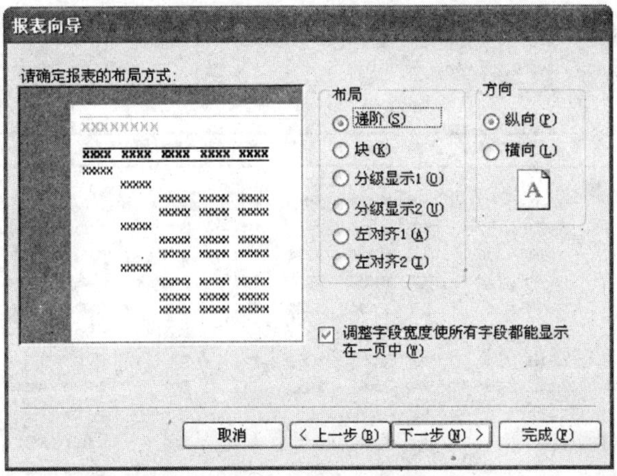

图 5-24 报表布局设置

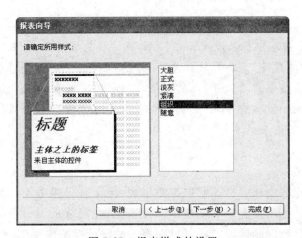

图 5-25 报表样式的设置

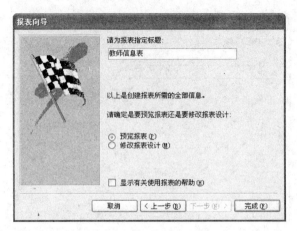

图 5-26　设置报表的标题

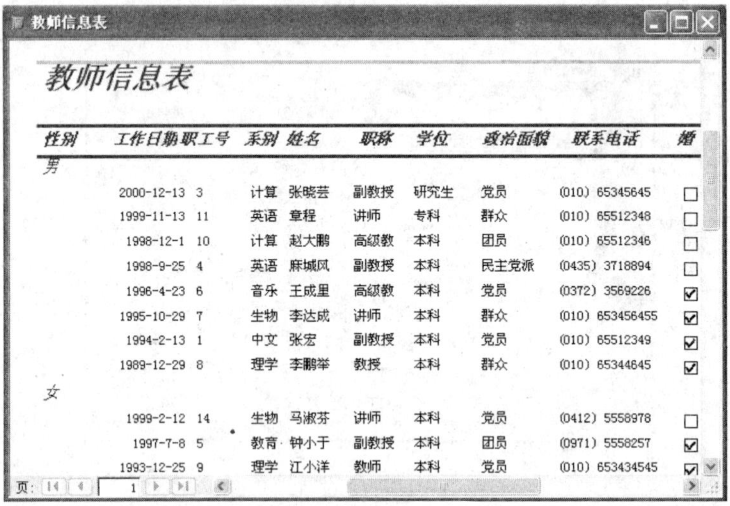

图 5-27　教师信息报表

　　注意：在操作步骤④中如果没有分组，那么在操作步骤⑥的布局方式处可以选择"纵栏表"、"表格"或"两端对齐"。如果选择分组则可以选择多个字段分组，并可通过图 5-21 中的"优先级"按钮调整分组的次序，在利用报表向导创建报表时，分组的字段最多只允许设置 4 个字段。在操作步骤⑧中输入的标题既作为显示在报表页眉区域中的报表的标题，也作为报表保存时报表的名称。

5. 设计视图

　　通过报表向导能够创建一份非常精美的报表，但是这份报表不一定完全符合用户的要求。通常的做法是先用报表向导创建一个报表，再在报表的设计视图中对这个报表进行修改使之能够满足我们的需要。也可以在报表的设计视图中手工创建报表。

　　在使用设计视图设计报表时，首先要创建一个空白报表，其中包括"**主体**"节、"**页面页**

眉"节、"页面页脚"节;接下来选择报表需要连接的数据源;再添加页眉、页脚等信息;还要根据需要布置控件显示数据和一些提示性信息以及统计数据;最后可以进一步设置报表的其他属性。

【例题 5-5】 使用报表的设计视图创建"学生基本信息表"报表,显示学生基本信息表中的学生信息,包括"姓名"、"性别"、"出生日期"、"政治面貌"、"爱好"字段信息,加入标题"学生基本信息表",并且在报表的最后一页显示学生人数统计信息。

【例题解析】 首先要设定整个报表的数据来源(如某个表或某个查询)。

操作步骤如下:

① 在"数据库"窗口中,单击对象栏中的"报表"对象。然后双击"在设计视图中创建报表",此时在设计视图中打开一个包含"主体"节、"页面页眉"节、"页面页脚"节的空白报表,如图 5-28 所示。

图 5-28 空白报表

② 双击标尺交叉点处的报表选择器,打开报表的属性对话框,设置"数据"选项卡中的"记录源"属性为"学生基本信息表",此时会显示字段列表,如图 5-29 所示。然后关闭报表属性对话框。

图 5-29 报表记录源设置和字段列表

③ 在字段列表中按住 Ctrl 键同时选中"姓名"、"性别"、"出生日期"、"政治面貌"、"爱好"字段,将其拖曳到报表的主体节中,此时会创建绑定到字段的文本框和其附加标签,如

图 5-30 所示。

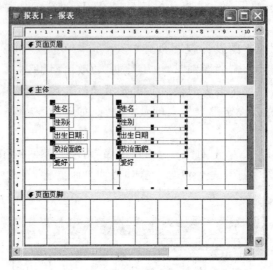

图 5-30　在报表中添加绑定的控件

④ 为使字段名称显示在每一页的上方,按住 Shift 键同时选中主体节中所有的附加标签,单击工具栏上的"剪切"按钮,将附加标签与文本框分离,然后单击"页面页眉"节中的任一位置,单击工具栏上的"粘贴"按钮,将显示字段名称的标签添加到"页面页眉"节。

⑤ 调整各个控件的布局、大小、位置等,并调整页面页眉节和主体节的高度,如图 5-31 所示。

图 5-31　报表的控件布局

⑥ 单击"视图"菜单选择"报表页眉/页脚"为报表添加报表页眉、报表页脚节,然后从工具箱中添加一个标签控件到"报表页眉"节,输入标签的标题为"学生基本信息表",并设置标签的相关属性,字号为 20,字体设置为宋体,内容居中,如图 5-32 所示。

⑦ 此时还可以添加一些线条对报表的内容进行适当的分隔,在工具箱中单击"直线",在"页面页眉"节标签的下方按住鼠标左键拖动适当的距离,添加直线控件到页面页眉节 5 个标签的下方,并单击工具栏上的"线条/边框宽度"按钮设置线条的边框宽度属性为 2,如图 5-32 所示。

⑧ 单击工具箱中的"文本框",在"报表页脚"节添加文本框控件,修改附加标签控件

图 5-32　设计视图报表设计效果

的标题属性为"学生人数："，文本框控件的控件来源属性为"＝Count(［姓名］)"，实现在报表的最后一页显示学生人数的统计信息，如图 5-32 所示。

　　⑨ 单击工具栏上的"预览"按钮，即可预览报表的显示效果，如图 5-33 所示。然后以"学生基本信息表"为名保存报表。

　　注意：在统计学生人数时，用于统计的字段可以是报表数据源中的任一字段或"＊"，表示为"＝Count(＊)"。

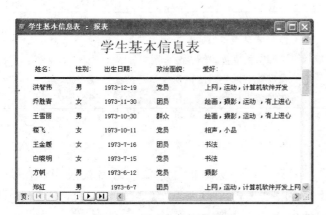

图 5-33　报表打印预览效果

图 5-34　报表属性

5.2.2　报表的格式设置

1. 报表、节属性

　　在报表的设计视图下可以对已创建的报表进行修改，为了制作更精美的报表，还可以对报表的格式进行一定的设置。在报表的设计视图下，用户可以单击工具栏上的"属性"按钮或单击"视图"菜单中的"属性"命令来显示报表属性对话框，如图 5-34 所示。报表常用到的属性如表 5-1 所示，节常用到的属性如表 5-2 所示。

表 5-1 报表常用属性

属 性	功 能
打开	可以在其中选择一个已经存在的宏。打开报表时,就会自动执行该宏
关闭	可以在其中选择一个已经存在的宏。关闭报表时,就会自动执行该宏
网格线 X 坐标	指定每英寸水平所包含点的数量
网格线 Y 坐标	指定每英寸垂直所包含点的数量
打印版式	设置为"是"时,可以从 TrueType 和打印机字体中进行选择;选择"否",可以使用 TrueType 和屏幕字体
页面页眉	控制页标题是否出现在所有页上
页面页脚	控制页脚注是否出现在所有页上
记录锁定	可以设定在生成报表所有页之前,禁止其他用户修改报表所需要的数据
宽度	设置报表的宽度
记录源	报表所用数据的来源(可以是表或查询)
图片	设置报表的背景图片

表 5-2 节常用属性

属 性	功 能
名称	节的名称
可见性	控制节是否打印或显示在屏幕上
高度	控制节的高度,单位是厘米
格式化	在设置节的格式之前所要执行的函数或宏
打印	在对节进行预览或打印时所要执行的函数或宏

2. 自动套用格式

如果想快速修改报表的格式,还可以选择报表事先定义好的格式应用于报表。Access 提供了 6 种预定义的格式:"大胆"、"正式"、"淡灰"、"紧凑"、"组织"和"随意"。

若采用预定义的格式修改报表的属性,操作步骤如下:

① 在设计视图中打开报表,单击报表选择器选中报表。

② 在"格式"菜单中选择"自动套用格式",在弹出的对话框中从"大胆"、"正式"、"淡灰"等 6 种格式中选择一种设置报表的样式,单击"自动套用格式"对话框中的"选项"按钮,可以根据需要选择对报表的"字体"、"颜色"和"边框"是否进行修改,如图 5-35 所示。

③ 单击"确定"按钮,关闭"自动套用格式"对话框。

若采用预定义的格式修改某一节的属性,操作步骤如下:

① 在设计视图中打开报表,然后单击需要修改格式的某一节,使其处于选中的状态。

② 在"格式"菜单中选择"自动套用格式"菜单项,在弹出的对话框中选择 6 种格式中的一种设置某一节的样式。

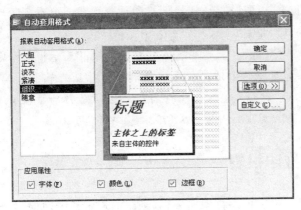

图 5-35 "自动套用格式"对话框

③ 单击"确定"按钮,关闭"自动套用格式"对话框。

5.2.3 报表的页码设置

在报表创建时还可以添加页码信息,添加的方法可以通过菜单命令或通过直接添加文本框控件来实现。

【例题 5-6】 在"学生基本信息表"报表每页下方页脚位置添加如"第 1 页,共 10 页"的页码。

操作步骤如下:

① 在报表对象窗口中打开"学生基本信息表"报表,并切换到设计视图。

② 在"插入"菜单中选择"页码"项,在显示的"页码"对话框中,设置"格式"为"第 N 页,共 M 页","位置"为"页面底端(页脚)","对齐"为"中",并选中"首页显示页码"单选项,如图 5-36 所示。

③ 单击"确定"按钮,在报表的"页面页脚"节会添加一个显示页码的文本框,如图 5-37 所示。

图 5-36 "页码"对话框

图 5-37 添加的页码信息

④ 单击工具栏上的"视图"按钮,切换到打印预览视图即可看到每页下方显示样式如"第 1 页,共 10 页"的页码信息。

注意:①报表中用"[Page]"表示当前页码,"[Pages]"表示报表的总页数。②通过直接添加文本框控件添加页码的方法:在页码显示位置对应的节中添加一个文本框控件,在其属性对话框中设置"数据"选项卡中的"控件来源"属性为要显示的样式,如设置为"="第"&[Page]&"页,共"&[Pages]&"页""。

5.2.4　预览和打印报表

报表制作完成后可以将报表打印出来,以纸张的形式长时间保存。

1. 预览报表

(1) 预览报表的布局。

通过"版面预览"视图,可以快速检查报表的页面布局,Access 数据库使用基本表中的数据或通过查询得到的数据来显示报表版面,这些数据只是报表上实际数据的示范。如果要查看报表中的实际数据,可以使用"打印预览"的方法。

在报表设计视图中,单击工具栏中的"视图"按钮右侧的向下箭头,然后可以选择"版面预览"和"打印预览"。二者的区别是版面预览只是显示数据版面和其中的数据排列,所以如果报表是基于参数查询,则用户不必输入任何参数,直接单击"确定"按钮即可,Access 会忽略这些参数。如果选择的是"打印预览"按钮,则显示实际打印时的效果。如果要在当前页中移动,可以使用滚动条。

(2) 预览报表中的数据。

预览报表的方法是单击"数据库"窗口工具栏中的"预览"按钮。操作步骤如下:

① 在"数据库"窗口中,单击对象栏中的"报表"。

② 单击选中需要预览的报表。

③ 单击"预览"按钮。

④ 如果需要在页面之间切换,可以使用"打印预览"窗口底部的"定位"按钮;如果需要在同一页中移动,可以使用滚动条。

注意:版面预览和打印预览不能直接切换,如果需要切换的话必须先切换到设计视图。

2. 打印报表

第一次打印报表以前,需要调整好页边距、页方向和其他页面设置。当确定一切布局都符合要求后,打印报表。

操作步骤如下:

① 在"数据库"窗口中选定需要打印的报表,或在"设计视图"、"打印预览"、"版面预览"中打开相应的报表。

② 选择"文件"菜单中的"打印"命令。

③ 在显示的"打印"对话框中,在"名称"列表框中选择打印机型号,在"打印范围"区域中,指定打印所有页或者确定打印页的范围,在"份数"框中,指定打印的份数,如图 5-38 所示。

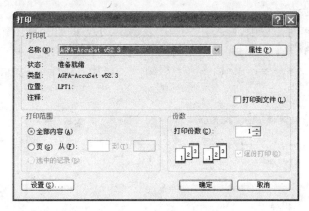

图 5-38 "打印"对话框

④ 单击"确定"按钮。

注意:可以直接单击工具栏上的"打印"按钮来直接打印报表的内容,只是不能激活"打印"对话框,不能进行诸如设置打印份数和设置打印范围等的操作。

5.3 报表的排序和分组

默认情况下,报表中的数据是按照插入的顺序排列并显示的。在实际使用时,常常需要按照某个指定值的指定顺序来排列记录。例如,按照姓名顺序排列学生名单。另外,报表设计时还常常需要将每个字段按照值是否相等来进行一些统计分组操作,并且输出结果信息,这些是报表的"分组"操作。在分组的基础上不仅可以显示每组数据的明细信息,还可以对每组的信息或整个报表的信息进行汇总计算。

5.3.1 记录排序

在报表向导创建报表时,可以最多采用 4 个字段对报表中的记录进行排序,在设计视图中,对报表中的记录排序不仅可以依据字段,还可以依据表达式,且最多可以采用 10 个字段或表达式对报表记录排序。

【例题 5-7】 将"学生基本信息表"报表中的学生信息首先按性别升序排列,对性别相同的学生按年龄降序排列并在报表中显示(年龄通过出生日期计算)。

【例题解析】 利用"排序与分组"功能可以在报表中按某个字段或表达式进行排序。

操作步骤如下：

① 在"数据库"窗口中，单击对象栏中的"报表"，然后选中"学生基本信息表"报表，单击"数据库"窗口工具栏上的"设计"按钮，打开其设计视图。

② 单击"视图"菜单选择"排序与分组"选项，或单击工具栏上的"排序与分组"按钮，打开"排序与分组"对话框。

③ 在排序与分组对话框中，首先在"字段/表达式"下方的组合框中选择"性别"，在"排序次序"处选择"升序"；然后在下一行"字段/表达式"列中输入表达式"＝Year(Date())－Year([出生日期])"，在"排序次序"列中选择"降序"，"排序与分组"对话框下方的组属性不进行设置，如图 5-39 所示。

图 5-39 "排序与分组"对话框

④ 单击工具栏上的"视图"按钮，即可看到如图 5-40 所示的显示效果，所有记录首先按性别升序排序，性别相同的按年龄降序排列。

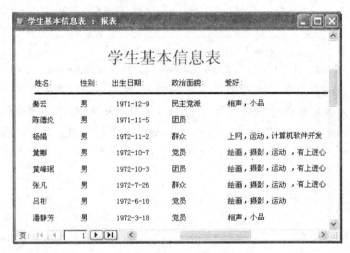

图 5-40 预览排序效果

注意：

① 在依据表达式排序时，表达式之前必须加上"＝"。

② 在选择多个字段/表达式排序时，首先按第一行的字段/表达式排序，然后对第一个排序字段/表达式值相同的记录再按第二行的字段/表达式排序，以此类推。

5.3.2　记录分组

报表中的数据在打印或预览时,如果需要把同一类别的数据排列在一起,就会用到报表的分组功能,并可以对同一组的记录信息进行汇总计算。在设计视图下,对报表中的记录可以依据字段或表达式进行分组,且最多可以采用 10 个字段或表达式对报表记录进行分组。

【例题 5-8】　将教师信息表中的教师信息按职称分组显示,并对每组的信息按职工号升序排列数据。

【例题解析】　利用"排序与分组"功能可以在报表中按某个字段或表达式进行分组。

操作步骤如下:

① 在"数据库"窗口中,单击对象栏中的"报表"对象。

② 单击"新建"按钮,在弹出的对话框中选择"自动创建报表:表格式",在"请选择该对象数据的来源表或查询"下拉列表框中选择"教师信息表",单击"确定"按钮,即自动生成一个报表。然后单击工具栏上的"视图"按钮,切换到报表的设计视图,如图 5-41所示。

图 5-41　教师信息表的设计视图

③ 单击"视图"菜单选择"排序与分组"选项,或单击工具栏上的"排序与分组"按钮,打开"排序与分组"对话框。

④ 在"排序与分组"对话框中,在"字段/表达式"下方的组合框中选择"职称"字段,在"排序次序"处选择"升序"。然后将组属性中的"组页眉"和"组页脚"属性均选择为"是","分组形式"选择为"每一个值",使之按"职称"字段不同值划分组,"组间距"属性设置为1,以指定分组的间隔大小,"保持同页"属性值设置为"不",使得组页眉、主体、组页脚不在同一页上打印;如果"保持同页"属性值设置为"整个组",则组页眉、主体和组页脚会打印在同一页上,如图 5-42 所示。

⑤ 继续在"排序与分组"对话框中的下一行"字段/表达式"列选择"职工号"字段,在"排序次序"处选择"升序",如图 5-43 所示,使相同职称的数据按"职工号"升序排列,然后关闭"排序与分组"对话框。

图 5-42 按职称分组的对话框设置

图 5-43 按职工号排序的对话框设置

⑥ 在报表的设计视图中，将"页面页眉"节中的显示内容为职称的标签和"主体"节中显示职称的文本框拖动到"职称页眉"节中显示，使每组职称信息只显示一次，然后将"页面页眉"节和"主体"节中的显示学位等字段信息的标签和文本框依次前移，如图 5-44 所示。

图 5-44 按职称分组的设计视图

⑦ 完成后单击"预览"按钮，可看到如图 5-45 所示效果，保存报表为"教师信息表"。

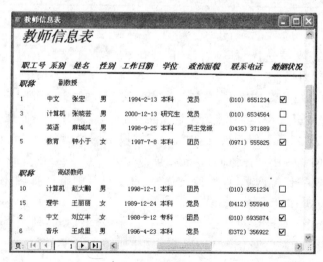

图 5-45 按职称分组职工号排序的显示效果

5.3.3 报表添加计算控件

在报表中不仅可以显示字段的值,还可以显示表达式的计算结果,计算控件就是用于显示表达式计算结果的控件,最常用的计算控件为文本框。

【例题 5-9】 在例题 5-8 建立的教师信息报表中添加计算控件用于显示每个教师的教龄。

操作步骤如下:

① 在"数据库"窗口中,单击对象栏中的"报表",然后选中"教师信息表"报表,单击"数据库"窗口工具栏上的"设计"按钮,打开其设计视图。

② 单击工具箱中的"文本框"按钮,在"主体"节所有字段对应的控件后添加一个文本框控件,修改文本框控件的附加标签的标题属性为"教龄",选中该标签,单击工具栏上的"剪切"按钮,使标签和文本框分离,然后单击页面页眉中的任一位置,单击工具栏上的"粘贴"按钮,并在"页面页眉"节中移动标签的位置与文本框垂直对齐。选中文本框控件,修改文本框的"控件来源"属性为"＝Year(Date())－Year([工作日期])",如图 5-46 所示。

图 5-46　计算控件的属性设置

③ 单击工具栏上的"视图"按钮,切换到打印预览视图查看数据的显示效果,如图 5-47 所示,保存报表。

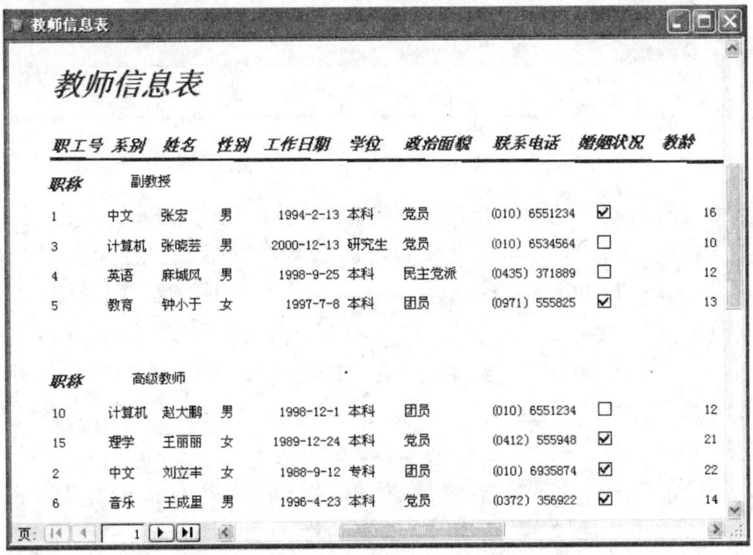

教师信息表

职工号	系别	姓名	性别	工作日期	学位	政治面貌	联系电话	婚姻状况	教龄
职称	副教授								
1	中文	张宏	男	1994-2-13	本科	党员	(010) 6551234	☑	16
3	计算机	张晓芸	男	2000-12-13	研究生	党员	(010) 6534564	☐	10
4	英语	麻城凤	男	1998-9-25	本科	民主党派	(0435) 371889	☐	12
5	教育	钟小于	女	1997-7-8	本科	团员	(0971) 555825	☑	13
职称	高级教师								
10	计算机	赵大鹏	男	1998-12-1	本科	团员	(010) 6551234	☐	12
15	理学	王丽丽	女	1989-12-24	本科	党员	(0412) 555948	☑	21
2	中文	刘立丰	女	1988-9-12	专科	团员	(010) 6935874	☑	22
6	音乐	王成里	男	1996-4-23	本科	党员	(0372) 356922	☑	14

页: ⅠⅣ ◀ 　1　▶ ▶Ⅰ

图 5-47　报表预览效果

5.3.4 报表统计计算

在报表中添加的计算控件可以对每条记录计算一次,如计算每个教师的教龄,也可以对报表中每个组或整个报表的信息进行汇总计算。

【例题 5-10】 在教师信息报表中添加计算控件用于统计每种职称的教师人数,并计算该职称人数在所有教师中所占的百分比。

【例题解析】 在报表中进行汇总计算时,首先要按相应的字段对报表进行分组,然后对每个组或整个报表的数据进行汇总计算。

操作步骤如下:

① 在"数据库"窗口中,单击对象栏中的"报表",然后选中"教师信息表"报表,单击"数据库"窗口工具栏上的"设计"按钮,打开其设计视图,如图 5-48 所示。该报表中的数据按职称字段进行分组显示。

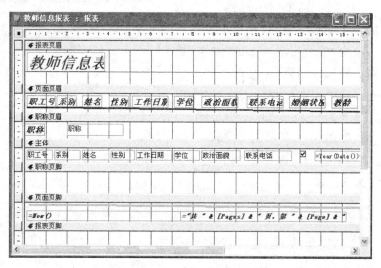

图 5-48 按职称分组的设计视图

② 添加计算每种职称人数的文本框,单击工具箱中的"文本框"按钮,在"职称页脚"节中添加一个文本框控件,修改文本框控件的附加标签的"标题"属性为"职称人数"。选中该文本框控件,修改文本框的"名称"属性为"职称人数","控件来源"属性为"＝Count(*)",属性如图 5-49 所示。

③ 添加计算所有教师人数的文本框,在"报表页脚"节中添加一个文本框控件,修改文本框控件的附加标签的"标题"属性为"总教师数"。选中文本框控件,修改文本框的"名称"属性为"总人数","控件来源"属性为"＝Count(*)"。

④ 添加计算所占百分比的文本框,在"职称页脚"节中添加一个文本框控件,修改文本框控件的附加标签的"标题"属性为"占总教师数的百分比",选中文本框控件,"控件来源"属性为"＝[职称人数]/[总人数]","格式"属性设为"百分比",如图 5-50 所示。

⑤ 关闭文本框的属性对话框,报表的设计视图下计算控件的添加效果如图 5-51 所示。

图 5-49　统计职称人数的文本框属性

图 5-50　计算百分比的文本框属性

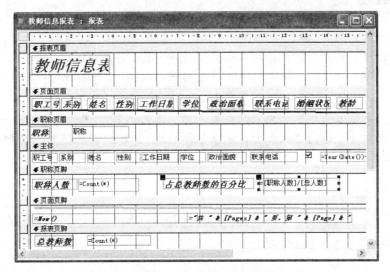

图 5-51　设计视图计算控件的效果

⑥ 单击工具栏上的"视图"按钮,切换到打印预览视图查看计算控件的显示效果,如图 5-52 所示,保存报表。

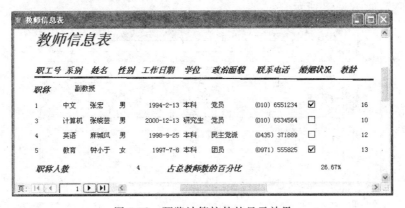

图 5-52　预览计算控件的显示效果

注意:在报表中常用的汇总计算包括总计(Sum 函数)、平均值(Avg 函数)、计数(Count 函数)、最大值(Max 函数)、最小值(Min 函数)。在报表中计算控件的添加位置不同,得到不同范围的计算结果:

• "主体"节中的计算控件对每条记录进行计算。

- 组页眉/页脚中的计算控件对每一组记录进行汇总计算。
- 报表页眉/页脚中的计算控件对整个报表所有的记录进行汇总计算。

5.4 设计复杂报表

5.4.1 创建主/子报表

类似于窗体,在制作报表过程中有时也需要在显示或者打印某一个记录的同时,将与此记录相关的信息按照一定的格式一同打印出来,这就需要使用到子报表功能。与子报表相对应的称为主报表。子报表是插入在主报表中的报表,存储时分开存放,使用时可以合并在一起显示。在显示和主报表相关信息时,子报表必须和主报表相连接,才能确保子报表中显示的数据和主报表中显示的数据相关。Access 提供了两种创建子报表的方式:一是在现有的报表上通过子报表控件创建子报表;二是将现有的报表添加到其他报表中成为其子报表。

1. 子报表控件

我们先通过例题介绍第一种方法,在现有的报表上通过子报表控件创建子报表。

【例题 5-11】 为"学生基本信息表"报表创建子报表,子报表显示该学生选修的课程及成绩信息。

【例题解析】 可以通过工具箱中的"子窗体/子报表"控件创建子报表。

操作步骤如下:

① 在报表对象窗口中打开"学生基本信息表"报表,并切换到设计视图,并增加"主体"节的高度,如图 5-53 所示。

图 5-53 报表的设计视图

② 在工具箱中找到"子窗体/子报表"控件,在控件向导打开的状态下在报表的"主体"节添加子报表的位置处按住鼠标左键拖动适当的大小。

③ 松开鼠标后出现如图 5-54 所示的向导对话框。在该对话框中指定子报表的数据来源,如果需要新建子报表,选择"使用现有的表和查询"选项;如果数据来源是已有的报表,则选择"使用现有的报表和窗体"选项,并在列表框中选择相应的报表和窗体。

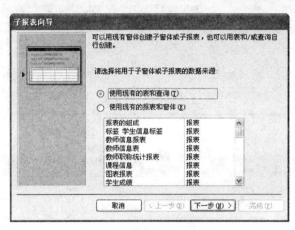

图 5-54　子报表的数据来源

④ 选择"使用现有的表和查询"后,单击"下一步"按钮。在弹出的对话框中"表/查询"下拉列表中首先选择"学生课程信息表"表,并且添加表中的"课程名称"字段到"选定字段"列表框中,然后在"表/查询"列表中继续选择"学生成绩表",并且添加表中的"成绩"字段到"选定字段"列表框中,如图 5-55 所示。

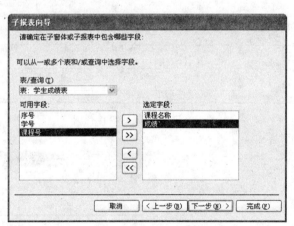

图 5-55　选定子报表的字段

⑤ 单击"下一步"按钮,在对话框中确定主报表和子报表的对应关系,如图 5-56 所示。

⑥ 单击"下一步"按钮,在对话框中输入子报表的名称"学生成绩子报表",然后单击"完成"按钮,调整好子报表控件各元素的位置,如图 5-57 所示。此时子窗体/子报表控件的属性设置如图 5-58 所示。

⑦ 单击"预览"按钮,即可查看子报表的情况,如图 5-59 所示。

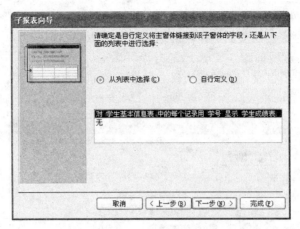

图 5-56　设置主/子报表之间的对应字段

图 5-57　子报表的设计视图

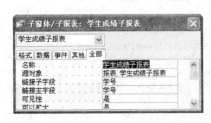

图 5-58　子窗体/子报表控件的属性设置

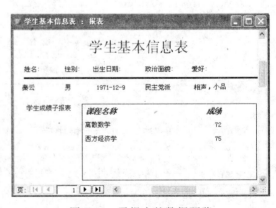

图 5-59　子报表的数据预览

注意：在步骤④中确定子报表包含的字段时，可以从一个或多个表/查询中选择字段。

2．将已有报表添加到其他报表

创建子报表的第二种方法是将现有的报表添加到其他报表中成为其子报表。通常采用拖动的方法即可。

【例题5-12】 将"学生成绩"报表加入到"课程信息"报表中作为子报表。

操作步骤如下：

① 以学生成绩表作为数据的来源表或查询，建立表格式的"学生成绩"报表，然后关闭此报表。

② 以学生课程信息表作为数据的来源表或查询，建立"课程信息"报表，并切换到设计视图。

③ 将"学生成绩"报表拖曳到"课程信息"报表中，并调整子报表的位置、大小，如图5-60所示。

④ 切换到"打印预览"视图查看数据的显示效果，如图5-61所示。

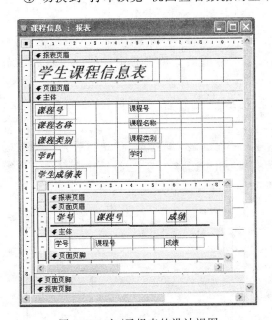

图5-60　主/子报表的设计视图

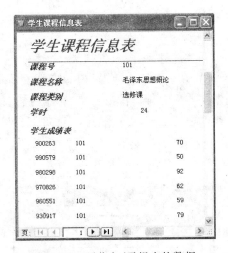

图5-61　预览主/子报表的数据

注意：

① 如果需要预览数据时显示子报表中数据对应的字段名称，则在创建子报表时将显示字段名称的标签放置在"报表页眉"节即可。即在图5-60中将子报表中显示学号、课程号、成绩的标签从"页面页眉"节移动到"报表页眉"节。

② 与主/子窗体相同，连接主报表和子报表的字段可以不显示，但必须存在于主报表和子报表的记录源中。

5.4.2 创建多列报表

报表中的数据如果只取了数据库中的少量字段，在打印或预览时数据会集中在页面的左侧，而右侧是空白，这样造成一定的浪费。Access 提供的多列报表可以将左侧的数据移动一部分到右侧显示。

【例题 5-13】 仿照标签报表，使用多列报表将学生的"姓名"、"性别"显示在报表上，在 A4 纸上显示两列。

【例题解析】 可以通过"文件"菜单中的"页面设置"选项设置多列显示。

操作步骤如下：

① 在"数据库"窗口中单击"报表"对象，双击"在设计视图中创建报表"项，新建空白报表。

② 右击报表选择器，选择弹出菜单中的"属性"项，打开"报表"属性对话框。在属性对话框中选择"数据"选项卡，在"记录源"后面的下拉列表框中选择"学生基本信息表"，此时将出现字段列表。

③ 从出现的字段列表中选择"姓名"、"性别"字段拖到报表的"主体"节中，然后将附加标签剪切到"页面页眉"节中显示，在"页面页眉"节再添加一个标签控件，其"标题"属性修改为"学生信息"，并修改标签的字号都为 14，然后适当调整报表中控件的位置和各节的高度，如图 5-62 所示。

④ 选择"文件"菜单中的"页面设置"选项，显示"页面设置"对话框，单击"页"选项卡，打印方向选择"纵向"，纸张大小为"A4"。

⑤ 单击"列"选项卡，列数后的文本框中输入"2"，列布局处选择"先行后列"，即数据会先排满第一行再排第二行，再第三行，以此类推；如果选择"先列后行"，则数据会先排第一列再排第二列，以此类推。行间距、列间距和列尺寸设置如图 5-63 所示。

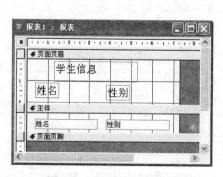

图 5-62 报表的设计视图

图 5-63 "页面设置"对话框

⑥ 单击"确定"按钮后，切换到打印预览视图可以看到如图 5-64 所示的效果。

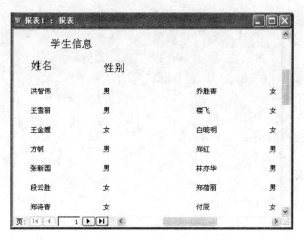

图 5-64　多列报表

小　　结

本章介绍了报表的相关概念、各种不同类型报表的创建、报表中记录的排序和分组及对分组数据的统计,报表的格式的修改,最后学习了子报表和多列报表的创建。

(1) 报表的相关概念。了解报表的概念和作用,报表的组成部分及作用和添加方法,报表的分类,报表的视图等相关概念。

(2) 报表的创建。掌握各种报表的创建方法,包括自动创建报表、窗体向导、设计视图等。

(3) 报表的排序和分组。在报表中,经常需要对报表中打印的数据进行排序和分组,并对分组后的数据进行汇总计算,特别注意当汇总计算的文本框放置在不同的节中所实现的汇总数据的意义是不同的。

(4) 子报表和多列报表的创建。介绍了子报表和多列报表的创建方法。

习　题　5

一、单项选择题

1. 对报表数据源的设置,下面说法正确的是(　　　)。
   A. 只能是表　　　　　　　　　　　B. 只能是查询
   C. 既可以是表也可以是查询　　　　D. 以上都不对

2. 报表设计中,以下控件可以绑定控件显示普通字段数据的是(　　　)。
   A. 文本框　　　　　B. 标签　　　　　C. 图像控件　　　　D. 命令按钮

3. 报表每一页的底部都输出的信息,需要设置(　　　)。

A. 页面页眉　　　　　B. 页面页脚　　　　　C. 报表页眉　　　　　D. 报表页脚

4. 报表是以（　　　）的格式表现用户数据的一种方式。

A. 视图　　　　　B. 显示　　　　　C. 文档　　　　　D. 打印

5. 如果要设置整个报表的格式,应单击相应的（　　　）。

A. 报表选择器　　　　　　　　　B. 报表设计器

C. 节选定器　　　　　　　　　　D. 报表设计器或报表背景

6. Access 中,创建报表的方式为（　　　）。

A. 使用自动报表功能　　　　　　B. 使用向导功能

C. 使用设计视图　　　　　　　　D. 前三项均是

7. 计算型控件的数据来源是（　　　）。

A. 表　　　　　B. 查询　　　　　C. 计算表达式　　　　　D. 以上都是

8. 报表页眉主要是（　　　）。

A. 数据　　　　　B. 标题　　　　　C. 汇总说明　　　　　D. 分组名称

9. 如果要使报表的标题在每一页都显示,那么应设置在（　　　）。

A. 报表页眉　　　　　B. 页面页眉　　　　　C. 组页眉　　　　　D. 以上都不对

10. 用于查看报表中数据的输出形式的视图是（　　　）。

A. 设计视图　　　　　B. 打印预览　　　　　C. 报表预览　　　　　D. 版面预览

11. 下列不属于报表视图的是（　　　）。

A. 设计视图　　　　　B. 打印预览视图　　　C. 数据表视图　　　　　D. 版面预览视图

12. 报表类型中不包括（　　　）。

A. 数据表　　　　　B. 图表　　　　　C. 纵栏式　　　　　D. 表格式

13. 一个报表最多可以对（　　　）个字段或表达式进行分组。

A. 4　　　　　B. 6　　　　　C. 8　　　　　D. 10

14. 创建报表时,可以设置（　　　）对记录进行排序。

A. 字段　　　　　B. 表达式　　　　　C. 字段或表达式　　　　　D. 关键字

15. 在报表中显示时间时,Access 将在报表中添加一个（　　　）,并将其"控件来源"属性设置为时间的表达式。

A. 表框控件　　　　　B. 组合框控件　　　　　C. 标签控件　　　　　D. 文本框控件

16. 报表记录分组,是指设计报表时按选定的（　　　）值是否相等而将记录划分成组的过程。

A. 记录　　　　　B. 字段　　　　　C. 域　　　　　D. 属性

17. 表格式报表的字段标题信息被安排在（　　　）节中显示。

A. 报表页眉　　　　　B. 页面页眉　　　　　C. 主体　　　　　D. 页面页脚

18. 最常用的计算控件是（　　　）。

A. 文本框　　　　　B. 组合框　　　　　C. 标签　　　　　D. 命令按钮

19. 在报表中某个文本框控件的控件来源属性设置为"＝2＋4",则在报表打印预览视图下,文本框显示的信息是（　　　）。

A. 未绑定　　　　　B. 6　　　　　C. 2＋4　　　　　D. 出错

20. 要在报表中显示日期,则用于显示日期的文本框的控件来源属性设置为( )。

    A. date()　　　　　B. =date()　　　　　C. time()　　　　　D. =time()

21. 以下叙述正确的是( )。

    A. 报表只能输入数据　　　　　　　　B. 报表只能输出数据

    C. 报表可以输入和输出数据　　　　　D. 报表不能输入和输出数据

22. 要实现报表的分组统计,其操作区域是( )。

    A. 报表页眉或报表页脚区域　　　　　B. 页面页眉或页面页脚区域

    C. 主体区域　　　　　　　　　　　　D. 组页眉或组页脚区域

23. 要设置只在报表最后一页主体内容之后输出的信息,需要设置( )。

    A. 报表页眉　　　　B. 报表页脚　　　　C. 页面页眉　　　　D. 页面页脚

24. 要显示格式为"页码/总页数"的页码,应当设置文本框的控件来源属性值为( )。

    A. [page]/[pages]　　　　　　　　　B. =[page]/[pages]

    C. [page]& "/" &[pages]　　　　　　D. =[page]& "/" &[pages]

25. 计算型控件的控件源必须以( )开头。

    A. .　　　　　　　　B. <　　　　　　　　C. =　　　　　　　　D. >

二、填空题

1. 在 Access 2000 中,自动创建报表向导分为_____和表格式两种。

2. 报表中页眉/页脚的添加一般需成对显示,只有_____可以单独添加使用。

3. Access 提供了 6 种预定义的格式:大胆、_____、_____、_____、组织和随意。

4. 报表一般可以由报表页眉、页面页眉、_____、_____、_____节组成,根据需要可以缺省某些节,但是_____节是必不可少的组成部分。

5. 页眉/页脚的内容在报表的_____打印输出。

6. 目前经常使用的报表有 4 种,它们是纵栏式报表、表格式报表、图表式报表和_____。

7. 要设计出带有表格线的报表,需要向报表中添加_____控件来实现表格线的显示。

8. _____主要用于对数据库中的数据进行分组、计算、汇总和打印输出。

9. 报表标题一般放在_____。

10. 纵栏式报表的字段标题信息被安排在_____节中显示。

三、设计题

1. 按下面的要求创建报表:

(1)用自动创建报表向导创建基于学生课程信息表的表格式报表。

(2)用自动创建报表向导创建基于学生基本信息表的纵栏式报表。

2. 创建基于学生基本信息表的报表，报表中显示"学号"、"姓名"、"性别"、"出生日期"、"入学日期"及"政治面貌"字段，然后将报表中记录的次序首先按"入学日期"的升序排列，对入学日期相同的记录按学号升序排列。

3. 创建报表，用于显示每门课程的所有学生的成绩信息，包括"姓名"、"课程名称"和"成绩"字段，并统计每门课程的所有学生的最高分、最低分和平均成绩。

4. 创建基于学生基本信息表的报表，报表中显示"学号"、"姓名"、"性别"、"出生日期"、"政治面貌"字段，并计算男生、女生的人数和男生、女生人数在总人数中所占的百分比。

第6章

数据访问页

学习目标

(1) 了解数据访问页概念,Access 与静态 Web 页,Access 与动态 Web 页;

(2) 掌握数据访问页的创建、修改方法;

(3) 掌握使用 Access 提供的控件创建数据访问页的方法。

随着因特网的迅速发展和广泛应用,因特网已成为信息社会的一个重要的组成部分。这要求 Microsoft Access 跨网络存储和发送数据。Access 2003 提供了数据访问页,数据访问页是一种特殊的 Web 页,它允许用户使用 IE 查看和使用数据,给用户提供了跨因特网或内联网访问动态(实时)和静态(不可更新)信息的能力。本章简要介绍 Access 2003 数据访问页的概念及自动创建的方法,讨论使用控件手工制作数据访问页,并进行格式设置。

6.1　认识数据访问页

6.1.1　数据访问页的概念

数据访问页是特殊类型的 Web 页,用于查看和处理来自 Internet 或 Intranet 的数据。数据访问页的数据来源可以是表或数据库中已存在的查询对象,这些数据存储在 Microsoft Access 数据库或 Microsoft SQL Server 数据库中。数据访问页也可以包含其他来源的数据,如 Microsoft Excel。

6.1.2　数据访问页的页视图

页视图又称数据页视图,是查看所生成的数据访问页样式的视图方式,用于查看数据访问页的效果,并能通过数据访问页界面浏览或修改数据库中的数据。使用过程中,经常需要在视图中进行切换,如图 6-1 所示。

图 6-1　"视图"工具栏

6.1.3 数据访问页的设计视图

在设计视图内可以新建数据访问页或修改现存的数据访问页。设计视图是创建与设计数据访问页的一个可视化的集成界面,以设计视图方式打开数据访问页通常是要对数据访问页进行修改,例如想要改变数据访问页的结构或显示内容等。在"数据库"窗口(如图 6-2 所示)中选择"在设计视图中创建数据访问页"或者单击"新建"按钮,在"新建数据访问页"对话框(如图 6-3 所示)中选择"设计视图",进入设计视图(如图 6-4 所示)。

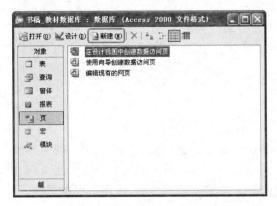
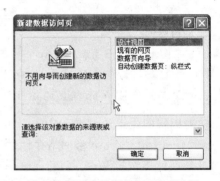

图 6-2　"数据库"窗口中"页"选项和"新建"按钮　　　　图 6-3　"新建数据访问页"对话框

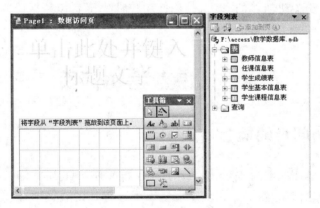

图 6-4　数据访问页的设计视图

设计数据访问页与设计窗体类似,所以在窗体中使用的各项工具及技巧,几乎都适用于数据访问页。不过因为数据访问页最终目的是显示在网页中,所以属性窗口、字段列表与工具箱等与窗体、报表略有不同。

6.1.4 在 IE 中查看数据访问页

数据访问页制作完成后,将被发布到网络上,网络用户可以通过 Internet 远程打开数据访问页,并通过它浏览或更新数据库内的数据。

在 IE 中查看数据访问页的方式有两种:使用 Web 预览和直接打开。在"数据库"窗口中,选择已有的一个数据访问页,右击,在快捷菜单中选择"Web 页预览"命令,即可在 IE 浏览器中显示数据访问页。如果当前正处于数据访问页的设计视图,可直接执行"文件"菜单中的"Web 页预览"命令,或选择"视图"工具栏上的"网页预览"按钮。

6.2 创建数据访问页

自动创建数据访问页是创建数据访问页最快捷的方法。该方法的优点是 Access 将自动完成所有创建工作,用户不用做任何设置。但是 Access 数据库提供的自动创建数据访问页方式只支持纵栏式一种格式。利用这种方式生成数据页后通常还需要在设计视图内进行适当的修改以达到用户满意的要求。

1. 自动创建数据访问页

【例题 6-1】 创建基于学生基本信息表的数据访问页。

(1)打开教学数据库,在"数据库"窗口中,单击对象中的"页",如图 6-2 所示。

(2)在"数据库"窗口工具栏中,单击"新建"按钮,显示"新建数据访问页"对话框,如图 6-3 所示。

在此对话框中,选择右边列表框中的"自动创建数据页:纵栏式"项;然后在"请选择该对象数据的来源表或查询:"右侧的下拉列表中,选择"学生基本信息表"作为该数据访问页的数据源,如图 6-5 所示。

(3)单击"确定"按钮,屏幕上将出现"学生基本信息表"数据页视图,如图 6-6 所示。

(4)在"新建数据访问页"对话框中,单击"确定"按钮,打开"另存为数据访问页"对话框,如图 6-7 所示。

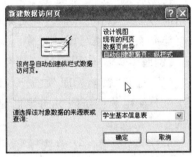

图 6-5 选择自动创建数据页

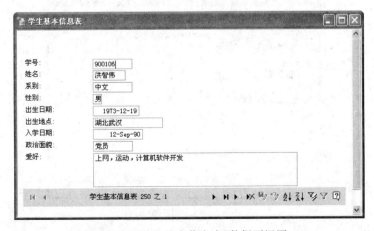

图 6-6 "学生基本信息表"数据页视图

图 6-7　"另存为数据访问页"对话框

（5）在"另存为数据访问页"对话框中，输入新创建的数据访问页名称（学生基本信息表），单击"保存"按钮，结束数据访问页的创建。

2. 使用向导创建数据访问页

在 Access 2003 中提供了用于创建数据访问页的向导，可以快速创建数据访问页。使用向导创建数据访问页，确定数据访问页的数据源，并可以对数据进行分组，从而完成数据访问页的创建与设计工作。

【例题 6-2】　使用向导创建基于教师信息表的数据访问页。

（1）打开"教学管理"数据库，在"数据库"窗口中，单击对象中的"页"，如图 6-2 所示。

（2）使用数据访问页向导创建数据访问页。打开数据访问页向导有两种方法，可以任选其一来创建。

方法一：在图 6-2 中选择"使用向导创建数据访问页"，弹出如图 6-8 所示的"数据页向导"对话框，在"表/查询"列表框中选择"教师信息表"，确定数据页上使用哪些字段。

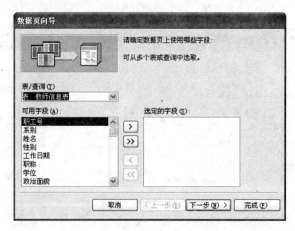

图 6-8　"数据页向导"对话框

方法二：在图 6-2 中单击"新建"按钮,弹出"新建数据访问页"对话框,在右侧的列表中选择"数据页向导",在"请选择该对象数据的来源表或查询:"右侧的下拉列表中,选择"教师信息表"作为该数据访问页的数据源,再单击"确定"按钮,即弹出如图 6-8 所示的"数据页向导"对话框。

　　(3) 将"数据页向导"对话框中左侧"可用字段"列表框中的字段添加到右侧"选定的字段"列表框中,即确定在教师信息表中哪些字段作为数据访问页要显示的字段。单击 >> 按钮,把"可用字段"列表框中的全部字段添加到"选定的字段"列表框中。

　　(4) 单击"下一步"按钮,屏幕上将出现"是否添加分组级别"对话框,如图 6-9 所示。

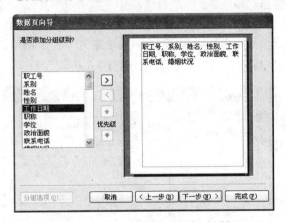

图 6-9　"是否添加分组级别"对话框

　　在左侧字段列表框中选择"工作日期"字段,单击 > 按钮,在右侧的示例样式框中将显示以"工作日期"字段进行分组的情况。此时如图 6-10 所示左下侧的"分组选项"按钮变成可用状态,单击"分组选项"按钮进行具体分组设置,如图 6-11 所示,在"分组间隔"组合框中选择"年",单击"确定"按钮以后,得到如图 6-10 所示的结果。

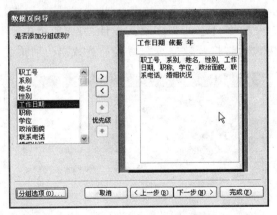

图 6-10　添加分组级别结果

　　在数据访问页中可以通过分组将同类信息归结在一起。分组数据页可以实现交互功能,可以通过电子邮件实现电子发布,能够随时反映数据的变化。但是,需要注意,设置了分组后的数据访问页不允许进行数据的修改,只能用于浏览数据或进行筛选排序等操作。

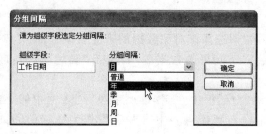

图 6-11 "分组间隔"对话框

当然，也可以不添加分组，在图 6-9 所示对话框中直接单击"下一步"按钮进入第五步。

（5）单击"下一步"按钮，屏幕上将出现"确定排序次序"对话框，如图 6-12 所示。如果不需要排序，直接单击"下一步"按钮跳过这一步即可。在本例中，可以在组合框中选择"职工号"字段，并通过单击"升序"按钮，来选择排序方式。

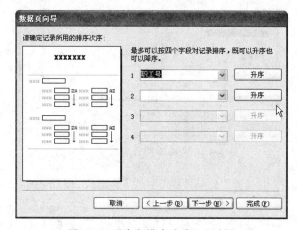

图 6-12 "确定排序次序"对话框

（6）单击"下一步"按钮，输入数据页的名称"教师信息表"，如图 6-13 所示。在"请确定是要在 Access 中打开数据页还是要修改其设计："选项组中默认选择的是"修改数据页的设计"。在本例中，选择"打开数据页"，直接预览数据访问页。

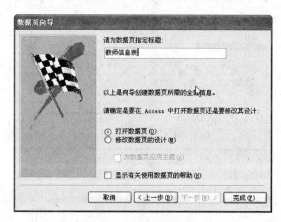

图 6-13 "指定标题"对话框

（7）单击"完成"按钮，屏幕上将出现"教师信息表数据访问页"的预览窗口，如图 6-14 所示。由于在数据页中对"工作日期"字段进行了分组，所以在"教师信息表数据访问页"的预览窗口中，可以单击"扩展"图标田，查看其分组情况，如图 6-15 所示。

图 6-14　"教师信息表数据访问页"的预览窗口

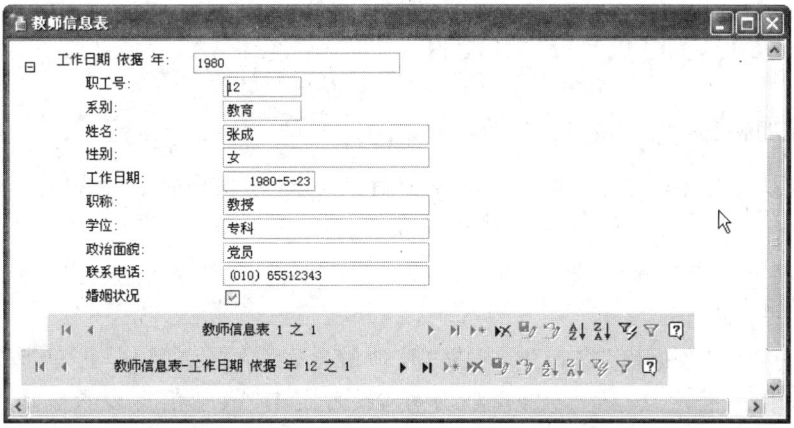

图 6-15　扩展后的数据页视图

这样就完成了使用向导创建"教师信息表"数据访问页的工作。

6.3　编辑数据访问页

6.3.1　数据访问页的工具箱

对于已经建立好的数据访问页，可以通过打开它的设计视图进行编辑，可以利用数据访问页工具箱（如图 6-16 所示）添加标签、命令按钮、滚动文字，设置背景，添加 Office 数据透视表。

数据访问页的工具箱与窗体设计视图的工具箱相比，同样具有三种最常见的普通控件：标签控件、命令按钮和文本框控件。另外还有几种特殊控件，见表 6-1。

将工具箱里面的某个控件加入数据访问页，可先单击该控件，再将其拖曳到数据访问页中适当的位置，画出一个适当大小的矩形，这个矩形就是该控件外轮廓的位置，最后根据需要调整控件的大小。

图 6-16　数据访问页的工具箱

表 6-1 数据访问页工具箱中几种特殊控件

控　　件	作　　用
滚动文字	文字在控件范围内滚动,增加网页的生动性
扩展按钮	使分组的数据显示或者收拢,增强数据显示的条理性
Office 数据透视表	动态计算绑定数据集的特定字段统计数据并显示,增强网页的统计功能
Office 图表	以图表的形式显示绑定数据集的特定字段的统计数据,增强网页的统计功能
Office 电子表格	以电子表格的形式显示绑定数据集的数据,增强网页的统计功能
超链接	绑定数据库的超链接字段,增强网页的动态性
图像超链接	图像形式的超链接,增强网页的动态性
影片	播放电影片段,增强网页的活泼性

6.3.2　数据访问页的常用控件

1.　添加标签

【例题 6-3】　打开例题 6-2 建立好的"教师信息表"数据访问页,用设计视图来编辑该数据访问页,为其添加标签,作为该数据访问页的标题。

(1)打开"教学管理"数据库,在"数据库"窗口中进入"教师信息表"数据访问页的设计视图,方法有两种。

方法一:在"数据库"窗口中,选择"教师信息表"数据访问页,再单击"数据库"窗口工具栏中的"设计"按钮,如图 6-17 所示;或者右击"教师信息表数据访问页"项,在弹出的快捷菜单中选择"设计视图"菜单项,如图 6-18 所示,进入设计视图,如图 6-19 所示。

图 6-17　进入设计视图

方法二:在"数据库"窗口中,在右侧的列表对象窗口中双击"编辑现有的网页"项,在弹出的"定位网页"窗口中找到"教师信息表数据访问页"的保存位置,单击"打开"按钮即可,如图 6-20 所示,进入图 6-19 所示的设计视图。

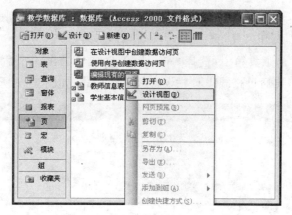

图 6-18　通过快捷键进入设计视图

图 6-19　"教师信息表数据访问页"的设计视图

图 6-20　通过"编辑现有网页"菜单进入设计视图

（2）添加标签。通过工具箱添加标签，如果工具箱没有显示，则通过"页设计"工具栏的"工具箱"按钮，打开工具箱。

在图 6-16 所示的工具箱中，选择 Aa 控件，拖动鼠标画出一个适当大小的矩形，输入"教师信息表信息"，再通过格式工具栏设计其字体格式，如图 6-21 所示。

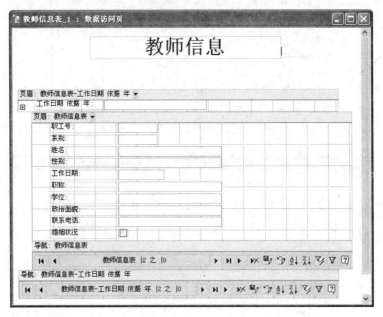

图 6-21　添加标签控件

（3）单击"保存"按钮，可以通过切换到页面视图查看其效果。

2. 添加命令按钮

【例题 6-4】　打开例题 6-2 建立好的"教师信息表"数据访问页，用设计视图来编辑该数据访问页，为其添加"第一项"、"上一项"、"下一项"、"最后一项"4 个命令按钮，使其具有"转至第一项记录"、"转至上一项记录"、"转至下一项记录"、"转至最后一项记录"的功能。

（1）打开教学管理数据库，在"数据库"窗口中进入"教师信息表"数据访问页的设计视图。

（2）打开工具箱，确定工具箱中的"控件向导"按钮处于选中状态，单击工具箱中的"命令"按钮，将其拖动到数据访问页上要添加命令按钮的位置。

（3）设置命令按钮的动作。松开鼠标左键会自动弹出"命令按钮向导"对话框，如图 6-22 所示，在该对话框的"类别"框中选择"记录导航"，在"操作"框中选择"转至第一项记录"。

（4）单击"下一步"按钮，设置按钮上面显示文本或是图片，本例选择文本，并在文本框中输入"第一项"，如图 6-23 所示。

（5）单击"下一步"按钮，在出现的对话框中输入按钮的名称为"第一项"，如图 6-24 所示。

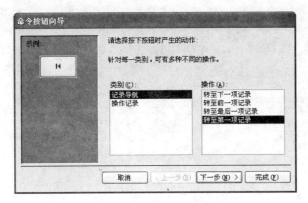

图 6-22 选择命令按钮产生的动作

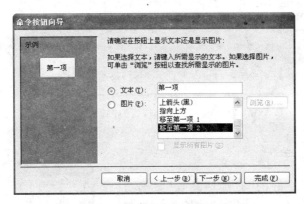

图 6-23 确定按钮上显示文本

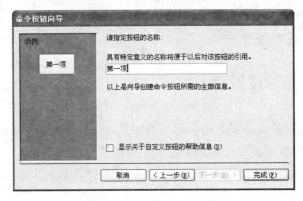

图 6-24 指定按钮的名称

（6）单击"完成"按钮，即完成了第一个按钮的添加。

（7）用鼠标调整命令按钮的大小和位置。右击"命令"按钮，在弹出的快捷菜单中选择"元素属性"命令，打开命令按钮的属性窗口，调整命令按钮的透明度和字体大小。

（8）重复上述步骤，在该页中添加其他三个命令按钮，实现相应功能。

（9）保存"教师信息表"数据访问页，最终结果如图 6-25 所示。

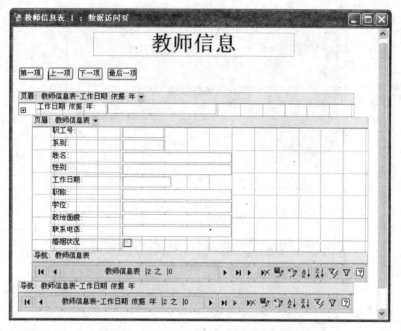

图 6-25 增加了命令按钮的数据访问页

3. 添加滚动文字

打开例题 6-4 建立好的"教师信息表"数据访问页,在适当位置放置一个"滚动文字"控件。在其属性窗口中,将控件来源属性设置为"职工号",如图 6-26 所示。切换到页视图,可以看到网页上,当前记录的"职工号"字段内容不断在网页上滚动。

图 6-26 设置"滚动文字"控件的属性

6.3.3 使用主题与设置背景

可以通过主题与背景来设置数据访问页的效果,在 Access 中系统提供了很多主题样式,可以直接利用。下面通过一个实例来说明主题的使用方法。

【例题 6-5】 为例题 6-4 建立好的"教师信息表"数据访问页添加主题,使其显示效果美观。

(1) 以设计视图方式打开"教师信息表"数据访问页,选择格式菜单中的"主题"命令,系统将弹出"主题"对话框,如图 6-27 所示。

(2) 在"请选择主题"列表框中选择所需的主题,在右侧的预览框中可以看到当前所选主题的效果。将主题应用于数据访问页时,可以自定义以下元素:正文和标题样式、背景颜色或图形、表边框颜色、水平线、项目符号、超链接颜色以及控件;也可以选择相应的选项对文本和图形应用亮色,使某些主题图形具有动画效果,以及对数据访问页应用背

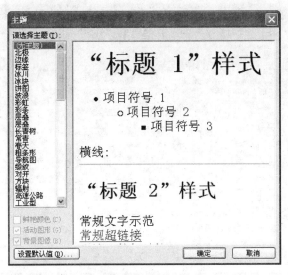

图 6-27 "主题"对话框

景。在本例中,选择"彩条"主题。

(3) 在主题样式的下方设置相关的复选框,以及确定主题是否使用鲜艳颜色、活动背景和背景图像。

(4) 单击"确定"按钮,所选择的主题就会应用于当前数据访问页,效果如图 6-28 所示。

图 6-28 增加了主题的数据访问页

在数据访问页的设计视图中,右击数据访问页的某一部分,在弹出的快捷菜单中选择"填充/背景色"菜单项来设置背景,如图 6-29 所示。

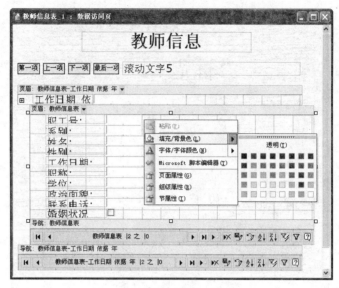

图 6-29　设置背景

1. 修改数据访问页的分组信息

和报表一样,在数据访问页上也可以添加分组以排列数据信息和显示统计数据。

【例题 6-6】 修改"学生基本信息表"数据页的分组信息。

(1)打开教学管理数据库,单击"页"对象,双击"使用向导创建数据访问页"命令打开"数据页向导"对话框,在对话框内分别选择学生信息表的"学号"和"姓名"字段;课程信息表中的"课程名称"字段;学生成绩表中的"成绩"字段,如图 6-30 所示。

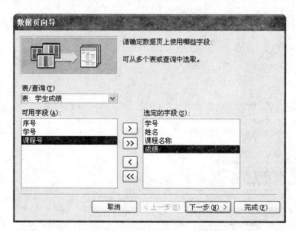

图 6-30 "数据页向导"对话框—确定使用的字段

(2)单击"下一步"按钮,进入下一个向导页面,在其中添加"学号"字段分组,如图 6-31所示。

(3)单击"下一步"按钮,进入"使用向导创建数据访问页"的第三步,如图 6-32 所示,选择按"课程名称"字段升序排列。

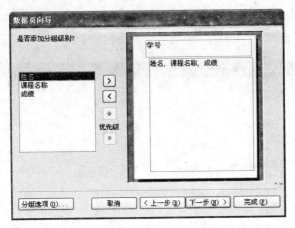

图 6-31　"数据页向导"对话框—添加分组

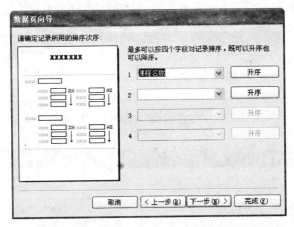

图 6-32　"数据页向导"对话框—确定排序字段和次序

　　（4）单击"下一步"按钮，进入"使用向导创建数据访问页"的最后一个对话框，将数据页的标题设置为"学生成绩数据页"，如图 6-33 所示。

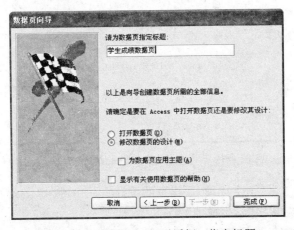

图 6-33　"数据页向导"对话框—指定标题

（5）单击"完成"按钮，结束数据页向导，生成数据页的设计视图和页面视图分别如图 6-34 和图 6-35 所示。

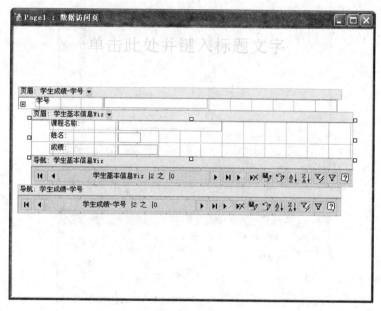

图 6-34 "学生成绩"数据页的设计页面

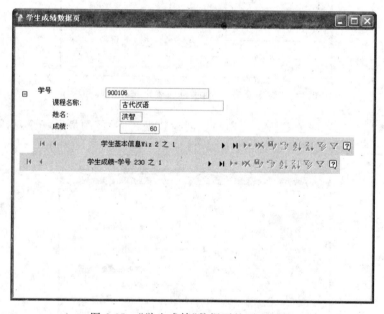

图 6-35 "学生成绩"数据页的页面视图

（6）添加标题：单击"学生成绩"数据页的设计页面中的"单击此处并键入标题文字"区域，输入数据页标题文字"学生成绩"。

（7）修改"学生成绩-学号"页眉：增加"学生成绩-学号"页眉的高度；去掉"学生成绩-

学号"页眉内的展开按钮⊞；将"姓名"、"课程名称"和"成绩"文本框的标签移动到"学生成绩-学号"页眉区域，并适当调整各对象的位置与大小，如图 6-36 所示。

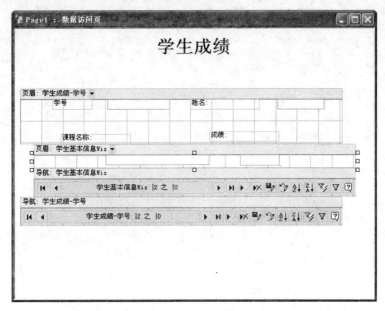

图 6-36　移动"课程号"和"成绩"文本框的标签

（8）修改"姓名"文本框标签：选择"分组的姓名"标签，单击工具栏上的"属性"按钮🖼，打开"分组的姓名"标签的属性对话框。在"其他"选项卡内将 InnerText 的属性值更改为"姓名"。

（9）减小"学生基本信息表"页眉的高度。

（10）修改"学生基本信息表"页眉的组级属性：单击"学生基本信息表"页眉的组级属性按钮▾，并单击其中的"组级属性"选项，打开"学生基本信息表"页眉组级属性对话框，如图 6-37 所示。将 DataPageSize 属性更改为"全部"，关闭属性对话框。请注意观察设置此属性后"学生成绩数据页"页面视图的变化。单击"学生基本信息表"页眉的组级属性按钮▾，去掉"记录浏览"条目。

图 6-37　"学生成绩"页眉组级属性对话框移动到"学生成绩-学号"页眉区域

（11）添加"学生成绩-学号"分组页脚：单击"学生成绩-学号"页眉的组级属性按钮▾，添加"页脚"条目。

（12）在其中添加文本框控件：选择工具栏内的文本框控件🔲（关闭控件向导），在"学生成绩-学号"分组页脚内单击添加文本框控件。选择新添加的文本框标签，单击属性按钮🖼打开标签属性对话框，在"其他"选项卡内将其 InnerText 属性设置为"平均成绩"。选择新添加的文本框，单击属性按钮🖼打开文本框属性对话框，在"数据"选项卡的 ControlSource 属性内选择"成绩"，在 TotalType 属性内选择 dscAvg。完成修改后的设计视图和页面视图分别如图 6-38 和图 6-39 所示。

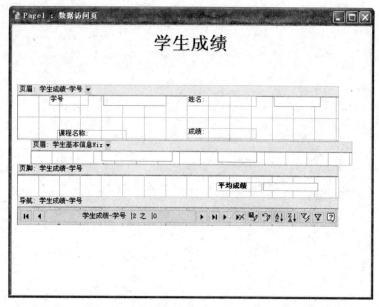

图 6-38 "学生成绩数据页"完成后的设计视图

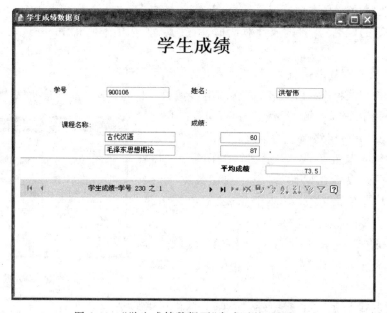

图 6-39 "学生成绩数据页"完成后的页面视图

2. 添加超链接

（1）在"页"对象窗口内选择"学生基本信息"数据页，单击"设计"按钮打开"学生基本信息"数据页设计视图。

（2）单击"工具箱"中的"超链接"按钮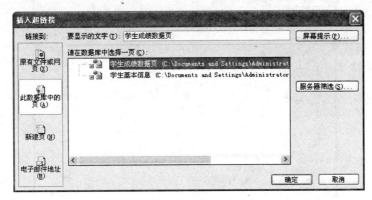，单击数据访问页下方空白处打开"插入超链接"对话框。在对话框的"链接到"栏中选择"此数据库中的页"，然后在"请在数据库中选择一页"列表框中选择"学生成绩数据页"，如图 6-40 所示。

图 6-40　"插入超链接"对话框

（3）单击"确定"按钮完成超链接的添加，添加完超链接的数据页设计视图如图 6-41 所示。

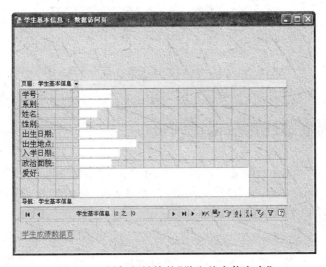

图 6-41　添加超链接的"学生基本信息表"

6.3.4　添加 Office 电子表格

在数据页中添加 Office 电子表格对象，浏览该数据页时会显示一个与 Microsoft Excel 相同的电子表格区域，可以在其中实现各种电子表格具备的功能。

单击工具箱中的"电子表格"控件，单击数据访问页中要放置电子表格控件的位置，调整电子表格控件的大小，如图 6-42 所示。单击"保存"按钮保存对"教师信息表"

数据访问页的修改。

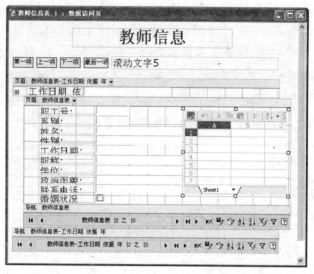

图 6-42 添加了电子表格控件的"教师信息表"数据访问页的设计视图

6.4 使用数据访问页

数据访问页一旦创建完成，就可以利用 Internet Explorer 浏览器使用数据访问页，也可以直接在 Access 系统中使用数据访问页。

6.4.1 IE 浏览器使用数据访问页

利用 Internet Explorer 浏览器可以打开 Internet 上的 Web 页，也可以打开本地计算机上的 Web 页。作为 Access 的特殊数据库对象的数据访问页，同样可以在 Internet Explorer 浏览器中使用。

【例题 6-7】 在 Internet Explorer 浏览器中打开"教学管理"数据库中的数据访问页"学生成绩数据页"。

操作步骤如下：

（1）启动 Internet Explorer 浏览器。

（2）在浏览器中选择"文件"菜单中的"打开"命令，弹出"打开"窗口。

（3）在"打开"窗口中，单击"浏览"按钮，然后选择要打开的"学生成绩数据页"，如图 6-43 所示。

（4）单击"确定"按钮，数据访问页在 IE 中被打开，如图 6-44 所示。

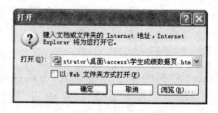

图 6-43 IE 浏览器"打开"数据页文件

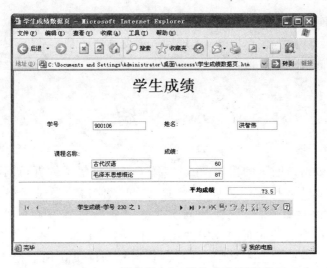

图 6-44　在 IE 浏览器中打开"学生成绩"数据页

6.4.2　利用 Access 使用数据访问页

通过例题 6-7 可以看出，Access 中的数据访问页就是窗体对象在 Internet 上的延伸。不仅数据访问页的设计方法与窗体设计方法很相似，而且数据访问页浏览、发布信息数据的方法也与窗体上浏览、发布信息的方法很相似。因此，Access 中的数据访问页也可以作为一种特殊格式的窗体在本地计算机上使用。

【例题 6-8】　利用 Access 打开教学管理数据库中的"学生基本信息"数据页。

（1）打开数据访问页所在的文件夹。

（2）在"浏览"窗口，双击要打开的"学生基本信息"数据页。进入 Internet Explorer 浏览器窗口查看数据页，如图 6-45 所示。

图 6-45　利用 Access 打开"学生基本信息"数据页

想要更好地使用 Access 的数据访问页,还要掌握一些关于 Internet Explorer 浏览器的基本使用方法。只有熟悉了 Internet Explorer 浏览器的基本功能,才能在设计和使用 Access 的数据访问页时更加自如。

小　　结

本章介绍了数据访问页的概念,并以实例的形式讲解了数据访问页不同的创建方法和编辑修改方式。数据访问页即 Web 页,提供了使用户通过网络访问数据库的途径。与数据库其他对象不同,数据访问页是独立于数据库存在的文件,在数据库的"页"窗口显示的是数据访问页的快捷方式。用户可以通过网络利用 IE 打开数据访问页,以浏览和修改数据库内的数据。通过浏览数据访问页访问数据库内的数据时,数据库不必打开。

习　题　6

一、选择题

1. 在 Internet 上,发布 Access 数据库中的数据可以通过(　　　)。
　　A. 查询　　　　　　B. 窗体　　　　　　C. 表　　　　　　D. 数据访问页

2. 如果想要改变数据访问页的结构或显示内容,应该以(　　　)方式打开数据访问页。
　　A. 页视图　　　　　B. 设计视图　　　　C. 静态 HTML　　D. 动态 HTML

3. 与窗体和报表的设计视图相比较,下列中属于数据访问页特有的控件是(　　　)。
　　A. 命令按钮　　　　B. 标签　　　　　　C. 文本框　　　　D. 滚动文字

4. Access 通过数据访问页可以发布的数据是(　　　)。
　　A. 静态数据　　　　　　　　　　　B. 在数据库中保持不变的数据
　　C. 在数据库中变化的数据　　　　　D. 数据库中保存的数据

5. 创建数据访问页的最快捷的方法是(　　　)。
　　A. 自动创建数据访问页　　　　　　B. 使用向导创建数据访问页
　　C. 使用设计视图　　　　　　　　　D. 通过现有 Web 页

6. 设计数据访问页时可以编辑现有的(　　　)。
　　A. 数据表　　　　　B. 报表　　　　　　C. Web 页　　　　D. 窗体

7. 在 Access 中所设计的数据访问页是一个(　　　)。
　　A. 独立的外部文件　　　　　　　　B. 独立的数据库文件
　　C. 数据库记录的超链接　　　　　　D. 数据库中的表

8. 使用"自动创建数据访问页"方法创建数据访问页时,Access 将创建的页保存为（　　）。

      A. WORD   B. TEXT   C. MDB   D. HTML

9. 不属于数据访问页的背景设置的是（　　）。

      A. 图片   B. 颜色   C. 声音   D. 视频

10. 数据访问页的主题是指（　　）。

      A. 对数据访问页的布局与外观的统一设计和颜色方案的集合

      B. 对数据访问页目的、内容和访问要求等的描述

      C. 数据访问页的标题

      D. 以上都不对

11. 在 Access 对象中，具有页视图的是（　　）。

      A. 查询   B. 窗体   C. 表   D. 数据访问页

12. 可以查看所生成的数据访问页样式的一种视图方式是（　　）。

      A. 页视图   B. 设计视图   C. 静态 HTML   D. 动态 HTML

13. 可以创建数据访问页的是（　　）。

      A. 查询设计器   B. 报表设计器

      C. 数据访问页设计器   D. 窗体设计器

14. 在数据访问页中，主要用来显示描述性文本信息的是（　　）。

      A. 滚动文字   B. 文字   C. 标签   D. 命令按钮

15. 为数据访问页提供字体、横线、背景图像以及其他元素的统一设计和颜色方案的集合称为（　　）。

      A. 标题   B. 背景   C. 主题   D. 样本

16. 在数据访问页中，用户可以自定义设计数据访问页背景的是（　　）。

      A. 颜色   B. 图像   C. 声音   D. 以上都是

17. 下列不属于设计创建报表、窗体、数据访问页所共有的控件是（　　）。

      A. 切换按钮   B. 复选框   C. 文本框   D. 标签

二、填空题

1. 数据访问页有两种视图方式_____和_____。

2. 当要改变数据访问页的结构时，需要以_____方式打开数据访问页。

3. 利用数据访问页，可以对数据进行_____。

4. 数据访问页是数据库的一种_____。

5. 用户使用_____方式创建数据访问页时，不需要做任何设置，所有工作将由系统自动完成。

6. 用户利用_____可以查看所创建的数据访问页。

7. 打开数据访问页的设计视图时，系统会同时打开数据访问页的_____。

8. 通过数据页访问设计器可以修改由_____和_____创建的数据访问页。

9. 在使用自定义背景颜色、图片或声音之前，必须删除已经应用的_____。

三、思考题

1. 简述什么是数据访问页。
2. 简述数据访问页与窗体的不同之处。
3. 创建一个包含"滚动标签"控件的数据访问页。
4. 列举建立数据访问页的不同方式。说明使用自动方式建立数据访问页可以使用什么格式。
5. 列举数据访问页内可以添加的除数据库数据对象以外的其他常用对象。

第7章

宏

学习目标

(1) 了解宏的基本概念；

(2) 理解宏与 Visual Basic 代码的转换方法，掌握宏创建及操作方法；

(3) 能够将多个宏组成宏组；

(4) 掌握宏的运行与调试方法。

宏(macro)是微软公司为其 Office 软件包设计的一个特殊功能。微软软件设计师们为了让人们在使用软件工作时，避免重复相同的动作而设计出来的一种工具，它利用简单的语法，把常用的动作写成宏。当工作需要时，就可以直接利用事先编好的宏自动运行，来完成特定的任务，而不必重复进行相同的操作，以达到让用户文档中的一些任务自动化。本章学习宏的相关知识，包括宏的基本概念、宏的基本操作及 Access 中如何使用宏。

7.1 宏的基本概念

7.1.1 宏的概念

宏是由一个或多个操作组成的集合，其中每个操作都实现特定的功能。当频繁地重复同一操作时，用户就可以通过创建宏来执行这些操作。例如，在窗体中创建一个命令按钮，当单击该命令按钮时，打开数据报表并打印报表。创建打开数据表并打印报表的宏，添加到窗体命令按钮的事件中即可实现上述功能。

宏是一种功能强大的工具，可用来在 Access 2003 中自动执行许多操作。通过宏的自动执行重复任务的功能，可以保证工作的一致性，还可以避免由于忘记某一操作步骤而引起的错误。宏节省了执行任务的时间，提高了工作效率。在 Access 中一共有 53 种基本宏操作，这些基本操作还可以组合成很多其他的"宏组"操作。在使用中，我们很少单独使用某个基本宏命令，常常是将这些命令排成一组，按照顺序执行，以完成特定任务。这些命令可以通过窗体中控件的某个事件操作来执行，或在数据库的运行过程中自动来执行。

7.1.2 常用宏操作

宏的操作是非常丰富的,如果只开发一个小型的数据库,不需要使用 VBA 编程,而用宏操作就可以轻易实现。宏的功能主要有:

(1) 显示和隐藏工具栏;

(2) 打开和关闭表、查询、窗体和报表;

(3) 执行报表的预览和打印操作以及报表中数据的发送;

(4) 设置窗体或报表中控件的值;

(5) 设置 Access 工作区中任意窗口的大小,并执行窗口移动、缩小、放大和保存等操作;

(6) 执行查询操作,以及数据的过滤、查找;

(7) 为数据库设置一系列的操作,简化工作。

在宏操作中有的操作没有参数(如 Beep),而有的操作必须指定参数。通常按参数排列顺序来设置操作的参数,因为选择某一参数将会决定该参数后面参数的选择。具体的设置方法后面将详细介绍。常用的宏操作如表 7-1 所示。

表 7-1　常用宏操作

宏操作	说　明
Beep	通过计算机的扬声器发出嘟嘟声
Close	关闭指定的 Microsoft Access 窗口。如果没有指定窗口,则关闭活动窗口
SetValue	对 Microsoft Access 窗体、窗体数据表或报表上的字段、控件或属性的值进行设置
Minimize	将活动窗口缩小为 Microsoft Access 窗口底部的小标题栏
OpenReport	在设计视图或打印预览中打开报表或立即打印报表。也可以限制需要在报表中打印的记录
PrintOut	打印打开数据库中的活动对象,也可以打印数据表、报表、窗体和模块
RepaintObject	完成指定数据库对象的屏幕更新。如果没有指定数据库对象,则对活动数据库对象进行更新。更新包括对象的所有控件的所有重新计算
StopMacro	停止当前正在运行的宏
MsgBox	显示包含警告信息或其他信息的消息框
GoToControl	把焦点移到打开的窗体、窗体数据表、表数据表、查询数据表中当前记录的特定字段或控件上
OpenForm	打开一个窗体,并通过选择窗体的数据输入与窗口方式,来限制窗体所显示的记录
RunMacro	运行宏。该宏可以在宏组中
Quit	退出 Microsoft Access。Quit 操作还可以指定在退出 Access 之前是否保存数据库对象
Restore	将处于最大化或最小化的窗口恢复为原来的大小
Maximize	放大活动窗口,使其充满 Microsoft Access 窗口。该操作可以使用户尽可能多地看到活动窗口中的对象

7.1.3　宏与 Visual Basic 代码的转换

在 Access 中,所有的宏都对应着 VBA 中相应的程序代码,可以将宏操作转换为 Microsoft Visual Basic 的事件过程或模块。这些事件过程或模块用 Visual Basic 代码执行与宏等价的操作。可以转换窗体或报表中的宏,也可以转换不附属于特定窗体或报表的全局宏。

【例题 7-1】 创建一个打开窗体的宏,然后将其转换成 Visual Basic 代码。

操作步骤如下:

① 打开"教学数据库"窗口,单击"宏"对象。

② 单击"新建"按钮。

③ 单击"操作"列的第一空行的下拉列表按钮,选择 OpenForm 操作,如图 7-1 所示。

图 7-1　宏的操作列表

④ 单击"操作参数"区中的"窗体名称"行,单击右侧下拉按钮,从列表中选择"学生基本信息表",如图 7-2 所示。

图 7-2　宏的操作参数

⑤ 单击"文件"菜单中的"保存"菜单项,在弹出的"另存为"对话框中的"宏名称"文本框中输入"打开学生信息表",单击"确定"按钮保存宏。

⑥ 关闭宏设计窗口,在"数据库"窗口宏对象中选择"打开学生信息表"宏,单击"工具"菜单,选择"宏"子菜单中的"将宏转换为 Visual Basic 代码"菜单项,弹出如图 7-3 所示的"转换宏"对话框,

图 7-3　"转换宏"对话框

单击"转换"按钮。转换结果如图 7-4 所示。

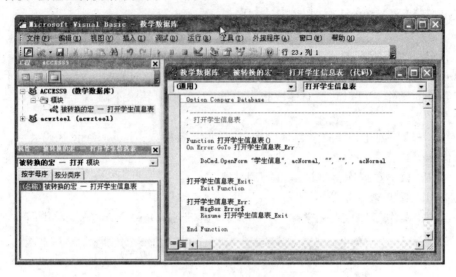

图 7-4　宏代码转换结果

7.2　创　建　宏

7.2.1　宏的设计窗口

创建宏或宏组,一般都需要在宏设计窗口中进行,因此我们先了解宏设计窗口的组成和掌握宏设计窗口的使用。在数据库窗口中,单击左侧"对象"区域中的"宏"对象,如图 7-5 所示。然后单击窗口上方的"新建"按钮,打开宏设计窗口,如图 7-6 所示。宏设计窗口可以分为上、下两部分。上部分包括宏名、条件、操作和注释 4 列,其中宏名和条件列

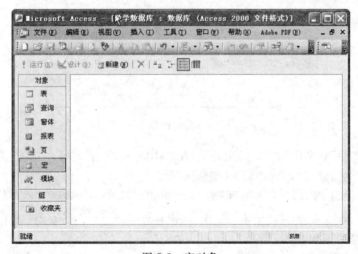

图 7-5　宏对象

默认状态下不显示,可以通过单击工具栏上的宏名和条件按钮将这两列显示出来。窗口下半部分是"操作参数"区,用于选择宏操作的对象参数。

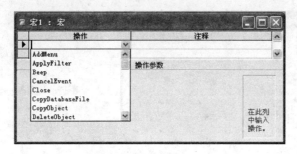

图 7-6　宏的设计窗口

在宏设计窗口的"宏名"列中用户可以为每一个基本宏指定一个名称;"条件"列用以指定宏操作的条件;"操作"列可以为每个宏选择一个或多个宏操作;"注释"列中可以进行对宏操作作必要的说明,便于日后对宏操作的理解与维护。

在"操作参数"区中,可以对每个宏操作对象的参数进行设置,选择的操作不同,其对应的参数也不同。宏设计窗口打开后会弹出一个工具栏(如图 7-7 所示),其各按钮和功能如下:

宏名:显示宏定义窗口中的"宏名"列。

条件:显示宏定义窗口中的"条件"列。

插入行:在宏定义表中设定的当前行的前面增加一空白行。

删除行:删除当前行。

运行:运行宏。

单步:单步运行宏。

生成器:设置宏的操作参数。

图 7-7　宏设计工具栏

7.2.2　宏的创建

创建宏是比较简单的,在创建中不涉及设计宏的代码,也没有太多的语法要求用户去掌握,用户只需在宏的操作设计列表中进行一些简单的选择,然后对其中的一些属性进行设置即可。下面用一个例子介绍宏的创建过程。

【例题 7-2】　在教学数据库中创建一个功能为打印预览报表的宏。

操作步骤如下:

① 打开教学数据库,单击"宏"对象。

② 单击"新建"按钮,打开如图 7-1 所示的宏设计窗口。

③ 单击"操作"列的第一空行的下拉列表按钮,选择 OpenReport 操作。

④ 单击"操作参数"区中的"报表名称"行,单击右侧下拉按钮,从列表中选择要打印预览的报表名,如教师信息表。在"视图"列表框中选择"打印预览",如图 7-8 所示。

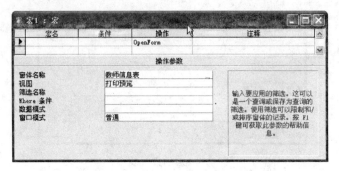

图 7-8 "打印报表"宏设计窗口

⑤ 单击"文件"菜单中的"保存"菜单项,在弹出的"另存为"对话框中的"宏名称"文本框中输入"浏览教师信息表",单击"确定"按钮保存。

创建其他的宏操作都采用相同的方法,创建宏的过程包括指定宏名、选择宏操作、设置操作参数、为操作输入注释说明,创建条件宏时还需要设置操作的条件。

创建宏时需要注意以下几点:

① 一个宏名可以只有一个宏操作,也可以包含多个宏操作。

② 参数设置时一般按照其排列的顺序进行,因为某一参数将决定该参数后面的参数。

③ 在宏的设计过程中,也可以将某些对象(如窗体、报表及它们的控件对象等)拖到宏设计窗口的操作行,快速创建一个指定数据库对象上执行操作的宏。

7.2.3 宏组的创建

对于一个复杂的操作过程,可以将多个相关宏操作组织在一起构造宏组,不需要对单个宏进行追踪。创建宏组时,将相关联的宏操作一一列出,然后给该组宏操作起个名称即可,创建方法通过例题介绍如下。

【例题 7-3】 创建一个宏组,其中包含三个宏操作,实现的功能是先执行 Beep,让计算机发出"嘟嘟"声;然后打开教师信息表;最后弹出一个信息提示框。

操作步骤如下:

① 打开教学数据库,单击"宏"对象。

② 单击"新建"按钮,打开宏设计窗口。

③ 单击宏设计工具栏中的"宏名"按钮,宏设计窗口显示"宏名"列。

④ 单击"操作"列的第一空行的下拉列表按钮,选择 Beep 操作。

⑤ 单击"操作"列的第二行的下拉列表按钮,选择 OpenTable 操作。

⑥ 单击"操作参数"区中的"表名称"行,单击右侧下拉按钮,从列表中选择"教师信息表",如图 7-9 所示。

图 7-9　宏组设计窗口

⑦ 单击"操作"列的第三行的下拉列表按钮,选择 MsgBox 操作。

⑧ 单击"文件"菜单中的"保存"菜单项,在弹出的"另存为"对话框中的"宏名称"文本框中输入"宏组",单击"确定"按钮保存。

保存宏组时,指定的名字是宏组的名字,宏组的命名方法与其他数据库对象相同,这个名字也是显示在数据库窗体中的宏和宏组列表中的名字。

7.2.4　创建条件操作宏

在数据库的操作中有时需要根据指定的条件来完成一个或多个宏操作,可以使用条件控制宏操作。创建带有条件的宏操作步骤如下:

① 新建宏,打开宏设计窗口。

② 单击"宏设计"工具栏中的"条件"按钮,在设计窗口中显示条件列。

③ 设置宏操作,在对应的宏操作条件列中编辑条件。

宏的"条件"是逻辑表达式,返回的值只能是"真"(True)或"假"(False)。运行时将根据条件结果的"真"或"假",决定是否执行宏操作。在输入条件表达式时,可能要引用窗体或报表上的控件值,其语法为:

Forms![窗体名]![控件名]　或　[Forms]![窗体名]![控件名]
Reports![窗体名]![控件名]　或　[Reports]![窗体名]![控件名]

【例题 7-4】　创建一个带有条件的宏,用于验证用户输入的密码是否正确(密码为123)。如果正确,则打开教师信息表;如果不正确,则提示出错信息。

该题中需要先建立一个用户输入密码的窗体,具体操作步骤如下:

① 打开教学数据库,单击"窗体"对象。

② 单击"新建"按钮,打开窗体设计窗口。

③ 设计一个如图 7-10 所示的"验证密码"窗体,并保存。其中窗体命名为"验证密码",文本框命名为"密码框"。

图 7-10　"验证密码"窗体

创建带有验证密码的条件宏,步骤如下:

① 在教学数据库窗口中,单击"宏"对象。单击"新建"按钮,打开宏设计窗口。单击宏设计工具栏中的"条件"按钮,宏设计窗口显示"条件"列。

② 单击"操作"列的第一空行的下拉列表按钮,选择 OpenTable 操作。单击"操作参数"区中的"表名称"行,单击右侧下拉按钮,从列表中选择"教师信息表"。

③ 在 OpenTable 操作前的"条件"列中输入表达式:[Forms]![验证密码]![密码框]="123"。

④ 单击"操作"列的第二行,选择 Maximize 操作,功能是最大化教师信息表。Maximize 操作前的条件行中输入"…"。

⑤ 单击"操作"列的第三行的下拉列表按钮,选择 MsgBox 操作,并在"条件"列中输入表达式:[Forms]![验证密码]![密码框]<>"123",如图 7-11 所示。

图 7-11　设置条件宏

⑥ 单击"文件"菜单中的"保存"菜单项,在弹出的"另存为"对话框中的"宏名称"文本框中输入"条件宏",单击"确定"按钮保存。

在宏的操作序列中,如果既含带有条件的操作又含有不带条件的操作,那么带条件的操作是否执行取决于条件表达式结果的真假,当条件为真时,执行该操作。若要继续执行下一行操作,则在紧跟有条件的下一行的"条件"栏中输入省略号(…),如上题中最大化窗口操作的条件栏。

7.3　宏的运行与调试

宏设计好后即可运行或调试,调试运行的方式有多种,主要包括直接运行某个宏,运行宏组中的宏,通过响应窗体、报表及其上控件的事件来运行宏(在事件发生时执行宏)和自动运行宏等。

7.3.1　直接运行宏或宏组

直接运行宏是指编辑好宏操作后,即单击"执行"命令来查看运行结果。下面列出直接运行宏的操作方法:

（1）从宏设计窗体中运行宏。打开宏设计窗口，单击"宏设计"工具栏上的"执行"按钮。

（2）从"数据库"窗口中运行宏。在"数据库"窗口中，单击"宏"对象，双击宏名。

（3）从"工具"菜单上，通过"宏"选项，单击"运行宏"，再选择或输入运行的宏名。

（4）使用 Docmd 对象的 RunMacro 方法，在 VBA 代码过程中运行宏。

7.3.2　在事件发生时运行宏

通常情况下直接运行宏只是进行测试。可以在确保宏的设计无误之后，将宏附加到窗体、报表或控件中，以对事件作出响应。触发事件中使用宏可以达到简化编程、提高设计过程的目的。

事件（event）是数据库中执行的一种特殊操作，Access 可以对窗体、报表或控件中的多种类型事件作出响应，包括鼠标单击、数据更改以及窗体或报表打开或关闭等。在例题 7-4 中"验证密码"窗体的"确定"按钮的事件中执行条件宏的步骤如下：

① 打开教学数据库，单击"窗体"对象。选择"验证密码"窗体，单击"设计"按钮，打开窗体设计界面。

② 右击设计界面中的"确定"按钮，在弹出的菜单中选择"属性"，打开"命令按钮"属性对话框。

③ 单击"事件"标签页，再单击右侧文本框选择"条件宏"宏，如图 7-12 所示。

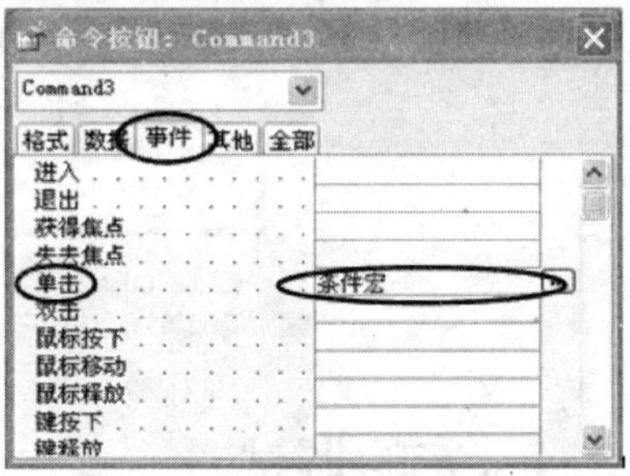

④ 关闭属性对话框，并保存窗体。

⑤ 运行主窗体，查看结果。

图 7-12　"命令按钮"属性对话框

7.3.3　自动运行宏

在打开数据库进行管理与操作过程中，有时需要自动运行某些特定的操作，已达到自动运行的目的，此时可以建立自动执行的宏。宏设计完成后要自动执行，只要将该宏以 AutoExec 名字保存即可。

【例题 7-5】　当用户打开数据库后，系统弹出欢迎界面。

操作步骤如下：

① 打开教学数据库，单击"宏"对象。单击"新建"按钮，新建一个如图 7-13 所示的信息提示宏。

② 单击"文件"菜单中的"保存"菜单项，在弹出的"另存为"对话框中的"宏名称"文本框中输入 AutoExec，如图 7-14 所示。单击"确定"按钮保存即可。

③ 重新启动数据库，结果如图 7-15 所示。

图 7-13　设置自动宏的操作及参数

图 7-14　以 AutoExec 命名宏

图 7-15　打开数据库时自动宏执行结果

7.3.4　宏的调试

在 Access 系统中提供了单步执行的宏调试工具。通过单步执行可以跟踪宏的执行流程和每个操作结果，从中发现并排除问题或错误。

调试宏过程如下：

① 打开要调试的宏。

② 在工具栏上单击"单步"按钮，使其处于凹陷状态。然后单击"执行"按钮，系统会弹出"单步执行宏"对话框，如图 7-16 所示。

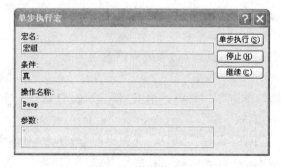
图 7-16　单步执行宏

③ 单击"单步执行"按钮，执行其操作。单击"停止"按钮，停止宏的执行并关闭对话框。单击"继续"按钮会关闭"单步执行"对话框，并继续执行宏的下一个操作。如果宏操作有误，则会出现"操作失败"对话框。

在宏的执行过程中要暂停宏的执行，可用组合键 Ctrl＋Break。

小　结

本章介绍了宏的基本概念，宏是由一个或多个操作组成的集合，其中每个操作都实现特定的功能。宏是一种功能强大的工具，可用来在 Access 2003 中自动执行许多操作。介绍了宏与 Visual Basic 代码的转换，以及简单宏、条件宏和宏组的创建步骤以及宏的运行。

习　题　7

一、选择题

1. 有关宏的基本概念，以下叙述错误的是(　　)。
    A. 宏是由一个或多个操作组成的集合
    B. 宏可以是包含操作序列的一个宏
    C. 可以为宏定义各种类型的操作
    D. 由多个操作构成的宏，可以没有次序地自动执行一连串的操作
2. 使用宏组的目的是(　　)。
    A. 设计出功能复杂的宏　　　　　　　　B. 设计出包含大量操作的宏
    C. 减少程序内存消耗　　　　　　　　　D. 对多个宏进行组织和管理
3. 用于打开窗体的宏命令是(　　)。
    A. OpenForm　　　　B. OpenReport　　　C. OpenSql　　　　D. OpenQuery
4. VBA 的自动运行宏，应当命名为(　　)。
    A. Echo　　　　　　B. AutoExec　　　　C. AutoBat　　　　D. Auto
5. 有关宏操作，下列叙述错误的是(　　)。
    A. 使用宏可以启动其他应用程序
    B. 宏可以包含序列操作
    C. 宏组由若干个宏组成
    D. 宏的条件表达式中不能引用窗体或报表的控件值
6. 在 Access 系统中提供了(　　)执行的宏调试工具。
    A. 单步　　　　　　B. 同步　　　　　　C. 运行　　　　　　D. 继续
7. 用于关闭或打开系统消息的宏命令是(　　)。
    A. Close　　　　　　B. Open　　　　　　C. Restore　　　　D. SetWarnings

8. 用于使计算机发出"嘟嘟"声的宏命令是（　　）。

    A. Echo　　　　　　B. MsgBox　　　　　　C. Beep　　　　　　D. Restore

9. 用于退出 Access 的宏命令是（　　）。

    A. Creat　　　　　　B. Quit　　　　　　C. Ctrl＋Alt＋Del　D. Close

10. 使用以下方法来引用宏（　　）。

    A. 宏名.宏组名　　B. 宏.宏名　　　　　C. 宏组名.宏名　　　D. 宏组名.宏

11. 引用窗体控件的值，可以用的宏表达式是（　　）。

    A. Forms!控件名!窗体名　　　　　　B. Forms!窗体名!控件名

    C. Forms!控件名　　　　　　　　　　D. Forms!窗体名

12. 引用报表控件的值，可以用的宏表达式是（　　）。

    A. Reports!报表名　　　　　　　　　　B. Reports!控件名

    C. Reports!控件名!报表名　　　　　　D. Reports!报表名!控件名

13. 某窗体中有一个命令按钮，在窗体视图中单击此命令按钮打开另一个窗体，需要执行的宏操作是（　　）。

    A. OpenQuery　　　B. OpenReport　　　C. OpenWindow　　　D. OpenForm

14. 在条件宏设计时，对于连续重复的条件，可以替代的符号是（　　）。

    A. ...　　　　　　　B. ＝　　　　　　　C. ，　　　　　　　D. ；

15. 用于指定当前记录的宏命令是（　　）。

    A. FindRecord　　　B. NextRecord　　　C. GotoRecord　　　D. GoRecord

16. 在宏的表达式中要引用报表 date 上控件 txt name 的值，可以使用引用式（　　）。

    A. date!txt name　　　　　　　　　　B. reports!date!txt name

    C. txt name　　　　　　　　　　　　D. report!txt name

17. 用于执行指定的外部应用程序的宏命令是（　　）。

    A. RunApp　　　　　B. RunForm　　　　C. RunValue　　　　D. RunSQL

18. 宏组是由（　　）组成的。

    A. 若干宏　　　　　B. 若干宏操作　　　C. 程序代码　　　　D. 模块

二、填空题

1. 宏是由一个或多个_____组成的集合，其中每个_____都实现特定的功能。

2. 使用_____可确定在某些情况下运行宏时，是否执行某个操作。

3. 有多个操作构成的宏，执行时是按照_____执行的。

4. 宏中条件项是逻辑表达式，返回值只有两个：_____和_____。

5. 宏是 Access 的一个对象，其主要功能是_____。

6. 在宏中添加了某个操作之后，可以在宏设计窗体的下部设置这个操作的_____。

7. 定义_____有利于数据库中宏对象的管理。

8. 在宏中加入_____，可以限制宏在满足一定的条件时才能完成某种操作。

9. 经常使用的宏运行方法是：将宏赋予某一窗体或报表控件的_____，通过触发事件运行宏或宏组。

10. 实际上,所有宏操作都可以转换为相应的模块代码,它可以通过_____来完成。

11. 宏的使用一般是通过窗体、报表中的_____实现的。

12. 运行宏有两种选择:一是依照宏命令的排列顺序连续执行宏操作,二是依照宏命令的排列顺序_____。

13. 宏组事实上是一个冠有_____的多个宏的集合。

14. 如果要建立一个宏,希望执行该宏后,首先打开一个表,然后打开一个窗体,那么在该宏中应该使用 OpenTable 和_____两个操作命令。

15. 在设计条件宏时,对于连续重复的条件,可以用_____符号来代替重复条件式。

16. 直接运行宏组时,只执行_____所包含的所有宏命令。

17. 如果要引用宏组中的宏,采用的语法是_____。

18. 在宏的表达式中引用窗体控件的值可以用表达式_____。

19. _____实际上是一系列操作的集合。

20. 打开宏设计窗口后,默认的只有_____和_____两列,要添加"宏名"列应该单击工具栏上的_____按钮;要添加"条件"列应该单击工具栏上的_____按钮。

三、简答题

1. 什么是宏?

2. 如何将宏转换成相应的 VBA 代码?

3. 有几种类型的宏? 宏有几种视图?

4. 宏的作用是什么? 创建 AutoExec 宏组的作用是什么?

第8章

VBA 程序设计

学习目标

(1) 了解 VBA 的作用及 Access 的 VBE 开发环境；

(2) 掌握 VBA 的基本数据类型、运算符及常用函数的用法；

(3) 掌握三种基本程序控制结构；

(4) 掌握 VBA 的模块与过程的概念和用法，掌握过程的参数传递方式；

(5) 了解 DoCmd 对象的基本功能。

在普通用户使用数据库时，一般不会去直接操纵数据库管理系统本身。因此需要开发一套操作简便、功能完整的应用软件供用户使用，用户通过应用软件进行数据输入、输出、查询及报表打印等操作。在 Access 中，要完成复杂条件下的对象操作仅靠控件向导和宏是不够的，借助 VBA 则可以解决实际开发中的复杂应用需求。在 Access 2003 提供的"模块"数据库对象中，使用 VBA(Visual Basic for Application)程序设计语言，在不同的模块中实现 VBA 代码设计，可以解决实际开发中的复杂应用。本章将主要介绍 VBA 程序设计的基础知识。

8.1 VBA 程序设计基础

8.1.1 VBA 简介

VBA 是 Microsoft 公司 Office 系列软件中内置的用来开发应用系统的编程语言，它与 Visual Studio 系列中的 Visual Basic 开发工具很相似，包括各种主要的语法结构、函数命令等，但是二者又有本质区别。VBA 提供了很多 VB 中没有的函数和对象，这些函数、对象都是针对 Office 应用的(增强 Word、Excel 等软件的自动化能力)。

VB 是微软公司推出的可视化 BASIC 语言，其编程简单、功能强大，并且是面向对象的开发工具。我们可以像编写 VB 程序那样来编写 VBA 代码，并保存在 Access 中的模块里。与模块和宏的使用方法基本相同。在 Access 2003 中，宏也可以存储为模块，宏的每个基本操作在 VBA 中都有相应的等效语句，使用这些语句就可以实现所有单独的宏命令。

8.1.2　VBE 编程环境

VBE(Visual Basic Editor)是 VBA 的编程开发环境，VBA 代码将在 VBE 中编写。

1. VBE 窗口

Access 2003 中包含的程序模块可以分为两种类型：

(1) 绑定型程序模块：指包含在窗体、报表、页等数据库基本对象之中的事件处理过程，这样的程序模块仅在所属对象处于活动状态下有效。

例如，在学生信息窗体上选中一个命令按钮控件（"首记录"按钮），单击工具栏上的"属性"按钮，则显示该按钮的属性设置对话框，如图 8-1 所示。

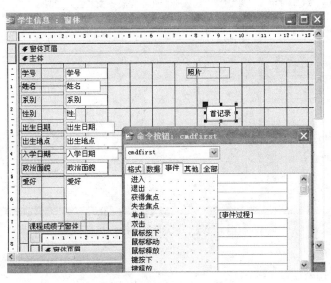

图 8-1　控件的属性设置对话框

为了编写该命令按钮的"单击"(Click)事件代码，应该在控件的"单击"事件行右侧单击"生成器"按钮，打开"选择生成器"对话框，如图 8-2 所示。

在"选择生成器"对话框中，选中"代码生成器"选项，然后单击"确定"按钮，即可打开 VBE 窗口，如图 8-3 所示。

图 8-2　"选择生成器"对话框

图 8-3　代码生成器窗口

（2）独立程序模块：指 Access 数据库中的"模块"对象。这些模块对象可以在数据库中被任意一个对象所调用。

例如，在模块中放一些公共变量、函数等。由于 Access 2003 以后的版本不保证继续支持模块对象，所以仅简单介绍启动 VBE 进入模块设计的方法。其步骤如下：①在数据库设计视图中选定"模块"对象；②单击工具栏中的"代码"按钮，或者选择"工具"菜单下"宏"中的"Visual Basic 编辑器"命令启动 VBE；③在 VBE 程序代码窗口中显示被选中的模块对象包含的程序代码。VBA 的开发环境如图 8-4 所示。

图 8-4　VBA 代码设计窗口

2. VBE 窗口组成

在 VBA 编程环境主要有工具栏和各种窗口组成。VBE 使用多种窗口（代码窗口、立即窗口、本地窗口、用户窗体窗口和监视窗口）来显示不同对象或完成不同任务。在 VBE 窗口的"视图"菜单中包括了用于打开各种窗口的命令。

（1）"标准"工具栏："标准"工具栏及其各按钮的功能如图 8-5 所示。

图 8-5　"标准"工具栏

"标准"工具栏按钮的功能如下：

①"视图切换"按钮：切换操作窗口。

②"插入模块"按钮：用于插入新模块对象。

③"运行"按钮：运行模块程序。

④"中断"按钮：终止正在运行的程序，进入模块设计状态。

⑤"设计模式"按钮：切换设计模式与非设计模式。

⑥"工程资源管理器"按钮：打开或关闭工程项目管理器窗口。

⑦"属性"按钮：打开或关闭属性窗口。

⑧"对象浏览器"按钮：打开或关闭对象浏览器窗口。

（2）工程窗口：又称工程资源管理器，一个数据库应用系统就是一个工程，系统中的所有类对象及模块对象都在工程窗口中显示出来。工程窗口显示工程的一个分支结构列表和所有包含的模块，双击其中的某个模块或类，相应的代码窗口就会显示出来。工程窗口的组成如图 8-6 所示。

工程窗口中工具栏按钮的功能如下：

①"查看代码"按钮：显示代码窗口，以编写或编辑所选工程目标代码。

②"查看对象"按钮：打开相应对象窗口，可以是文档或是用户窗体的对象窗口。

③"切换文件夹"按钮：显示或隐藏对象分类文件夹。

（3）属性窗口：属性窗口可以查看、改变选定对象的属性，可以直接在属性窗口中设置对象的属性（静态设置）；也可以在代码窗口中，用 VBA 代码设置对象属性（动态设置），如图 8-7 所示。

图 8-6　VBE 工程窗口

图 8-7　VBE 属性窗口

属性窗口主要有对象框和属性列表组成。对象框用于列出当前所选的对象，但只能列出当前窗体中的对象。如果选取了多个对象则会以第一个对象为准，列出各对象均具有的共同属性。属性列表可以按分类或字母对象属性进行排序，分为按字母序和按分类序两种。

（4）代码窗口：代码窗口用来显示、编写以及修改 VBA 代码。实际操作中，可以打开多个代码窗口，查看不同窗体或模块中的代码，代码窗口之间可以进行复制和粘贴。

代码窗口的窗口部件主要有"对象"列表框、"过程/事件"列表框、自动提示信息框组成。"对象"列表框显示对象的名称。"过程/事件"列表框在"对象"列表框选择了一个对象后,与该对象相关的事件会在"过程/事件"列表框显示出来,可以根据应用需要设置相应的事件过程。

3. VBA 代码窗口的使用

在 Access 2003 的 VBE 编辑环境中,代码窗口是设计人员的主要操作界面。双击工程窗口中的任何对象,都可以在代码窗口中打开该对象的对应模块代码。对象事件代码常用的设计方法是:①在"对象"列表框选择要处理的对象;②在"过程/事件"列表框选择需要设计代码的事件过程;③选择某个事件过程后,系统将显示该事件过程代码(若有)或自动生成该事件的过程模板,用户可以编写、修改和调试代码处理。在使用代码窗口时,Access 还提供了一些辅助功能,用于提示与帮助用户进行代码处理。

(1) 对象浏览器:用于显示对象库以及工程中的可用类、属性、方法、事件及常数变量。

可以搜索并使用既有的对象或来源于其他应用程序的对象,如图 8-8 所示。

图 8-8　对象浏览器

(2) 自动显示提示信息:在代码窗口中输入命令代码时,系统会适时地自动显示命令关键字列表、关键字列表属性列表及过程参数列表等提示信息,可以选择或参考其中的信息,从而极大地提高代码设计的效率和正确性。例如,使用 DoCmd 对象,输入"DoCmd. "时,系统会打开可选操作命令列表框。

(3) 立即窗口:在代码窗口中,使用"视图"菜单中的"立即窗口"命令可以打开立即窗口,如图 8-9 所示。使用立即窗口可以进行以下操作:①键入或粘贴一行代码,然后按下 Enter 键来执行该代码;②从"立即"窗口中复制并粘贴一行代码到代码窗口中。立即窗口中的代码是不存储的。

(4) 本地窗口:在代码窗口中,使用"视图"菜单中的"本地窗口"命令可以打开本地窗口,本地窗口自动显示所有在当前过程中的变量声明及变量值。

(5) 监视窗口:在代码窗口中,使用"视图"菜单中的"监视窗口"命令可以打开"监视窗口",如图 8-10 所示。监视窗口的窗口组成如下:

图 8-9　立即窗口

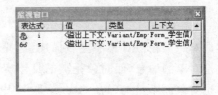

图 8-10　监视窗口

① "表达式"：列出监视表达式，并在最左边列出监视图标。

② "值"：列出在切换成中断模式时表达式的值。

③ "类型"：列出表达式的类型。

④ "上下文"：列出监视表达式的内容。如果在进入中断模式时，监视表达式的内容不在范围内，则当前的值并不会显示出来。

（6）F1 帮助信息：进行代码设计时，若遇到对某个命令或命令语法参数不确定，可按 F1 键显示帮助文件；或将光标停留在某个语句命令上并按 F1 键，系统会立刻提示该命令的使用帮助信息。另外，使用 Alt＋F11 组合键，可以方便地在数据库窗口和 VBA 编程窗口之间进行切换。

8.2　VBA 编程基础

8.2.1　面向对象程序设计概念

1. 对象

客观世界的任何实体都可以被看做是对象。对象可以是具体的事物，也可以指某些概念，例如，一名学生、一个窗体、一个命令按钮都可以作为对象。Access 数据库就是由各种对象组成的。表、窗体和窗体上的控件都是对象。不同的对象具有不同的属性、方法和事件。

（1）属性和方法：属性用来表示对象的状态，方法用来描述对象的行为，即对象自身能够完成的动作。属性与方法的引用方式为："对象.属性名"或"对象.方法名"。

引用中的"对象"描述一般使用格式："父对象类名!子对象名"。

例如，在窗体中，要对一个名为 Lbl1 的"标签"控件重新设置其显示内容，可使用如下命令格式：Forms!Lbl1.Caption＝"新显示内容"。

在窗体中，要将焦点定位在一个名为 Text1 的"文本框"控件上，可使用如下命令格式：Forms!Text1.SetFocus。

（2）事件和事件过程：事件通常是由系统事先设定的能被对象所识别并响应的动作，如 Click（单击）事件、DblClick（双击）事件等。事件过程则是响应某一事件时执行的程序代码。

2. 类

类是对一类相似对象的性质描述，这些对象具有相同的性质，相同种类的属性以及方法。类是对象的抽象，而对象是类的具体实例。例如，方法尽管定义在类中，但执行方法的主体是对象而不是类。在 Access 2003 中，除表、查询、窗体、报表、页、宏和模块 7 种对象外，还可以在 VBA 中使用一些范围更广泛的对象，例如，"记录集"对象、DoCmd 对象等。

3. DoCmd 对象

DoCmd 是 Access 2003 数据库的一个重要对象，它的主要功能是通过调用 Access 内置的方法，在 VBA 中实现某些特定的操作。DoCmd 又可以看做 Access VBA 中提供的一个命令，在 VBA 中使用时，只要输入 DoCmd. 命令，即显示可选用的操作方法，DoCmd 对象的方法一般需要参数，主要由调用的方法来决定。

例如，利用 DoCmd 对象的 OpenForm 方法打开"学生信息录入"窗体，使用的语句格式为：DoCmd. OpenForm "学生信息录入"。

8.2.2 数据库对象

数据库对象包括数据库、表和查询以及应用程序对象（窗体和报表），它们在 VBA 中都有对应的数据类型，这些对象数据类型由对象库引用所定义，如表 8-1 所示。

表 8-1　VBA 支持的最常用数据库对象和数据类型

对象数据类型	库	相应的数据库对象类型
Database	DAO 3.6	使用 DAO 时用 Jet 数据库引擎打开的数据库
Connection	ADO 2.1	ADO 取代了 DAO 数据库对象
Form	Access 9.0	窗体，包括子窗体
Report	Access 9.0	报表，包括子报表
Control	Access 9.0	窗体和报表上的控件
QueryDef	DAO 3.6	使用 ADO 时的查询定义
Command	ADO 2.1	ADO 取代 DAO、QueryDef 对象
TableDef	DAO 3.6	表定义（结构，索引和其他表属性）
DAO Recordset	DAO 3.6	DAO 创建的查询结果集

8.2.3 VBA 中的基本数据类型

VBA 在数据类型和定义方式上均继承了传统的 BASIC 语言的特点。Access 2003 数据表中的字段使用的数据（OLE 对象和备注字段数据类型除外）在 VBA 中都有对应的类型。在定义方式上，除支持符号定义方式外，还支持使用关键字定义方式。VBA 数据类型、关键字、符号、前缀、占用空间和取值范围如表 8-2 所示。

表 8-2 VBA 中的数据类型

数据类型	关键字	符号	前缀	存储空间	取 值 范 围
字节型	Byte	无	Byt	1 字节	0～255
逻辑型	Boolean	无	Bln	2 字节	True 或者 False
整型	Integer	%	Int	2 字节	－32 768～32 767
长整型	Long	&	Lng	4 字节	－2 147 483 648～2 147 483 647
单精度型	Single	!	Sng	4 字节	负值范围：－3. 402 823E38～1. 401 298E－45 正值范围：1. 401 298E－45～3. 402 823E38
双精度型	Double	#	Dbl	8 字节	负值范围：－1. 797 693 134 862 32E308～－4. 940 656 458 412 47E－324 正值范围：4. 940 656 458 412 47E－324～1. 797 693 134 862 32E308
货币型	Currency	@	Cur	8 字节	－922 337 203 685 477～922 337 203 685 477
日期型	Date	无	Dtm	8 字节	1000 年 1 月 1 日～9999 年 12 月 31 日
字符型	String	$	Str	与字符串长度有关	0～65 535 个字符
变长字符型	Variant	无	Vnt	根据定义	根据定义
对象型	Object	无	Obj	4 字节	任何引用对象

除了上述系统提供的基本数据类型外,VBA 还支持用户自定义数据类型。自定义数据类型实质上是由基本数据类型构造而成的一种数据类型,我们可以根据需要来定义一个或多个自定义数据类型。

8.2.4 常量与变量

1. 常量

常量是指在程序运行的过程中,其值不能被改变的量。常量的使用可以增加代码的可读性,并且使代码更加容易维护。在 Access 2003 中,常量的类型有 4 种。

① 直接常量：实际上就是常数,数据数值的不同决定了常量的不同。例如,456、"VBA"、#2009-8-24# 分别为数值型、字符型、日期型常量。

② 符号常量：符号常量代表一些具有特定意义的数字或字符串。符号常量使用 Const 语句来创建,符号常量只能作读取操作,而不允许修改或为其重新赋值,也不允许创建与固有常量同名的符号常量。例如:

```
Const conPI=3.14159265
```

定义符号常量 conPI,其值为 3.141 592 65,在程序中使用 conPI 来代替 π 值参加运算。

③ 固有常量:系统预先定义许多固有常量,如 VBA 常量和 ActiveX Data Objects (ADO)常量,还可以引用对象库中固有常量,任何时候都可在宏或 VBA 代码中使用固有常量。

固有常量以两个前缀字母指明了定义该常量的对象库。来自 Access 库的常量以"ac"开头,来自 ADO 库的常量以"ad"开头,而来自 Visual Basic 库的常量则以"vb"开头,例如:

    acForm、adAddNew、vbCurrency

因为固有常量所代表的值在 Access 2003 的以后版本中可能改变,所以应该尽可能使用常量而不用常量的实际值。可以通过在"对象浏览器"中选择常量或在"立即"窗口中输入"? 固有常量名"来显示常量的实际值。通过"对象浏览器"可以查看所有可用对象库中的固有常量,如图 8-11 所示。

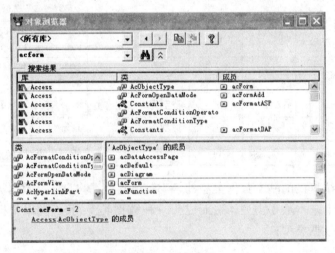

图 8-11   固有常量

④ 系统定义常量:系统定义的常量有三个,即 True、False 和 Null,系统定义常量可以在计算机上的所有应用程序中使用。

2. 变量

变量是指在程序运行过程中值会发生变化的量。计算机处理变化的数据的方法是将数据存储在内存的一块临时存储空间中,所以变量实际代表的就是内存中的这块被命名的临时存储空间。变量具有三个要素:变量名、变量类型和变量的值。变量的命名规则是:

① 变量名只能由字母、数字、汉字和下划线组成,不能含有空格和除下划线字符"_"之外的其他任何标点符号,并且变量名长度不能超过 255 个字符。

② 变量名必须以字母开头,不区分变量名的大小写。例如,若以 Abc 命名一个变量,

则 abc、ABC、aBc 等都认为是同一个变量。

③ 变量名不能和 VBA 的关键字重名。例如,不能以 If、Dim、Double 等命名变量。

④ 变量的类型说明符只能出现在名称的后面。

⑤ 为了增加变量在程序中的可读性,通常在变量名前加一个缩写的前缀来表明该变量的类型,缩写前缀的约定见表 8-2 中的前缀列所示。

虽然在代码中允许使用未经声明的变量,但一个良好的编程习惯应该是在程序开始的几行声明将用于本程序的所有变量。这样做的目的是为了避免数据输入的错误,提高应用程序的可维护性。对变量进行声明可以使用类型说明符号、Dim 语句和 DefType 语句。

(1) 隐含型变量。

隐含声明在使用一个变量之前并不必先声明这个变量。这个变量只在当前过程中有效,类型为变体数据类型。

用户可以通过将一个值指定给变量名的方式来建立隐含型变量。例如,NewVar= 1234 语句定义了一个隐含型变量,名字为 NewVar,类型为 Variant 数据类型,值为 1234。当在变量名后没有使用类型声明字符来指明隐含型变量的数据类型时,系统默认变量为 Variant 类型,是数字型还是字符型,由所赋给的值决定。

可以通过在变量名后增加类型声明字符来为一个隐含变量定义数据类型,下面语句创建了一个整数数据类型的变量。

```
NewVar%=1234!
```

在 VBA 编程中,应尽量减少隐含型变量的使用,大量使用隐含型变量,对程序的调试和变量的识别等方面都会带来困难。如果把变量名拼错了的话,会导致一个难以查找的错误。假定写了这样一个函数:

```
Function SafeSqr(num)
    Val_Temp=Abs(num)
    SafeSqr=Sqr(Val_Tem)
End Function
```

因为在倒数第二行把 Val_Temp 变量名写错了,所以函数总是返回 0。当 Visual Basic 遇到新变量名时,它分辨不出这是意味着隐含声明了一个新变量,还是仅仅把一个现有变量名写错了,于是只好用这个名字再创建一个新变量。

(2) 显式变量。

对变量进行声明可以使用类型说明符号、Dim 语句和 DefType 语句。显式变量声明可以避免写错变量名而引起的麻烦,可以规定当遇到一个未经明确声明就当成变量的名字,Visual Basic 都发出错误警告。

① 使用类型说明符号声明变量类型。类型说明符号在使用时始终放在变量或常数的末尾,类型说明符号在定义变量时作为变量名的一部分,放在变量名的最后。VBA 中的类型说明符号见表 8-2 中的符号列所示。例如:

```
IntX1%=1243          '定义 Int X1 为一个整型变量
```

```
DoubleX2#=45665.456        '定义 dou X2 为一个双精度变量
StringX3$="Access"         '定义 str X3 为一个字符串变量
```

② 使用 Dim 语句声明变量。Dim 语句使用格式为：

`Dim 变量名 As[数据类型]`

可以使用 Dim 语句在一行中声明多个变量，其中 As 指定变量数据类型，如果不使用"数据类型"可选项，默认定义的变量为 Variant 数据类型。例如：

```
Dim strX As String                  '定义了 1 个字符型变量 strX
Dim intX As Integer,strZ As String  '定义了 1 个整型变量 intX 和 1 个字符型变量 strZ
Dim x                               '定义了 1 个变体(Variant)类型变量 X
Dim i,j,k As integer                '只有 k 是 integer 型,i 与 j 都是 Variant 型
```

使用 Dim 声明了一个变量后，在代码中使用变量名，其末尾带与不带相应的类型说明符号都代表同一个变量。

③ DefType 语句。DefType 语句只能用于模块的通用声明部分，用来为变量和传送给过程的参数设置默认数据类型，以及为名称以指定的字符开头的 Function 和 Property Get 过程，设置返回值类型。DefType 语句使用格式：

`DefType 字母[,字母范围]`

例如：

`DefInt i,j,a-f`

该语句说明了在模块中使用的以字母 i,j,a 到 f 开头的变量（不区分大小写）的默认数据类型为整型。表 8-3 列出了 VBA 中所有可能的 DefType 语句和对应的数据类型。

表 8-3 DefType 语句和对应的数据类型

语句	数据类型	说明	语句	数据类型	说明
DefBool	Boolean	布尔型	DefDbl	Double	双精度型
DefByte	Byte	字节型	DefDate	Date	日期/时间类型
DefInt	Integer	整型	DefStr	String	字符型
DefLng	Long	长整型	DefObj	Object	对象型
DefCur	Currency	货币型	DefVar	Variant	变体型
DefSng	Single	单精度型			

④ 使用变体类型。VBA 在判断一个变量的数据类型时，按以下先后顺序进行：是否使用 Dim 语句；是否使用数据类型说明符；是否使用 DefType 语句。在没有使用上述三种方法声明数据类型的变量默认为变体类型（Variant）。

可以在模块设计窗口的说明区域内，加入 Option Explicit 语句，强制要求所有变量必须显式声明后才能使用。显式声明变量有三个作用：一是指定变量的数据类型，二是指定变量的适用范围，三是可以预先排除一些因为变量名书写不正确而带来的错误。

变量声明后，在以后的程序中可以对变量赋值和运算等操作，例如：

```
Dim Str1 As String
Dim BlnVal As Boolean
Dim Intx1 As Integer
```

对其进行赋值或进行相应运算：

```
str1="Microsoft "
BlnVal=False
Intx1=1234
str1="Microsoft"+"Access 2003"
Intx1=Intx1+1
```

8.2.5　数组

数组是由一组具有相同数据类型的变量（称为数组元素）构成的集合。数组变量由变量名和数组下标组成，在 VBA 中不允许隐含说明数组。必须用 Dim 语句来声明数组，一维数组的声明格式为：

```
Dim 数组名([下标下界 to]下标上界)As 数据类型
```

下标下界的默认值为 0，数组元素为：数组名(0) 至 数组名(下标上界)。如果设置下标下界非 0，要使用 to 选项。在使用数组时，可以在模块的通用声明部分使用 Option Base 来指定数组的默认下标下界是 0 或 1。

```
Option Base 1          '设置数组的默认下标下界为 1
Option Base 0          '语句的默认形式
```

数组有固定大小的数组和动态数组两种类型。固定大小的数组总保持同样的大小，而动态数组在程序中可根据需要动态地改变数组的大小。

（1）固定大小的数组。例如：

```
Dim IntArray(10)As Integer
```

这条语句声明了一个有 11 个整型数组元素的数组，数组元素从 IntArray(0)至 IntArray(10)，每个数组元素为一个整型变量，这里只指定数组元素下标上界来定义数组。

VBA 中允许指定数组下标范围时使用 To，如下例所示：

```
Dim IntArray(-2 to 3)As Integer
```

该语句定义一个有 6 个整型数组元素的数组，数组元素下标从－2 到 3。

如果要定义多维数组，声明方式为：

```
Dim 数组名([数组第 1 维下标上界],[数组第 2 维下标上界]...)As 数据类型
```

例如：

```
Dim IntArray(3,5)As Integer
```

该语句定义了一个二维数组,第一维有 4 个元素,第二维有 6 个元素。

类似的声明也可以用在二维以上的数组中。例如:

```
Dim MultArray(3,1 to 5,0 to 5)As Long
```

该语句定义了一个三维数组,第一维有 4 个元素,第二维有 5 个元素,第三维有 6 个元素,其中数组元素的总数为三个维数的乘积:$4 \times 5 \times 6 = 120$。

多维数组对存储空间的要求更大,既占据空间,又影响运行速度,所以要慎用多维数组,尤其是 Variant 数据类型的数组,因为它们需要更大的存储空间。

(2)动态数组。很多情况下不能明确知道数组中应该有多少元素,可使用动态数组。动态数组中元素的个数是不定的,在程序运行中可以改变其大小。动态数组的定义方法是:先使用 Dim 来声明数组,但不指定数组元素的个数,而在以后使用时再用 ReDim 来指定数组元素个数,称为数组重定义。在对数组重定义时,可以使用 ReDim 后加保留字 Preserve 来保留以前的值,否则使用 ReDim 后,数组元素的值会被重新初始化为默认值。

【例题 8-1】 定义动态数组 IntArray,设默认下界为 1,并用循环赋值。

```
Dim IntArray()As Integer          '声明动态数组
ReDim IntArray(5)                 '数组重定义,分配 5 个元素
For I=1 To 5                      '使用循环给数组元素赋值
    IntArray(I)=I
Next I
```

Rem 数组重定义,调整数组的大小,并抹去其中元素的值。

```
ReDim IntArray(10)       '重新设置为 10 个元素,IntArray(1)至 IntArray(5)的值不保留
For I=1 To 10                     '使用循环给数组元素重新赋值
    IntArray(I)=I
Next I
```

Rem 数组重定义,调整数组的大小,使用保留字 Preserve 来保留以前的值。ReDim 语句只能出现在过程中,可以改变数组的大小和上下界,但不能改变数组的维数。

```
ReDim Preserve IntArray(15)  '重新设置为 15 个元素,IntArray(1)至 IntArray(10)的值保留
For I=11 To 15                    '使用循环给未赋值数组元素赋值
IntArray(I)=I
Next I
```

执行不带 Preserve 关键字的 ReDim 语句时,数组中存储的数据会全部丢失。VBA 将重新设置其中元素的值。对于 Variant 变量类型的数组,设为 Empty;对于 Numeric 类型的数组,设置为 0;对于 String 类型的数组则设为空字符串;对象数组则设为 Nothing。使用 Preserve 关键字,可以改变数组中最后一维的边界,但不能改变这一维中的数据。例如:

```
ReDim IntArray(10,10,10)
……
ReDim Preserve IntArray(10,10,15)
```

也就是说,在使用 Preserve 关键字时,只能通过改变数组的上界来重新设置数组的大小,改变数组下界将会导致一个错误。如果改变后的数组比原来小,则多出来的数据将会丢失。

(3) 数组的使用。数组声明后,数组中的每个元素都可以当作单个的变量来使用,其使用方法和相同类型的普通变量使用类似。数组元素的引用格式为:数组名(下标值)。其中:如果该数组为一维数组,则下标值为一个范围为数组下标下界至数组下标上界的整数;如果该数组为多维数组,则下标值为多个(不大于数组维数)用逗号分开的整数序列,每个整数(范围为[数组该维下标下界,数组该维下标上界])表示对应的下标值。

例如,可以以下方式引用前面定义的数组,设默认下界为1。

```
IntArray(2)              '引用一维数组 IntArray 的第 2 个元素
IntArray(2,2)            '引用二维数组 IntArray 的第 2 行第 2 个元素
```

【例题 8-2】 若要存储一年中每天的支出,可以声明一个具有 365 个元素的数组变量,而不是 365 个变量,数组中的每一个元素都包含一个值。下列的语句声明数组 CurArray 具有 365 个元素,设默认下界为1。

```
Dim CurArray(1 to 365)As Currency      '声明一个具有 365 个元素的一维数组
Dim intI As Integer
For intI=1 to 365                      '每个数组元素都赋予一个初始值
CurArray(intI)=10
Next
```

8.2.6　数据库对象变量

在 Access 2003 数据库中建立的对象及其属性,均可被看成是 VBA 程序代码中的变量及其指定的值来加以引用,与普通变量不同的是要使用规定的引用格式。例如,窗体和报表对象的引用格式为:

Forms(或 Reports)!窗体(或报表)名称!控件名称[.属性名称]

关键字 Forms 或 Reports 分别指示窗体或报表对象类;感叹号(!)为分隔符,用于分隔开父子对象;"属性名称"为可选项,若省略,则默认为控件的基本属性 Value。注意,如果对象名称中含有空格或标点符号,引用时要用方括号把对象名称括起来。例如,要在代码中引用窗体(Myform1)中名为 Txtxh 的文本框控件,可使用以下语句:

Forms!Myform1!Txtxh="3020503323"

若在本窗体的模块中引用,可以使用 Me 代替 Forms!Myform1。语句为:

Me!Txtxh="3020503323"

"Forms!Myform1!Txtxh"在程序语句中的作用相当于变量,但它指示的是某个

Access 对象。当需要多次引用对象时,可以先声明一个控件数据类型的对象变量,然后使用 Set 关键字建立对象变量指向的控件对象。语句使用格式如下:

```
Dim Txtxhbl As Control          '定义对象变量,数据类型为 Control(控件)数据类型
Set Txtxhbl=Forms!Myform1!Txtxh '为对象变量指定窗体控件对象
```

以后要引用控件对象,可转为引用对象变量。

例如,Txtxhbl="3020503323" 等同于 Forms!Myform1!Txtxh="3020503323"。

借助将变量定义为对象变量类型并使用 Set 语句为对象变量指定对象的方法,可以定义任何对象数据类型的对象变量,并将数据库对象指定为对象变量名。

8.2.7 运算符与表达式

1. 运算符

运算符是表示实现某种运算的符号,根据运算的不同,VBA 中的运算符可分为算术运算符、字符串运算符、关系运算符和逻辑运算符。

(1) 算术运算符。

算术运算符是常用的运算符,用来执行算术运算,表 8-4 列出了这些算术运算符。

表 8-4　算术运算符

运算符	含义	优先级	实例	结 果	说 明
^	指数运算	1	27^(1/3)	3	计算乘方和方根
—	取负运算	2	—3	—3	
*	乘法运算	3	3*3*3	27	计算乘积,*不能省略
/	除法运算	3	10/3	3.333 333 333 333 33	标准除法操作,其结果为浮点数
\	整除运算	4	10\3	3	执行整除运算,结果为整型值
Mod	取模运算	5	10 Mod 3	1	求余数
+	加法运算	6	10+3	13	
—	减法运算	6	3—10	—7	

在 VBA 的 8 个算术运算符中,除取负(—)既可以作为双目运算符,也可以作为单目运算符外,其他均为双目运算符,如加(+),减(—),乘(*)等。

① 指数运算(^)用来求一个数字的某次方。在运用乘方运算符时,只有当指数为整数值时,底数才可以为负数。

② 整数除法(\)运算符用来对两个操作数做除法并返回一个整数。整除的操作数一般为整型值,操作数必须在(—2 147 483 648.5,2 147 483 647.5)范围内。当操作数带有小数时,首先被四舍五入为整型数或长整型数,然后进行整除运算;如果运算结果有小数,系统将截断为整型数(Integer)或长整数(Long),不再进行舍入处理。

③ 取模(Mod)运算符用来对两个操作数做除法并返回余数。如果操作数有小数,系

统会四舍五入变成整数后再运算。如果被除数是负数,余数也取负数;反之,如果被除数是正数,余数则为正数。

算术运算符两边的操作数应是数值型,若是数字字符或逻辑型,系统自动转换成数值类型后再运算。

【例题 8-3】 算术运算符应用示例。

```
2^8                      '计算 2 的 8 次方
2^(1/2)或 2^0.5          '计算 2 的平方根
7/2                      '结果为 3.5
7\2                      '整数除法,结果为 3
10 Mod 4                 '取模运算,结果为 2
10 Mod 2                 '结果为 0
10 Mod - 4               '结果为 2
- 10 Mod - 4             '结果为 - 2
- 8.8 Mod 5              '结果为 - 4
20- True                 '结果为 21,逻辑量 True 转化为数值 - 1
20+ False+ 6             '结果为 26,逻辑量 False 转化为数值 0
```

(2) 字符串运算符。

字符串运算符就是将两个字符串连接起来生成一个新的字符串。

① & 运算符:用来强制两个表达式作字符串连接。由于符号 & 还是长整型的类型定义符,在字符串变量后使用运算符"&"时,变量与运算符 & 之间还应加一个空格。

运算符 & 两边的操作数可以是字符型,也可以是数值型。不管是字符型还是数值型,进行连接操作前,系统先进行操作数类型的转换,数值型转换成字符型,然后再做连接运算。

【例题 8-4】 & 运算符应用。

```
StrX="ABC"
StrX &"是大写英文字母"              '出错
StrX &"是大写英文字母"              '结果为"ABC 是大写英文字母"
"abc" &"123"                      '结果为"abc123"
"abc" &123                        '结果为"abc123"
123 &456                          '结果为"123456"
"2+3"&"="&(2+3)                   '结果为"2+3=5"
```

② ＋运算符:用来连接两个字符串表达式,形成一个新的字符串。＋运算符要求两边的操作数都是字符串。如果两边都是数值表达式时,就做普通的算术加法运算;若一个是数字型字符串,另一个为数值型,则系统自动将数值型字符串转化为数值,然后进行算术加法运算;若一个为非数值型字符串,另一个为数值型,则出错。

【例题 8-5】 ＋运算符应用。

```
"1111"+ 2222             '结果为 3333
"1111"+"2222"            '结果为"11112222"
```

```
"abcd"+1212                      '出错
4321+"1234" & 100                '结果为"5555100"
```

在 VBA 中,+既可用作加法运算符,还可以用作字符串连接符,但 & 专门用作字符串连接运算符,在有些情况下,用 & 比用+可能更安全。

（3）关系运算符。

关系运算符用来对两个表达式的值进行比较,比较的结果是一个逻辑值,即真（True）或假（False）。VBA 提供了 9 个关系运算符,如表 8-5 所示。

表 8-5　关系运算符

运　算　符	含　　义	实　　例	结　　果
=	等于	"abcd"="abc"	False
>	大于	"abcd">"abc"	True
>=	大于等于	"bacd">="abce"	False
<	小于	"41"<"5"	True
<=	小于等于	41<=5	False
<>	不等于	"abc"<>"ABC"	True
Is	对象引用比较		
Like	字符串匹配	"abc"Like" * c * "	True
Between...and	值区间判断		

用关系运算符连接两个算术表达式所组成的表达式叫做关系表达式,在使用关系运算符进行比较时,应注意以下规则:

① 如果参与比较的操作数均是数值型,则按其大小进行比较。

② 如果参与比较的操作数均是字符型,则按字符的 ASCII 码从左到右一一对应比较,即首先比较两个字符串的第一个字符,ASCII 码大的字符串大。如果两个字符串的第一个字符相同,则比较第二个字符串,以此类推,直到出现不同的字符为止。

③ 汉字字符大于西文字符,汉字按区位码顺序进行比较。

【例题 8-6】　关系运算符应用。

```
Dim S                            '定义变量 S
S= (5>2)                         '结果为 True
S= (2>=5)                        '结果为 False
S= ("abcd">"abc")                '结果为 True
S= ("王丽">"刘艺")                '结果为 True
S= (#2008/10/12#>#2006/11/12#)   '结果为 True
```

（4）逻辑运算符。

逻辑运算也称布尔运算,除 Not 是单目运算符外,其余均是双目运算符。由逻辑运算符连接两个或多个关系表达式,对操作数进行逻辑运算,结果是逻辑值 True 或 False。VBA 的逻辑运算符如表 8-6 所示。表 8-7 列出了逻辑运算真值表。

表 8-6　逻辑运算符

运算符	优先级	含　义
Not	1	非,真值变为假值或假值变为真值
And	2	与,两个表达式同时为真则结果为真,否则为假
Or	3	或,两个表达式有一个为真则结果为真,否则为假
Xor	3	异或,两个表达式同时为真或同时为假,则结果为真,否则为假
Eqv	4	等价,两个表达式同时为真或同时为假,则结果为假,否则为真
Imp	5	蕴含,当第一个表达式为真,且第二个表达式为假,则值为假,否则为真

表 8-7　逻辑运算符真值表

X	Y	Not X	Not Y	X And Y	X Or Y	X Xor Y	X Eqv Y	X Imp Y
T	T	F	F	T	T	F	T	T
T	F	F	T	F	T	T	F	F
F	T	T	F	F	T	T	F	T
F	F	T	T	F	F	F	T	T

【例题 8-7】　逻辑运算符应用示例。

```
Dim S                        '定义变量 s
S= (5>2 And 3>=4)            '结果为 False
S= (5>2 Or 3>=4)             '结果为 True
S= ("abcd">"abc" And 3>=4)   '结果为 False
S=Not (3>=4)                 '结果为 True
S= (5>2 Xor 3>=4)            '结果为 True
S= (5>2 Xor 4>=3)            '结果为 False
S= (2>5 Eqv 3>=4)            '结果为 True
S= (5>2 Eqv 3>=4)            '结果为 False
S= (5>2 Imp 3>=4)            '结果为 False
S= (5>2 Imp 4>=3)            '结果为 True
```

2. 对象运算符

对象运算符有!和.两种,使用对象运算符指示随后将出现的项目类型。

(1)!运算符:作用是指出随后为用户定义的内容。使用!运算符可以引用一个开启的窗体、报表或开启窗体或报表上的控件。表 8-8 列出了三种引用方式。

表 8-8　!运算符的三种引用方式

对象运算符	含　义
Forms![学生设置]	标识打开的"学生设置"窗体
Forms![学生设置]![Label1]	标识打开的"学生设置"窗体中的"Label1"控件
Reports![学生名单]	标识打开的"学生名单"报表

(2).运算符:通常指出随后为 Access 定义的内容。如使用.运算符可引用窗体、报表或控件等对象的属性,引用格式为:[控件对象名].[属性名]。在实际应用中,.运算符

与!运算符配合使用,用于标识引用的一个对象或对象的属性。例如,可以引用或设置一个打开窗体的某个控件的属性。

```
Forms![学生信息]![Command1].Enabled=False
```

该语句用于标识"学生信息"窗体上的 Command1 控件的 Enabled 属性并设置其值为 False。需要注意的是,如"学生信息"窗体为当前操作对象,Forms![学生信息]可以用 Me 来替代。例如,Me!Command2. Enabled＝False。

3. 表达式

表达式是 Access 2003 数据库应用设计的重要组成部分,许多操作中都需要使用表达式,例如创建计算控件、查询与筛选准则、有效性规则、宏的条件或模块代码语句。因此,熟练掌握和正确使用表达式是程序设计的基础。

(1) 表达式的组成。

表达式由常量、变量、运算符、函数和括号等按一定的规则组成,表达式通过运算得出结果,运算结果的类型由操作数的数据和运算符共同决定。在 VBA 中,逻辑量在表达式中进行算术运算时,True 值被当成－1,False 值被当成 0 来处理。

(2) 表达式的书写规则。

表达式从左至右在同一基准上书写,无高低、大小写区别;圆括号必须成对出现;乘号不能省略。A 乘以 B 应写成 A＊B,而不是 AB。

(3) 算术运算表达式的结果类型。

在算术运算表达式中,参与运算的操作数可能具有不同的数据精度,VBA 规定运算结果的数据类型采用精度高的数据类型。

(4) 运算优先级。

如果一个表达式中含有多种不同类型的运算符,运算进行的先后顺序由运算符的优先级决定。不同类型运算符的优先级为:

$$算术运算符＞字符运算符＞关系运算符＞逻辑运算符$$

圆括号优先级最高,在具体应用中,对于多种运算符并存的表达式,可以通过使用圆括号来改变运算优先级,使表达式更清晰易懂。

8.2.8　函数

在 VBA 中,除模块创建过程中可以定义子过程和函数过程完成特定功能外,又提供了近百个内置的标准函数,在设计数据库时可以直接引用这些函数。用"表达式生成器"对话框生成表达式时,打开对话框左下方列表框中的"函数"文件夹,双击其中的"内置函数"文件夹,在中间的列表框中将显示所有的函数类别,选择相应类别后,在右下方列表框将显示该类别的全部函数。每一函数的具体功能与用法可参阅联机帮助信息。

函数的主要特点是具有参数(也有少量函数不需要参数)并返回值。其使用形式为:

函数名([<参数 1>][<,参数 2>][,参数 3][,参数 4]…)

其中参数可以是常量、变量或表达式,可以有一个或多个。每个函数被调用时,都会有一个返回值,根据函数的不同,参数与返回值都有特定的数据类型与之对应。

内置函数按其功能可分为数学函数、转换函数、字符串函数、日期函数和格式输出函数,以下将分类介绍一些常用标准函数的使用方法。

1. 数学函数

数学函数与数学中的定义一致,完成数学计算功能,表 8-9 列出了常用的数学函数。

表 8-9　常用数学函数

函　数	函 数 说 明	应 用 实 例	返回结果	说　　明
Abs(N)	取绝对值	Abs(−2.8)	2.8	
Int(N)	返回数值表达式的整数部分	Int(2.8) Int(−2.8)	2 −3	N<0 时返回小于等于 N 的第一个负数
Exp(N)	以 e 为底数的指数函数	Exp(3)	20.086	
Log(N)	以 e 为底的自然对数	Log(10)	2.3	
Sqr(N)	返回 N 的平方根	Sqr(25)	5	N≥0
Sin(N)	正弦函数	Sin(0)	0	N 为弧度
Cos(N)	余弦函数	Cos(0)	1	
Round(N)	对 N 四舍五入取整	Round(−4.2) Round(7.8)	−4 8	N 为 随 机 数种子
Rnd[(N)]	产生随机数	Rnd	0~1	

对于随机数函数 Rnd:当 N<0 时,每次产生相同的随机数;当 N=0 时,产生最近生成的随机数,生成的随机数序列相同;当 N>0 时,每次产生新的随机数。如果省略数值表达式参数,则系统默认参数值大于 0。为在每次运行时,产生不同序列的随机数,可先使用无参数的 Randomize 语句初始化随机数生成器,用系统计时器返回的值作为新的种子值。

【例题 8-8】　随机数函数应用示例。

```
Int(10 * Rnd)              '产生[0,9]之间的随机整数
Int(100 * Rnd)             '产生[0,99]之间的随机数
Int(100 * Rnd+1)           '产生[1,100]之间的随机数
Int(21 * Rnd+30)           '产生[30,50]之间的随机数
```

2. 转换函数

转换函数主要实现数据类型的转换,常用的转换函数如表 8-10 所示。

表 8-10　常用转换函数

函　　数	函　数　说　明	应　用　实　例	返回结果
Asc(C)	返回字符串首字符 ASCII 值	Asc("abcd")	97
Chr(N)	ASCII 值转换为字符串	Chr(97)	"a"
Ucase(C)	小写字母转换为大写字母	Ucase("ABcd")	"ABCD"
Lcase(C)	大写字母转换为小写字母	Lcase("ABcd")	"abcd"
Str(N)	将数值表达式值转换成字符串。转换后的字符串左边增加一个空格,表示有一正号	Str(−88)	"−88"
Val(C)	将数字字符串转换成数值型数据。转换时会自动将字符串中的空格、制表符和换行符去掉	Val("11　22") Val("45edc6")	1122 45
DateValue(C)	将字符串转换成日期值	DateValue("2008-08-08")	♯2008-08-08♯
Hex(N)	十进制数转换成十六进制数	Hex(120)	78
Space(N)	返回 N 个空格字符	Space(4)	"　　　　"

【例题 8-9】　转换函数应用示例。

```
Val("-1.23ty45")        '返回结果：-1.23
Val("-1.23E2")          '返回结果：-123,E 当成指数符号处理
Val("-1.23Eab")         '返回结果：-1.23,E 不当成指数符号处理
```

3．字符串函数

字符串函数用来处理字符型变量或字符串表达式。字符串函数是程序设计中经常使用的函数,如字符串检索函数、字符串截取函数和测字符串长度函数等。在 VBA 采用 Unicode(国际标准化组织(ISO)字符标准)编码方式来存储和操作字符串,字符串长度以字为单位,也就是每个西文字符和每个汉字都作为一个字,占用两个字节。表 8-11 列出了常用的字符串函数。

表 8-11　常用字符串函数

函　　数	函　数　说　明	应　用　实　例	返回结果
InStr([N1,]C1,C2[,M])	在 C1 中从 N1 开始找 C2,省略 N1 从头开始找,找不到为 0	InStr(1,"信息系统","信")	1
Len(C)	字符串长度	Len("信息系统")	4
LenB(C)	字符串所占的字节数	LenB("信息系统")	8
Left(C,N)	取字符串左边 N 个字符	Left("信息系统",2)	"信息"
Right(C,N)	取字符串右边 N 个字符	Right("信息系统",2)	"息系统"

函　数	函　数　说　明	应　用　实　例	返回结果
Mid(C,N1[,N2])	取子字符串,在 C 中从 N1 位开始向右取 N2 个字符	Mid("信息系统",1,3)	"信息系"
Ltrim(C)	去掉字符串左边空格	Ltrim("　信息系统")	"信息系统"
Rtrim(C)	去掉字符串右边空格	Rtrim("信息系统　")	"信息系统"
Trim(V)	去掉字符串两边空格	Trim("　信息系统　")	"信息系统"

【例题 8-10】 字符串函数应用示例。

① InStr()函数

```
Dim str1 As String
Dim str2 As String
Str1="12abc34"
Str2="c3"
InStr(Str1,Str2)                '返回 5
InStr(2,Str1,Str2)              '返回 5
InStr(Str1,"C3")                '返回 5
InStr(3,"A123Ab4C","a",1)       '返回 5
```

② Len()和 LenB()函数

```
Dim Strx as String * 12
Strx="12abc 西文 34"
I=10
Len(Strx)                '返回 12
Len("12abc 西文 34")      '返回 9
Len(I)                   '返回 27
Len(10)                  '出错
LenB(Strx)               '返回 24
LenB("12abc 西文 34")     '返回 18
```

③ Left()、Right()和 Mid()函数

```
Dim Strx as String * 12
Strx="12abc 西文 34"
Left(Strx,6)                '返回"12abc 西"
Left("12abc 西文 34",4)      '返回"12ab"
Right(Strx,6)               '返回"bc 西文 34"
Right("12abc 西文 34",4)     '返回"西文 34"
Mid(Strx,6)                 '返回"bc 西文 34"
Mid(Strx,2,4)               '返回"2abc"
Mid("12abc 西文 34",2,10)    '返回"2abc 西文 34"
```

④ Ltrim ()、Rtrim ()和 Trim ()函数

```
Dim Strx as String * 12
Strx="   学年   第一学期成绩表   "
Ltrim(Strx)              '返回"学年      第一学期成绩表"
Rtrim(Strx,6)           '返回"   学年      第一学期成绩表"
Trim(Strx)              '返回"学年      第一学期成绩表"
```

4. 日期/时间函数

日期/时间函数用于处理日期和时间型表达式或变量。常用的日期/时间函数见表 8-12。

表 8-12　常用的日期/时间函数

函　　数	函 数 说 明
Date()或 Date	当前系统日期
Time()或 Time	当前系统时间
Now	当前系统日期和时间
Year(日期表达式)	返回日期表达式的年份
Month(日期表达式)	返回日期表达式的月份
Day(日期表达式)	返回日期表达式的天数
Weekday(日期表达式)	返回数值(1～7)，1 为星期日，2 为星期一，以此类推
Hour(时间表达式)	返回时间表达式的小时数
Minute(时间表达式)	返回时间表达式的分钟数
Second(时间表达式)	返回时间表达式的秒数
DateAdd(间隔目标,间隔值,日期表达式)	对间隔目标加上或减去指定的间隔值
DateDiff(间隔目标,日期 1,日期 2)	按间隔目标计算日期 1 与日期 2 直接的时间间隔
DatePart(间隔目标,日期表达式)	返回日期表达式中按间隔目标指定部分的值
DateSerial(表达式年,表达式月,表达式日)	生产格式为(年、月、日)的日期值
MonthName(N)	把数值 N(1～12)转换为月份名称，2 转换为"二月"
WeekdayName(N)	把数值 N(1～7)转换为星期名称，星期日为 1

【例题 8-11】　日期/时间函数应用示例。

```
D=Date                              'D 为当前系统时钟日期
t=Time()                            'T 为当前系统时钟时间
DT=Now()                            'DT 为当前系统时钟日期和时间
D=#2/28/2005#
Year(D)/Year(#2/28/2005#)           '结果为 2005
Month(D)/Month(#2/28/2005#)         '结果为 2
Day(D)/Day(#2/28/2005#)             '结果为 28
Weekday(D)/Weekday(#2/28/2005#)     '结果为 2,2005 年 2 月 28 日为星期一
t=#11:38:45 AM#
Hour(t)/Hour(#11:38:45 AM#)         '结果为 11
Minute(t)/Minute(#11:38:45 AM#)     '结果为 38
```

```
Second(t)/Second(#11:38:45 AM# )                   '结果为 45
D=#2/28/2005 11:38:45 AM#
DateAdd("yyyy",1,D)                                 '结果为#2006-2-28 11：38：45#,日期加 1 年
DateAdd("q",-1,D)                                   '结果为#2004-11-28 11：38：45#,日期减 1 季度
DateAdd("m",6,D)                                    '结果为#2005-8-28 11：38：45#,日期加 6 个月
DateAdd("d",-6,D)                                   '结果为#2005-2-22 11：38：45#,日期减 6 日
DateAdd("ww",2,D)                                   '结果为#2005-3-14 11：38：45#,日期加 2 周
D1=#6/16/2004 7：12：30 PM#                          '若 D1<D2,间隔用负值表示
D2=#2/28/2005 11：38：45 AM#
DateDiff("yyyy",D1,D2)                              '结果为 1,D1 与 D2 间隔 1 年
DateDiff("q",D1,D2)                                 '结果为 3,D1 与 D2 间隔 3 季度
DateDiff("m",D1,D2)                                 '结果为 8,D1 与 D2 间隔 8 个月
DateDiff("m",D2,D1)                                 '结果为-8,D2 与 D1 间隔 8 个月
DateDiff("ww",D1,D2)                                '结果为 37,D1 与 D2 间隔 37 周
DateDiff("h",D1,D2)                                 '结果为 6160,D1 与 D2 间隔 6160 小时
D=#2/28/2005 11：38：45 AM#
DatePart("yyyy",D)                                  '结果为 2005,年份值
DatePart("q",D)                                     '结果为 1,季度值
DatePart("m",D)                                     '结果为 2,月份值
DatePart("d",D)                                     '结果为 28,日数值
DatePart("ww",D)                                    '结果为 10,周数值
DateSerial(2005,2,25)                               '结果为#2005-2-25#
DateSerial(2005,2,40)                               '结果为#2005-3-12#
DateSerial(2005,4-1,0)                              '结果为#2005-2-28#
DateSerial(2005,16,24)                              '结果为#2006-4-24#
```

5. 格式输出函数

格式输出函数的作用是使数值、日期或字符串按指定的格式输出(显示或打印),一般用于 Print 方法中,这里主要介绍 Format()函数,它用于格式化数值表达式的输出其函数格式为:

```
Format(表达式 [,格式符])
```

其中,表达式为要格式化的数值、日期或字符串表达式。格式符指定格式的符号代码,在使用时要加引号。格式符分为三类:数值格式符、日期格式符和字符串格式符。

(1)数值格式符。常用的数值格式符如表 8-13 所示。

说明:

① 格式符 0:数值表达式的整数部分位数多于格式符 0 规定的整数位数,按实际数值显示;否则,整数前补 0。小数部分位数多于格式符 0 规定的小数位数,多出部分四舍五入处理,否则,小数后补 0。

② 格式符♯:与格式符 0 的不同之处是,对于数值表达式的整数部分位数少于格式符♯规定的整数位数或小数部分位数少于格式符♯规定的小数位数,前后不作补 0 处理。

表 8-13　常用数值格式符

格式符	格 式 作 用	应 用 实 例
0	格式定位符	Format(1234.567,"00000.0000"),结果 01234.5670 Format(1234.567,"000.00"),结果 1234.57
#	格式定位符	Format(1234.567,"#####.####"),结果 1234.567 Format(1234.567,"###.##"),结果 1234.57
.	与格式定位符配合使用,加小数点	Format(1234,"0000.00"),结果 1234.00
,	与格式定位符配合使用,加千分位	Format(1234.567,"#,###.##"),结果 1,234.57
%	数值先乘 100,再加百分号	Format(1234.567,"####.##%"),结果 123 467.7%
$	在数字前加 $	Format(1234.567,"$###.##"),结果 $1234.57
+	在数字前加+	Format(1234.567,"+###.##"),结果+1234.57
-	在数字前加-	Format(1234.567,"-###.##"),结果-1234.57
E+	用指数表示	Format(0.1234,"0.00E+00"),结果 1.23E-01
E-	用指数表示	Format(1234.567,"00E-00"),结果.12E04

【例题 8-12】 数值格式符应用示例。

```
str1="1234.567"
Format(str1,"00.00")              '显示结果为: 1234.57
Format(str1,"00000.0000")         '显示结果为: 01234.5670
Format(str1,"##.##")              '显示结果为: 1234.57
Format(str1,"#####.#### ")        '显示结果为: 1234.567
```

(2) 日期/时间格式符。常用的日期/时间格式符见表 8-14 和表 8-15。

表 8-14　常用日期格式符

格式符	功　能	应 用 实 例
d	显示日数,个位前不加 0	Format(#2010-10-2#,"yy/m/d"),结果#10-10-2#
dd	显示日数,个位前加 0	Format(#2010-10-2#,"yy/m/dd"),结果#10-10-02#
ddd	显示星期缩写,如 Mon	Format(#2010-10-2#,"yy/m/ddd"),结果 Sat
dddd	显示星期全名,如 Monday	Format(#2010-10-2#,"yy/m/dddd"),结果 Saturday
ddddd	显示完整日期:yy/mm/dd	Format(#2010-10-2#,"yy/m/ddddd"),结果#2010-10-2#
dddddd	显示长日期:yyyy 年 m 月 d 日	Format(#2010-10-2#,"yy/m/dddddd"),结果 2010 年 10 月 2 日
w	用 1~7 表示星期,1 代表星期日	Format(#2010-10-2#,"w"),结果 1,表示星期日
ww	用 1~53 表示一年中的星期数	Format(#2010-10-2#,"ww"),结果 20,表示年度的第 20 周

表 8-15 常用时间格式符

格式符	功 能	应 用 实 例
m	显示月份,个位前不加 0	Format(♯2010-10-2♯,"yy/m/d"),结果♯10-10-2♯
mm	显示月份,个位前加 0	Format(♯2010-10-2♯,"yy/mm/dd"),结果♯10-10-02♯
mmm	显示月份缩写,如 Jan	Format(♯2010-10-2♯,"yy/mmm/d"),结果 10-Oct-2
mmmm	显示月份全名,如 January	Format(♯2010-10-2♯,"yy/mmmm/d"),结果 10-October-2
y	用 1～366 表示一年中的某天	Format(♯2010-10-2♯,"y"),结果 275,年度的第 275 天
yy	用 2 位数显示年份:00～99	Format(♯2010-10-2♯,"yy/m/dd"),结果♯10-10-02♯
yyy	用 4 位数显示年份:0100～9999	Format(♯2010-10-2♯,"yyyy/m/dd"),结果♯2010-10-02♯
q	用 1～4 表示季度数	Format(♯2010-10-2♯,"q"),结果 4,年度的第 4 季度
h	显示小时,个位前不加 0	Format(♯6:25:47♯,"h"),结果 6
hh	显示小时,个位前加 0	Format(♯6:25:47♯,"hh"),结果 06
n	显示分钟,个位前不加 0	Format(♯6:5:47♯,"n"),结果 5
nn	显示分钟,个位前加 0	Format(♯6:5:47♯,"nn"),结果 05
s	显示秒数,个位前不加 0	Format(♯6:25:7♯,"s"),结果 7
ss	显示秒数,个位前加 0	Format(♯6:25:7♯,"ss"),结果 07
ttttt	显示完整时间:hh:mm:ss	Format(♯6:25:47♯,"ttttt"),结果 6:25:47
AM/PM	12 小时时钟,午前/后为 AM/PM	Format(♯6:25:47 AM♯,"h:m:s"),结果 6:25:47 AM
am/pm	12 小时时钟,午前/后为 am/pm	Format(♯6:25:47 am♯,"h:m:s"),结果 6:25:47 am
A/P	12 小时时钟,午前/后为 A/P	Format(♯6:25:47 A♯,"h:m:s"),结果 6:25:47 A
a/p	12 小时时钟,午前/后为 a/p	Format(♯6:25:47 a♯,"h:m:s"),结果 6:25:47 a

说明:

① 时间分钟的格式符 m、mm 与月份的格式符相同,区分的方法是:在 h、hh 后为分钟格式符,否则为月份格式符。

② 在格式字符串中出现的非格式符符号,如 —、/和:等原样显示。

【例题 8-13】 创建一个窗体,添加两个名为 lbe1 和 lbe2 的标签控件,在窗体的 Click 事件中,通过使用 Format() 和 Now 函数,格式化显示当前系统时钟日期时间。

```
Private Sub Form_Click()
    Me.Caption=Now                          '2005-3-20 20:08:33
    Me!lbe1.caption=Format(Now,"dddddd")    '2005 年 3 月 20 日
    Me!lbe2.caption=Format(Now,"ttttt")     '20:08:33
End Sub
```

注意:窗体的 Click 事件需在窗体的主体节以外区域单击触发。

(3) 字符串格式化。字符串格式化主要是字符串的大小写与位数格式化,常用的字符串格式符见表 8-16。

表 8-16　常用字符串格式符

格式符	功　　能	应 用 实 例
<	指定字符串以小写显示	Format("ABCDEFG","<"),结果为 abcdefg
>	指定字符串以大写显示	Format("abcdefg",">"),结果为 ABCDEFG
@	字符串位数少于格式符位数,字符前加空格	Format("abcdefg","@@@@@@@@"),结果为"　abcdefg"
&	字符串位数少于格式符位数,字符前加空格	Format("abcdefg","&&&&&&&&"),结果为"abcdefg"

6. 其他常用函数

（1）InputBox()函数。

InputBox()函数用于 VBA 与用户之间的人机交互。InputBox()函数打开一个对话框,显示相应提示信息并等待用户输入内容,当用户在文本框中输入内容并单击"确定"按钮或按 Enter 键时,函数返回输入的内容,其值的类型为字符串。在 VBA 中可以函数的形式调用 InputBox(),调用格式为:

```
InputBox(prompt[,title][,default][,xpos][,ypos][,helpfile,context])
```

参数说明如下:

prompt(提示):必选参数,在对话框中作为提示信息,可以是字符串表达式或汉字,内容最长约为 1024 个字符。内容要用多行时,可在每行末加回车符(Chr(13))和换行符(Chr(10))。

title(标题):可选参数,在对话框中作为标题提示信息,可以是字符串表达式。若省略,则默认把应用程序名显示在标题栏中。

default(默认值):可选参数,字符串表达式,当输入对话框中无输入时,该默认值作为输入的内容。

xpos(x 坐标位置)、ypos(y 坐标位置):可选参数,整型数值表达式,单位为 twip。分别指定对话框的左边与屏幕左边的水平距离、对话框的上边与屏幕上边的距离。若省略,则对话框水平居中和垂直放置于距下边大约 1/3 的位置,屏幕左上角为坐标原点。

helpfile(帮助文件):可选参数,字符串表达式,用于识别帮助文件,在输入对话框中增加"帮助"按钮,为输入对话框提供上下文相关的帮助。如果选用了 helpfile 参数,则必须选用 context 参数。

context(帮助文件):可选参数,数值表达式,指定某个帮助主题的帮助上下文编号。如果选用了 context 参数,则必须选用 helpfile 参数。

在调用该函数时,若省略中间部分参数,则分隔符逗号","不能省略,因为函数是通过位置来识别某个参数。例如,使用下面的调用语句可打开如图 8-12 所示的输入对话框。

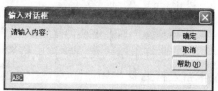

图 8-12　InputBox 输入对话框

调用语句为：

```
strx=InputBox("请输入内容：","输入对话框","ABC",5000,4000,"使用说明",1)
```

（2）MsgBox()函数与 MsgBox 过程。

MsgBox 用于打开一个信息框，等待用户单击按钮并返回一整数值，告诉系统用户单击了哪一个按钮，若不需要返回值，可直接作为命令语句使用，显示提示信息。在 VBA 中可以函数的形式调用，格式为：

```
MsgBox(prompt[,buttons][,title][,helpfile,context])
```

参数说明如下：

buttons（按钮）：可选参数，指定在信息框中显示按钮的数目、形式、图标样式、默认按钮及信息框的强制回应。如果省略，系统默认 buttons 的值为0。

按钮的数目设置：可以使用内部常数或数字（1~5），设定值与按钮的数目的对应关系如表 8-17 所示。图标样式设定值与样式对应关系如表 8-18 所示。默认按钮设定值及作用如表 8-19 所示。

表 8-17　按钮设置及作用

按钮数目设置值		信息框按钮显示结果		
使用内部常数	使用数字（1~5）	按钮数量	按钮名称	返回值
VbOkOnly	0	1	"确定"	1
VbOkCancel	1	2	"确定"、"取消"	1、2
VbAboutRetryIgnore	2	3	"终止"、"重试"、"忽略"	3、4、5
VbYesNoCancel	3	3	"是"、"否"、"取消"	6、7、2
VbYesNo	4	2	"是"、"否"	6、7
VbRetryCancel	5	2	"重试"、"取消"	4、2

表 8-18　图标样式设定值及作用

内部常数	数字	图标样式
VbCritical	16	红色×表示
VbQuestion	32	询问信息图标？
VbExclamation	48	警告信息图标！
VbInformation	64	信息图标 i

表 8-19　默认按钮设定值及作用

内部常数	数字	功能
VbDefaultButton1	0	默认按钮 1
VbDefaultButton2	256	默认按钮 2
VbDefaultButton3	512	默认按钮 3

buttons（按钮）的多个设定值可以使用加号＋连接起来。例如，使用如下语句调用 MsgBox 函数：

```
intx=MsgBox("提示信息：",1+VbQuestion+VbDefaultButton1+0,"标题信息")
```

运行结果如图 8-13 所示。

单击"确定"按钮，intx 返回 1；单击"取消"按钮，intx 返回 2。也可以在程序语句中使用 MsgBox 过程，例如，使用如下语句：

```
MsgBox"提示信息：",1+VbQuestion+VbDefaultButton1+0,"标题信息"
```

图 8-13　运行结果

与调用 MsgBox 函数的区别是：不返回值及不需使用括号（）。

（3）IIf()函数。该函数可用于选择操作，调用格式为：

```
IIf(条件表达式,表达式 1,表达式 2)
```

功能：函数根据"条件表达式"的值来决定返回值。如果"条件表达式"的值为"真"（True），函数返回"表达式 1"的值；"条件表达式"的值为"假"（False），函数返回"表达式 2"的值。

例如，使用 IIf 函数计算学生成绩表中的"成绩(cj)"字段大于等于 60 时返回"及格"；否则，返回"不及格"。在显示学生成绩信息的窗体上添加一个计算控件，用于显示 IIf 函数的返回值。可将 text1 控件的 ControlSource 属性设置为如下表达式：

```
=IIf([cj]>=60,"及格","不及格")
```

或在事件过程中使用赋值语句：

```
Me!text1=IIf([cj]>=60,"及格","不及格")
```

8.2.9 程序语句

VBA 中的语句是能够完成某项操作的一条完整命令，程序由大量的命令语句构成。命令语句可以包含关键字、函数、运算符、变量、常数以及表达式。VBA 语句一般分为三种类型：

（1）声明语句：用来为变量、常量、程序或过程命名，指定数据类型。

（2）赋值语句：用来为变量指定一个值或表达式。

（3）执行语句：用来调用过程、执行一个方法或函数，可以循环或从代码块中分支执行，实现各种流程控制。

1. 程序语句书写规则

（1）不区分字母的大小写。在 VBA 代码语句中，不区分字母的大小写，但要求标点符号和括号等要用西文格式。语句中的关键字，首字母均转换成大写，其余字母转换成小写。对用户自定义的变量和过程名，VBA 以第一次定义的格式为准，以后引用输入时自动向首次定义的转换。

（2）语句书写规定。通常将一条语句写在一行，若语句较长，一行写不下时，可在要续行的行尾加上续行符（空格＋下划线_），在下一行续写语句代码。在同一行上可以书写多条语句，语句间用冒号：分隔，一行允许多达 255 个字符。输入一行语句并按 Enter 键，VBA 会自动进行语法检查。如果语句存在错误，该行代码将以红色显示（或伴有错误信息提示）。

（3）注释语句。在应用系统开发中，为便于程序的调试与维护，应使用注释语句。使用 Rem 语句，Rem 语句在程序中作为单独一行语句，使用格式为："Rem 注释内容"。Rem 语句多用于注释其后的一段程序。用单引号引导的注释可以直接出现在一行语句的后面,单引号引导的注释多用于一条语句。

例如,定义变量并赋值。

```
Rem 定义 2 个 Variant 型变量
Dim Str1,Str2
Str1="学生基本信息报表"                    '该变量用于学生基本信息报表表头
Str2="制表单位:××大学":                  Rem 该变量用于学生基本信息报表页脚
```

添加到程序中的注释语句或内容,系统默认以绿色文本显示,在运行 VBA 代码时,将自动忽略掉注释。

2. 声明语句

通过声明语句可以命名和定义过程、变量、数组或常量。当声明一个过程、变量或数组时,也同时定义了它们的作用范围,此范围取决于声明位置(子过程、模块或全局)和使用什么关键字(Dim、Public、Static 或 Global 等)来声明它。例如,有如下程序段:

```
Sub Myproc()
Dim SinS as Single,SinR as Single2
Const P=3.14159"
    ……
End Sub
```

上述语句声明定义了一个名为 Myproc 的子过程,Dim 语句定义了两个名称分别为 SinS 和 SinR 的单精度数据变量,Const 语句定义了一个名为 P 的符号常量。当这个子过程被调用或运行时,所有包含在 Sub 和 End Sub 之间的语句都会被执行。

3. 赋值语句

赋值语句用于指定一个值或表达式给变量或常量。使用格式为:

```
[Let]变量名=值或表达式
```

其中:Let 为可选项,在使用赋值语句时,一般省略。例如:

```
Dim SinS as Single,SinR as Single
SinS=1234.567
Let SinR=12.3
```

关于使用赋值语句的说明:

(1)当数值表达式与变量精度不同时,系统强制转换成变量的精度。例如:

```
Dim IntN as Integer
IntN=10.6              'IntN 为整型变量,10.6 经四舍五入转换后赋值,IntN 值为 11
```

(2)当表达式是数字字符串,变量为数值型,系统自动转换成数值类型再赋值,若表达式含有非数字字符或空串时,赋值出错。例如:

```
IntN%="123"            'IntN 值为 123
```

```
IntN%="1a2 3"                      '出错,类型不匹配
```

（3）不能在一个赋值语句中,同时给多个变量赋值。

例如,以下语句语法没有错误,但结果不正确:

```
x%=y%=z%=10
```

（4）实现累加作用的赋值语句。例如:

```
n=n+1              '取变量 n 中的值加 1 后再赋给 n,与循环语句结合,可实现计数
```

说明：还有一个赋值语句是 Set 语句,在 8.2.6 小节已介绍,它用来指定一个对象给已声明为对象类型的变量,Set 关键字不能省略。

4. 标号和 GoTo 语句

GoTo 语句用于在程序执行过程中实现无条件转移。格式为:

```
GoTo 标号
```

程序执行过程中,遇到 GoTo 语句,会无条件地转到其后的标号位置,并从该位置继续执行程序。标号定义时,名字必须从代码行的第一列开始书写,名字后加冒号“：”。

例如:

```
……
GoTo Label1              '跳转到标号为 Label1 的位置执行
……
Label1:                  '定义的 Label1 标号位置
……
```

说明：

① GoTo 语句在早期的 BASIC 语言中曾广泛应用。

② 在 VBA 中,程序的执行流程可用结构化语句控制,除在错误处理的“On Error GoTo…”结构中使用外,应避免使用 GoTo 语句。

5. 执行语句

执行语句是程序的主体,程序功能靠执行语句来实现。语句的执行方式按流程可以分为顺序结构、条件判断结构和循环结构三种。

顺序结构：按照语句的逻辑顺序依次执行,如赋值语句。

条件判断结构：又称选择结构,根据条件是否成立选择语句执行路径。

循环结构：可重复执行某一段程序语句。

（1）If 条件语句。

在 VBA 代码中使用 If 条件语句,可根据条件表达式的值来选择程序执行哪些语句。

If 条件语句的主要格式有：单分支、双分支和多分支等。

单分支结构语句格式为：

```
If<条件表达式>Then<语句>
```

或

```
If<条件表达式>Then
   <语句块>
End If
```

功能：当条件表达式为真时，执行 Then 后面的语句块或语句，否则不做任何操作。

说明：语句块可以是一条或多条语句。在使用单行简单格式时，Then 后只能是一条语句，或者是多条语句用冒号分隔，但必须与 If 语句在一行上。

例如，比较两个数值变量 x 和 y 的值，用 x 保存大的值，y 保存小的值。语句如下：

```
If  x<y Then
    t=x                          't 为中间变量,用于实现 x 与 y 值的交换
    x=y
    y=t
End If
```

或

```
If x<y Then t=x: x=y: y=t
```

双分支结构语句格式为：

```
If<条件表达式>Then 语句 1 Else 语句 2
```

或

```
If<条件表达式>Then
    <语句 1>
Else
    <语句 2>
End If
```

功能：当条件表达式为真时，执行 Then 后面的语句块 1 或语句 1，否则执行 Else 后面的语句块 2 或语句 2。

【例题 8-14】 编写计算 x 的平方根（x>＝0 时），x 的绝对值（x<0 时），函数的程序语句如下：

```
If  x>=0  Then
    y=sqr(x)
Else
    y=abs(x)
End If
```

或

```
If x>=0 Then y=aqr(x) Else y=abs(x)
```

本例亦可用单分支结构语句实现，读者可自己给出程序语句。

双分支结构语句只能根据条件表达式的真和假来处理两个分支中的一个。当有多种条件时，要使用多分支结构语句。多分支结构语句格式为：

```
If<条件表达式 1>Then
<语句块 1>
……
ElseIf<条件表达式 2>Then
< 语句块 2>
    [Else
        <语句块 n+1>]
End If
```

功能：依次测试条件表达式 1、条件表达式 2……，当遇到条件表达式为真时，则执行该条件下的语句块。如均不为真，若有 Else 选项，则执行 Else 后的语句块，否则执行 End If 后面的语句。

说明：ElseIf 中不能有空格。不管条件分支有几个，程序执行了一个分支后，其余分支不再执行。当有多个条件表达式同时为真时，只执行第一个与之匹配的语句块。因此，应注意多分支结构中条件表达式的次序及相交性。

【例题 8-15】 用窗体实现如下操作：当输入某同学期末考试科目的总平均成绩时，显示该生对应的五级制总评结果。

操作步骤：在窗体中添加以下控件。①创建两个标签控件，其标题分别设为总平均成绩和总评结果。②创建两个文本框控件，其名字分别设为 Zpcj 和 Zpjg。③创建一个命令按钮，其标题为"评定"，在其 Click 事件过程中，加入如下代码语句：

```
Private Sub command1_Click()
    If Me!Zpcj>=90 Then
        Me!Zpjg="优秀"
    ElseIf Me!Zpcj>=80 Then
        Me!Zpjg="良好"
    ElseIf Me!Zpcj>=70 Then
        Me!Zpjg="中等"
    ElseIf Me!Zpcj>=60 Then
        Me!Zpjg="及格"
    Else
        Me!Zpjg="不及格"
    End If
End Sub
```

运行结果：当在总平均成绩文本框中输入任何数值数据时，单击"评定"按钮，总评结果将显示在总评结果框中。

If 语句的嵌套使用：If 或 Else 后面的语句块中又包含有 If 语句。例如：

```
If<条件表达式 1>Then
```

```
    <语句块 1>
    If<条件表达式 11>Then
        <语句块 11>
    End If
    ...
End If
```

【例题 8-16】 比较 3 个数值变量 x、y 和 z 的值,通过交换,使得 x>y>z。

程序语句如下:

```
If  x<y Then
    t=x:x=y:y=t               '如果 x.<x,x 与 y 交换,使得 x>y
End If
If  y< z Then
    t=y:y=z:z=t               '如果 y.<z,y 与 z 交换,使得 y>z
    If  x<y Then
        t=x:x=y:y=t           '此时的 x,y 值已不是原先的值
    End If
End If
```

应注意的是:

① 嵌套 If 语句应注意书写格式,为提高程序的可读性,多采用锯齿型。

② 注意 If 与 End If 的配对。多个 If 嵌套,End If 与它最近的 If 配对。

(2) 多分支 Select Case 语句。

当条件选项较多时,使用 If 语句嵌套来实现,程序的结构会变得很复杂,不利于程序的阅读与调试,此时用 Select Case 语句会使程序结构更清晰。

Select Case 语句格式为:

```
Select Case 变量或表达式
    Case 表达式 1
    <语句块 1>
    Case 表达式 2
    <语句块 2>
            ...
    [Case Else
    <语句块 n+1>]
End Select
```

功能:Select 语句首先计算 Select Case 后<变量或表达式>的值,然后依次计算每个 Case 子句中表达式的值,如果<变量或表达式>的值满足某个 Case 值,则执行相应的语句块,如果当前 Case 值不满足,则进行下一个 Case 语句的判断。当所有 Case 语句都不满足时,执行 Case Else 子句。如果条件表达式满足多个 Case 语句,则只有第一个 Case 语句执行。

说明:"变量或表达式"可以是数值型或字符串表达式。Case 表达式与"变量或表达

式"的类型必须相同。

Case 表达式可以是下列几种格式：

① 单一数值或一行并列的数值，之间用逗号分开。

② 用关键字 To 分隔开的两个数值或表达式之间的范围，前一个值必须比后一个值要小。字符串的比较是从它们的第一个字符的 ASCII 码值开始比较的，直到分出大小为止。

③ 用 Is 关系运算符表达式。

例如：

```
Case 1 To 20
Case Is>20
Case 1 To 5,7,8,10,is>20
Case "A " To "Z "
```

【例题 8-17】 例题 8-15 中判定学生总评成绩的代码可改写为如下：

```
Select Case Val(me!Zpcj)
    Case is>=90
        me!Zpjg="优秀"
    Case 80,81,82 to 89
        me!Zpjg="良好"
    Case 70 to 79
        me!Zpjg="中等"
    Case 60 to 79
        me!Zpjg="及格"
    Case Else
        me!Zpjg="不及格"
End Select
```

又如：

```
Dim strx as string * 1
Dim stry as string
Select Case strx
    Case "A" to "Z","a" to "z"
        stry="英文字母"
    Case "!",",",".",";"
        stry="标点符号"
    Case Is< 68
        stry="字符的 ASCII 小于 68"
    Case Else
        stry="其他字符"
End Select
```

(3) 循环语句。

循环结构可以重复执行一个或多个语句。也可以定义一个条件，使得循环语句的执行变得有条件。

Do…Loop 循环语句语法格式为:

格式 1:

```
Do While 条件表达式
    <语句块>
[Exit Do]
Loop
```

或

```
Do Until 条件表达式
    <语句块>
[Exit Do]
Loop
```

功能:①Do While 循环语句:当条件表达式结果为真时,执行循环体,直到条件表达式结果为假或执行到 Exit Do 语句而退出循环体。②Do Until 循环语句:当条件表达式结果为假时,执行循环体,直到条件表达式结果为真或执行到 Exit Do 语句而退出循环体。

格式 2:

```
Do
    <语句块>
    [Exit Do ]
    <语句块>
Loop While 条件表达式
```

或

```
Do
    <语句块>
    [Exit Do]
    <语句块>
Loop Until 条件表达式
```

说明:①格式 1 循环语句先判断后执行,循环体有可能一次也不执行。②格式 2 循环语句为先执行后判断,循环体至少执行一次。③关键字 While 用于指明当条件为真时,执行循环体中的语句,而 Until 正好相反,条件为真前执行循环体中的语句。④在 Do…Loop 循环体中,可以在任何位置放置任意个数的 Exit Do 语句,随时跳出 Do…Loop 循环。⑤如果 Exit Do 使用在嵌套的 Do…Loop 语句中,则 Exit Do 会将控制权转移到 Exit Do 所在位置的外层循环。

当省略 While 或 Until 条件子句时,循环体结构变成如下格式:

```
Do
    <语句块>
    [Exit Do]
```

```
    <语句块>
Loop
```

循环结构仅由 Do...Loop 关键字组成,表示无条件循环,若在循环体中不加 Exit Do 语句,循环结构为死循环。

【例题 8-18】 把 26 个小写英文字母赋给数组 strx。

```
Dim strx(1 to 26)As String
Dim I As Integer
I=1
Do While I<=26
    strx(I)=Chr(I+96)
    I=I+1
Loop
```

For...Next 循环语句用于循环次数已知的循环操作。语句格式为:

```
For 循环变量=初值 To 终值[step 步长值]
    <语句块>
    [Exit For]
    <语句块>
Next 循环变量
```

功能:①循环变量先被赋初值。②判断循环变量是否在终值内,如果是,执行循环体,然后循环变量加步长值继续;如果否,结束循环,执行 Next 后的语句。

说明:①循环变量必须为数值型。②step 步长值:可选参数,如果没有指定,则 step 的步长值默认为 1。注意:步长值可以是任意的正数或负数。一般为正数,初值应小于等于终值;若为负数,初值应大于等于终值;步长值不能为 0。

【例题 8-19】 把 26 个大写英文字母赋给数组 strx。

```
Dim strx(1 to 26)As String
Dim I As Integer
I=1
For I=1 To 26
    strx(I)=Chr(I+64)
Next I
```

需要说明的是,循环体结束后,循环变量的值为循环终值＋步长,上例循环结束后 I 值为 27。

8.3　模块与过程

模块是将 VBA 声明和过程作为一个单元进行保存的集合。模块有两个基本类型:类模块和标准模块。模块中的代码以过程的形式加以组织,每一个过程都可以是一个函数过程(Function 过程)或一个子过程(Sub 过程)。在 Access 中，绑定型程序指的是类模块；独立程序模块指的是标准模块。

1. 类模块

窗体模块和报表模块都是类模块，而且它们通常都含有事件过程，该过程用于响应窗体或报表中的事件。可以使用事件过程来控制窗体和报表的行为，以及它们对用户操作的响应，例如单击某个命令按钮。

为窗体或报表创建第一个事件过程时，Microsoft Access 将自动创建与之关联的窗体或报表模块。如果要查看窗体或报表的模块，可以单击窗体或报表设计视图中工具栏上的"代码"命令。

窗体模块或报表模块中的过程可以调用已经添加到标准模块中的过程。窗体模块或报表模块的作用范围局限在其所属的窗体和报表内部，具有局部特性。在后面讲到变量的作用范围时，这一特征能得到充分体现。

2. 标准模块

标准模块是独立于窗体与报表的模块，一般用于存放公共过程(子过程和函数过程)，不与其他任何 Access 对象相关联。在 Access 2003 系统中，通过模块对象创建的代码过程就是标准模块。标准模块中的公共变量和公共过程具有全局性，其作用范围为整个应用系统。

8.3.1　创建模块

模块是以过程为单元组成的，一个模块包含一个声明区域及一个或多个子过程与函数过程，声明区域用于定义模块中使用的变量等内容。在新建模块操作中，使用"插入"菜单中的"过程"命令，打开如图 8-14 所示的对话框，可以选择在模块中添加子过程或函数过程，并设置其公共或私有属性。

过程是包含 VBA 代码的基本单位，由一系列可以完成某项指定的操作或计算的语句和方法组成，通常分为 Sub 过程(子程序)、Function 过程(函数)和 Property 过程(属性)，这里介绍 Sub 过程和 Function 过程。

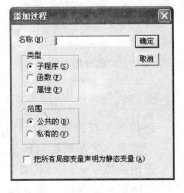

图 8-14　"添加过程"对话框

1. Sub 过程(子程序)

Sub 过程(又称子程序，子过程)以关键词 Sub 开始，以 End Sub 结束，其定义语句语法格式为：

```
[Public|Private][Static]Sub 子过程名([<形参>])[As 数据类型]
    [<子过程语句>]
```

```
        [Exit Sub]
        [<子过程语句>]
    End Sub
```

对于子过程,可以传送参数和使用参数来调用它,但不返回任何值。选用关键字 Public 可使该过程能被所有模块的所有其他过程调用。选用关键字 Private 可使该过程只能被同一模块的其他过程调用。在一个子过程中,也可以调用其他子过程或打开窗体等对象。

【例题 8-20】 在名为 OpenCT 控件的"单击"事件过程中,使用 OpenForm 方法打开"学生信息录入"窗体。

```
Private Sub OpenCT_Click()
    DoCmd.OpenForm "学生信息录入"
End Sub
```

子过程的调用形式有两种:

```
Call 子过程名([<实参>])
```



```
子过程名([<实参>])
```

2. 函数过程

函数也是一种过程,是一种特殊的、能够返回值的过程。函数过程以关键字 Function 开始,以 End Function 结束,其定义语句语法格式为:

```
[Public|Private] [Static]Function 函数过程名([<形参>]) [As 数据类型]
    [<函数过程语句>]
    [函数过程名=<表达式>]
    [Exit Function]
    [<函数过程语句>]
    [函数过程名=<表达式>]
End Function
```

它和 Sub 过程很类似,但它通常都具有返回值,在代码中可以一次或多次为函数名赋一个值来作为函数的返回值。

选用关键字 Static,只要含有这个过程的模块是打开的,则在这个过程中无论是显式或隐式说明的变量值都将被保留。

As 数据类型子句:定义函数过程返回的变量数据类型,若未定义,系统将自动赋给函数过程一个最合适的数据类型。

【例题 8-21】 编写一个计算圆面积的函数过程 Area( )。

```
Public Function Area(r as Single)as Single
    If r<=0 Then
```

```
    MsgBox "圆的半径必须大于零",vbCritical,"警告"
    Area=0                        '半径为零,设置函数返回值为0
Exit Function                     '结束函数过程运行 0 c;e%A1 c& K; ^+R
  End If
  Area=3.14 * r * r
End Function
```

8.3.2 过程调用

过程有子过程、函数过程等类型,可将其理解为装有 VBA 程序代码的容器。

1. 函数过程的调用

函数过程的调用同标准函数的调用相同,语句格式如下:

函数过程名([实参列表])

说明:

多个实参之间用逗号分隔。实参列表必须与形参保持个数相同,位置与类型一一对应(在 VB 中允许两者个数不同),实参可以是常数、变量或表达式。

调用函数过程时,把实参的值传递给形参,称为参数传递。参数传递有两种方式,分别是传值(ByVal 选项)和传址(ByRef 选项)。

由于函数过程会返回一个值,故函数过程不作为单独的语句加以调用,必须作为表达式或表达式中的一部分使用。

例如,将函数过程返回值赋给某个变量。格式为:

变量=函数过程名([实参列表])

上面的语句将函数过程返回值作为某个过程的实参来使用。

【例题 8-22】 在窗体对象中,使用函数过程实现任意半径的圆面积计算,当输入圆半径值时,计算并显示圆面积。

操作步骤:①在窗体中添加两个标签控件,其标题分别设为半径、圆面积。②创建两个文本框控件,其名字分别设为 SR、SS。③创建一个命令按钮,其标题设为"计算",在其 Click 事件过程中,加入如下代码:

```
Private Sub command1_Click()
    me!SS=Area(me!SR)
End Sub
```

在窗体模块中,建立求解圆面积的函数过程 Area()。代码如下:

```
Public Function Area(r As Single) As Single
    If r<=0 Then
        MsgBox"圆面积必须为正值",vbCritical,"警告"
        Area=0
```

```
        Exit Function
    End If
    Area=3.14 * r * r
End Function
```

运行结果：当在"半径"文本框中输入数值数据时，单击"计算"按钮，将在"圆面积"文本框中显示计算的圆面积值。

2. 子过程的调用

子过程的调用有两种方法，语句格式为：

Call 子过程名 [(实参列表)]

和

子过程名 [实参列表]

说明：①用 Call 关键字调用子过程时，若有实参，则必须把实参用圆括号括起，无实参时可省略圆括号。②不使用 Call 关键字，若有实参，也不需用圆括号括起。③若实参要获得子过程的返回值，则实参只能是变量，不能是常量、表达式或控件名。

【例题 8-23】 在窗体对象中，使用子过程实现数据的排序操作，当输入两个数值时，从大到小排列并显示结果。

操作步骤：在窗体中添加以下控件：①创建两个标签控件，其标题分别设为 x 值和 y 值。②创建两个文本框控件，其名字分别设为 Sinx 和 Siny。③创建一个命令按钮，其标题设为"排序"，在其 Click 事件过程中，加入如下代码语句：

```
Private Sub command1_Click()
    Dim a,b
    If Val(me!Sinx)>Val(me!Siny))
        MsgBox"x 值大于 y 值,不需要排序",vbinformation,"提示"
        Me!Sinx.SetFocus
    Else
        a=Me!Sinx
        b=Me!Siny
        Swap a,b
        Me!Sinx=a
        Me!Siny=b
        Me!Sinx.SetFocus
    End If
End Sub
```

在窗体模块中，建立完成排序功能的子过程 Swap。代码如下：

```
Public Sub Swap (x,y)
    Dim t
    t=x
```

```
    x=y
    y=t
End Sub
```

运行窗体,可实现输入数据的排序。

在上面的例子中,Swap(x,y)子过程定义了两个形参 x 和 y,主要任务是:从主调程序获得初值,又将结果返回给主调程序,而子过程名 Swap 是无值的。

要正确区分和理解子过程与函数过程的异同,便于在程序开发中,充分发挥子过程与函数过程的作用。

3. 参数传递

在调用过程中,一般主调过程和被调过程之间有数据传递,也就是主调过程的实参传递给被调过程的形参,然后执行被调过程。

在 VBA 中,实参向形参的数据传递有两种方式,即传值(ByVal 选项)和传址(ByRef 选项),传址调用是系统默认方式。区分两种方式的标志是:要使用传值的形参,在定义时前面加有 ByVal 关键字,否则为传址方式。

(1) 传值调用的处理方式是:当调用一个过程时,系统将相应位置实参的值复制给对应的形参,在被调过程处理中,实参和形参没有关系。被调过程的操作处理是在形参的存储单元中进行,形参值由于操作处理引起的任何变化均不反馈、影响实参的值。当过程调用结束时,形参所占用的内存单元被释放,因此,传值调用方式具有单向性。

(2) 传址调用的处理方式是:当调用一个过程时,系统将相应位置实参的地址传递给对应的形参。因此,在被调过程处理中,对形参的任何操作处理都变成了对相应实参的操作,实参的值将会随被调过程对形参的改变而改变,传址调用方式具有双向性。

需要说明的是:①在调用过程时,若要对实参进行处理并返回处理结果,必须使用传址调用方式。这时的实参必须是与形参同类型的变量,不能是常量或表达式。②若不想改变实参的值,一般应选用传值调用方式。因为在被调过程中对形参的任何改变都不会影响到实参,因此,减少了各过程之间的关联,增强了程序的可靠性和便于程序的调试。③当实参是常量或表达式时,形参即使以传址定义说明,实际传递的也只是常量或表达式的值,这种情况下,传址调用的双向性不起作用。

【例题 8-24】 创建有参子过程 Test(),通过主调过程 Main_click()被调用,观察实参值的变化。

被调子过程 Test():

```
Public Sub Test(ByRef x As Integer)        '形参 x 说明为传址形式的整型量
    x=x+10                                  '改变形参 x 的值
End Sub
```

主调过程 Main_click():

```
Private Sub Main_click()
    Dim n As Integer                        '定义整型变量 n
```

```
        n=6                                      '变量 n 赋初值 6
        Call Test(n)
        MsgBox n                                 '显示 n 值
    End Sub
```

当主调过程 Main_click()调用子过程 Test()后,"MsgBox n"语句显示 n 的值已经发生了变化,其值变为 16,说明通过传址调用改变了实参 n 的值。

如果将主调过程 Main_click()中的调用语句"Call Test(n)"换成"Call Test(n+1)",再运行主调过程 Main_click(),结果会显示 n 的值依旧是 6。表明常量或表达式在参数的传址调用过程中,双向作用无效,不能改变实参的值。

在上例中,需要操作实参的值,使用的是系统默认的传址调用方式,若使用传值调用方式,请读者分析处理结果的变化。

8.4　DoCmd 对象

通过使用 DoCmd 对象的方法,VBA 可以执行各种 Access 操作。DoCmd 可以理解为执行一个命令。下面列举一些常用的操作。

```
DoCmd.OpenForm "学生信息"                        '打开窗体
DoCmd.Close                                     '关闭窗体
DoCmd.OpenQuery "不及格学生名单"                 '执行查询
DoCmd.OpenReport "学生成绩",acViewPreview        '报表预览
DoCmd.OpenReport "学生成绩"                      '报表直接打印
DoCmd.OpenTable "教师信息表"                     '运行表
DoCmd.RunMacro "宏1"                            '执行宏
```

小　　结

本章介绍了 VBA 编程的基础知识。主要内容包括 VBA 的各种数据类型,常量和变量的定义及使用,对象模型的应用,算术运算符、关系运算符和逻辑运算符的种类及优先级,表达式的构成,数组的声明与使用,条件分支语句和循环语句的控制结构,类模块和标准模块的概念,过程和函数的定义及调用,常用的内部函数的用法等。

习　题　8

一、选择题

1. 下列符号中,属于 VBA 的合法变量的是(　　)。
    A. Integer　　　　　B. a123　　　　　C. 123a　　　　　D. x-12

2. 使用 Dim 声明变量,若省略"As 类型",则所创建的变量默认为(　　)。

    A. Integer   B. String   C. Variant   D. 不合法变量

3. 当一个表达式中有多种不同类型的运算时,运算符的优先次序为(　　)。

    A. 逻辑运算符>关系运算符>连接运算符>算术运算符

    B. 关系运算符>算术运算符>逻辑运算符>连接运算符

    C. 算术运算符>连接运算符>关系运算符>逻辑运算符

    D. 连接运算符>逻辑运算符>算术运算符>关系运算符

4. 模块是存储代码的容器,其中窗体就是一种(　　)。

    A. 类模块   B. 标准模块   C. 子过程   D. 函数过程

5. 在过程内用 DIM 语句声明的变量为(　　)。

    A. 局部变量   B. 模块级变量   C. 全局变量   D. 静态变量

6. 有关对象变量的声明与赋值,下列说法正确的是(　　)。

    A. 使用 DIM 声明   B. 使用 PUBLIC 声明

    C. 使用 PRIVATE   D. 使用 SET 赋值

7. 程序调试的目的在于(　　)。

    A. 验证程序代码的正确性   B. 执行程序代码

    C. 查看程序代码的变量   D. 查找和解决程序代码错误

二、填空题

1. VBA 是 Microsoft Office 系列软件的内置编程语言,其语法与独立运行的 _____ 编程语言相互兼容。

2. 在 VBA 的内置函数中,用于显示输出信息的为 _____,接收用户输入数据的为 _____。

3. 一条语句可以分成若干行书写,但在要续行的行尾加上续行符: _____。

4. 在 For 循环中,步长可以是正数,也可以是负数,默认为 _____。

5. 自定义类型变量与数组的相同之处是,由若干个 _____ 组成。

6. 过程是包含 VBA 代码的基本单位,由一系列可以完成某项指定的操作或计算的语句和方法组成,通常分为 _____、_____、_____。

7. 在调用过程时,将主调过程的 _____ 传递给被调过程的 _____,完成二者的结合。

三、问答题

1. VBA 与 VB、Access 有什么联系?

2. 在 Access 中,既然已经提供了宏操作,为什么还要使用 VBA?

3. 什么是对象? 对象的属性和方法有什么区别?

4. 在 VBE 和 Access 窗体环境中,对象的属性、事件的使用有何区别? 系统对该对象发出某操作动作(如鼠标单击)时其响应的事件代码即操作是什么?

5. 利用对象对数据库进行管理的操作时,应注意哪些事项?

6. 如何在窗体上运行 VBA 代码？

7. 为什么要声明变量？未经声明而直接使用的变量是什么类型？

8. 什么是模块？模块分几类？

9. 简述 VBA 的过程。

10. Sub 过程和 Function 过程有什么不同，调用的方法有什么区别？

11. 什么是形参？什么是实参？

12. Public、Private 和 Static 各有什么作用？

13. 在窗体 1 通用声明部分声明的变量，可否在窗体 2 中的过程被访问？

四、程序设计题

1. 利用 IF 语句求三个数 X、Y、Z 中的最大数，并将其放入 MAX 变量中。

2. 编写求解一元二次方程根的程序代码。

3. 使用 Select Case 结构将一年中的 12 个月份，分成 4 个季节输出。

4. 求 100 以内的素数。

5. 编写实现学生登记的程序，要求如下：

（1）使用用户自定义数据类型声明一个"学生"变量，其中包括学生的"学号"、"姓名"、"性别"、"出生年月"和"入学成绩"。

（2）输入 5 个学生的情况，求全体学生"入学成绩"的平均值，并输出每个学生的"学号"和"入学成绩"以及全体学生的平均成绩。

第 9 章

VBA 数据库编程

学习目标

(1) 了解 VBA 数据库编程的基础知识；

(2) 掌握 VBA 连接数据库、数据操作、关闭数据库和程序调试的基本步骤与方法。

在第 8 章的学习中可以看出，VBA 可以处理 Access 内部的某些对象，如窗口、报表等。作为一个关系型数据库管理系统，Access 也提供了一些用于 Access 数据库编程的数据访问对象模型。VBA 可以通过这些模型提供的接口来访问 Access 内部的数据、设计模式等核心对象，从而实现更高级的数据库访问功能。

9.1 VBA 数据库编程

9.1.1 VBA 数据库编程概述

Microsoft 在 Access 中提供的数据访问对象模型有数据访问对象（DAO）和 ActiveX 数据对象（ADO）。DAO 主要是用来访问本地数据库对象，它不仅支持对 Access 的访问，也是 VBA 和其他数据库之间的访问接口。它支持两种不同的数据访问环境：Jet 数据库引擎接口和 ODBC Direct 接口。最初的 DAO 是针对 Jet 数据库引擎设计的，因此在使用它访问其他数据库管理系统的时候导致性能较低。于是 Microsoft 就提出了新的数据访问对象模型——远程数据对象（RDO）用来提高数据库访问的性能。从 DAO 3.5 开始，ODBC Direct 被引入其中，它就是以 RDO 为基础来访问数据库对象的技术。尽管 DAO 做了性能上的改进，但在访问远程数据库或者非 Access 数据库时，效率上仍然不能令人满意。于是 Microsoft 设计了 ADO 数据访问对象模型来解决这些问题。

9.1.2 ActiveX 数据对象 ADO

Access 中使用数据访问对象模型时，需要引入相应的库文件。从 Access 2000 开始，当数据库创建成功之后，就默认引用了 DAO 库和 ADO 库。在 VBA 编程环境中，选择"工具"菜单中的"引用"菜单项，打开"引用"窗口如图 9-1 所示，可以看到 Access 中引用的库。

ADO 包含几种可使用的接口对象,如 Connection 对象、Command 对象、RecordSet 对象、Error 对象、Parameter 对象和 Field 对象等,这些对象之间的关系如图 9-2 所示。

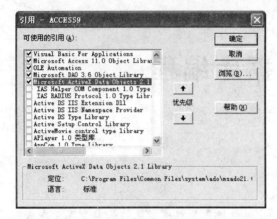

图 9-1　库引用

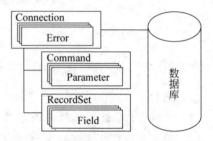

图 9-2　ADO 对象之间的关系

① Connection 对象用于连接数据库,提供访问数据库的基本接口,也是 RecordSet 对象和 Command 对象访问数据库的必经之路;

② RecordSet 对象(即记录集对象)用来存储对数据库进行操作时返回的数据集合;

③ Command 对象用来执行 SQL 命令,通常返回 RecordSet 对象供程序使用;

④ Error 对象位于 Connection 对象的 Errors 集合中,用来存储错误信息;

⑤ Parameter 对象位于 Command 对象的 Parameters 集合中,用来给命令传递参数信息;

⑥ Field 对象位于 RecordSet 对象的 Fields 集合中,用来存储字段数据信息。

使用 ADO 访问数据库的一般步骤为:首先建立与数据库的连接,其次对数据库进行数据操作,最后关闭连接。

1. 连接数据库

在 Access 中,提供了两种方法建立连接数据库的 Connection 对象。

第一种方法使用 Access 内部已经存在的 Connection 对象。Access 提供了一个 ADO 连接对象来管理数据库,该对象由 CurrentProject 对象管理,例如:

```
Dim conn As ADODB.Connection
Set conn=CurrentProject.Connection
```

第二种方法使用新的 Connection 对象,即使用 Connection 对象的 Open 方法来打开一个新的数据库连接,例如:

```
Dim conn As New ADODB.Connection
conn.Open CurrentProject.Connection
```

2. 数据操作

当 Connection 对象正确地连接到数据库,就可以使用 Connection 对象、Command 对象和 RecordSet 对象中的任何一个对象来对数据库进行数据操作。

（1）使用 Connection 对象进行数据操作。

Connection 对象可以使用 Execute 方法来进行数据操作,其声明为:

```
Connection.Execute CommandText [,RecordsAffected][,Options]
```

CommandText 参数指定命令执行文本,其值可以为 SQL 语句、表的名称、存储过程等。RecordsAffected 参数和 Options 参数可省略,分别用来返回所做数据操作影响的记录数量和用来指定 CommandText 参数取值的含义。

【例题 9-1】 在窗体上添加一个命令按钮,单击命令按钮后,向学生基本信息表中添加一条记录:学号为 900123,系别为计算机,姓名为张平。

【例题解析】 在命令按钮的单击事件中,使用 Connection 对象的 Execute 方法向表中添加记录。

程序如下:

```
Private Sub Command0_Click()
    '定义 Connection 对象
    Dim conn As ADODB.Connection
    '使用 Access 内置 Connection 对象
    Set conn=CurrentProject.Connection
    '使用 SQL 语句添加记录
    conn.execute "insert into 学生基本信息 (学号,系别,姓名)
                values('900123','计算机','张平')"
End Sub
```

（2）使用 Command 对象进行数据操作。

使用 Command 对象进行数据操作时,需要设置 ActiveConnection 属性值为已经连接数据库的 Connection 对象,并且设置 CommandText 属性为命令执行文本,再调用 Execute 方法。

【例题 9-2】 在窗体上添加一个命令按钮,单击命令按钮后,向学生基本信息表中添加一条记录:学号为 900234,系别为计算机,姓名为王兵。

【例题解析】 在命令按钮的单击事件中,使用 Command 对象的 Execute 方法向表中添加记录。

```
Private Sub Command1_Click()
    '定义 Connection 对象
    Dim conn As ADODB.Connection
    '定义并创建 Command 对象
    Dim cmd As New ADODB.Command
    '使用 Access 内置 Connection 对象
    Set conn=CurrentProject.Connection
    '设置 Command 对象的相关属性并执行
    cmd.ActiveConnection=conn
    cmd.CommandText="insert into 学生基本信息 (学号,系别,姓名)
```

```
                    values('900234','计算机','王兵')"
    cmd.Execute
    '释放内存资源
    Set cmd=Nothing
End Sub
```

（3）使用 RecordSet 对象进行数据操作。

Connection 对象和 Command 对象的 Execute 方法都会返回一个 RecordSet 对象,该对象存储着命令执行后生成的数据集。因此,比较复杂的数据操作一般都使用 RecordSet 对象。

RecordSet 对象可以对数据库进行查询、添加、修改、删除的操作,其常用的属性和方法如表 9-1、表 9-2 所示。

表 9-1　RecordSet 对象常用属性

属 性 名	描 述
ActiveConnection	设置用来连接数据库的 Connection 对象
RecordCount	获取 RecordSet 对象内存储的记录数量
Eof	判断数据集的记录指针是否到达记录集尾部
Bof	判断数据集的记录指针是否到达记录集首部

表 9-2　RecordSet 对象常用方法

方法名	描 述	方法名	描 述
Open	打开记录集	Cancel	取消正在执行的对记录集的操作
Close	关闭记录集	MoveFirst	将记录指针移至第一条记录
AddNew	在记录集末尾添加一条空记录	MoveLast	将记录指针移至最后一条记录
Update	提交记录更改	MovePrevious	将记录指针移至上一条记录
Delete	删除当前记录	MoveNext	将记录指针移至下一条记录
Refresh	刷新记录集数据		

使用 RecordSet 对象访问数据库时,通常先使用它的 Open 方法打开相应数据集,然后再使用 RecordSet 对象的 Fields 属性获取记录集中的字段。例如,如果一个 RecordSet 对象 rs 通过执行 SQL 语句"select * from 学生基本信息"获取了学生基本信息表的数据集,则可以使用下列语句获取当前记录的学号字段:

```
rs.Fields("学号")
rs.Fields(0)
```

上述两种写法中,分别用字段名和字段名在返回的数据集字段列表中的位置来获取字段值,其结果是相同的。

【例题 9-3】　在窗体上添加一个命令按钮,单击命令按钮后,显示学号为 900123 的学生的姓名及系别。

【例题解析】　在命令按钮的单击事件中,使用 RecordSet 的 Open 方法查找到学号为 900123 的学生记录,然后使用 Fields 集合获取记录中的字段值并使用 MsgBox 函数输出显示。

```
Private Sub Command2_Click()
    '定义 Connection 对象
    Dim conn As ADODB.Connection
    '定义并创建 RecordSet 对象
    Dim rs As New ADODB.RecordSet
    '使用 Access 内置 Connection 对象
    Set conn=CurrentProject.Connection
    '查找学号为 900123 的学生记录并显示
    rs.Open "select * from 学生基本信息 where 学号='900123'",
    conn,adOpenDynamic,adLockOptimistic,adCmdText
    MsgBox "姓名：" & rs.Fields("姓名") & ";系别：" & srs.Fields("系别")
     '关闭 RecordSet 对象并释放内存资源
     rs.Close
    Set rs=Nothing
End Sub
```

除了使用 SQL 语句之外，RecordSet 对象还可以使用 AddNew 方法来添加记录。

【例题 9-4】 在窗体上添加一个命令按钮，单击命令按钮后，添加学号为 900345、姓名为李力、系别为中文的学生信息。

【例题解析】 在命令按钮的单击事件中，使用 RecordSet 对象的 AddNew 方法添加记录。

```
Private Sub Command3_Click()
    '定义 Connection 对象
    Dim cn As ADODB.Connection
    '定义并创建 RecordSet 对象
    Dim rs As New ADODB.RecordSet
    '使用 Access 内置 Connection 对象
    Set conn=CurrentProject.Connection
    '打开学生基本信息表
    rs.Open "select * from 学生基本信息",conn,adOpenDynamic,
    adLockOptimistic,adCmdText
    '添加记录
    rs.AddNew
    rs.Fields("学号")="900345"
    rs.Fields("姓名")="李力"
    rs.Fields("系别")="中文"
    rs.Update
    '关闭 RecordSet 对象并释放内存资源
    rs.Close
    Set rs=Nothing
End Sub
```

在上例中,调用了 RecordSet 的 Update 方法用来提交对记录的更改,也可以使用该方法修改数据记录。

【例题 9-5】 在窗体上添加一个命令按钮,单击命令按钮后,修改学号为 900345 的学生系别为计算机。

【例题解析】 在命令按钮的单击事件中,首先使用 RecordSet 对象的 Open 方法找到学号为 900345 的学生记录,再使用 Fields 集合修改系别字段值为计算机,最后使用 Update 方法更新记录。

```
Private Sub Command4_Click()
    '定义 Connection 对象
    Dim conn As ADODB.Connection
    '定义并创建 RecordSet 对象
    Dim rs As New ADODB.RecordSet
    '使用 Access 内置 Connection 对象
    Set conn=CurrentProject.Connection
    '查找学号为 900345 的学生记录并修改系别字段
    rs.Open "select * from 学生基本信息 where 学号='900345'",
    conn,adOpenDynamic,adLockOptimistic,adCmdText
    rs("系别")="计算机"
    rs.Update
    '关闭 RecordSet 对象并释放内存资源
    rs.Close
    Set rs=Nothing
End Sub
```

RecordSet 对象提供了 Delete 方法来删除记录。

【例题 9-6】 在窗体上添加一个命令按钮,单击命令按钮后,删除学号为 900123 的学生记录。

【例题解析】 在命令按钮的单击事件中,首先使用 RecordSet 对象的 Open 方法找到学号为 900123 的学生记录,再使用 Delete 方法删除该记录。

```
Private Sub Command5_Click()
    '定义 Connection 对象
    Dim conn As ADODB.Connection
    '定义并创建 RecordSet 对象
    Dim rs As New ADODB.RecordSet
    '使用 Access 内置 Connection 对象
    Set conn=CurrentProject.Connection
    '查找学号为 900123 的学生记录并删除
    rs.Open "select * from 学生基本信息 where 学号='900123'",
    conn,adOpenDynamic,adLockOptimistic,adCmdText
    rs.Delete
    '关闭 RecordSet 对象并释放内存资源
    rs.Close
```

```
    Set rs=Nothing
End Sub
```

RecordSet 对象提供了一系列的方法和属性用于遍历数据集合。

【例题 9-7】 在窗体上添加一个命令按钮,单击命令按钮后,显示所有教师姓名。

【例题解析】 在命令按钮的单击事件中,使用 RecordSet 对象的 Eof 属性结合 MoveNext 方法遍历所有记录,并输出记录的姓名字段。

```
Private Sub Command6_Click()
    '定义 Connection 对象
    Dim conn As New ADODB.Connection
    '定义并创建 RecordSet 对象
    Dim rs As New ADODB.RecordSet
    Dim s As String
    '使用 Access 内置 Connection 对象
    Set conn=CurrentProject.Connection
    rs.Open "select * from 教师",conn,adOpenDynamic,
    adLockOptimistic,adCmdText
    '移至第一条记录
    rs.MoveFirst
    '循环获取姓名
    do while not rs.Eof
    s=s & rs.Fields("姓名") & vbCrLf
    rs.MoveNext
 loop
    MsgBox"姓名: " & s
    '关闭 RecordSet 对象并释放内存资源
    rs.Close
    Set rs=Nothing
End Sub
```

记录集在打开时默认定位到第一条记录,因此上述代码中的 rs.MoveFirst 可以省略。

3. 关闭连接

在使用第二种方法连接数据库时,数据操作结束后,需调用 Connection 对象的 Close 方法显式地关闭连接,并释放对象所占内存空间。例如:

```
conn.Close
Set conn=Nothing
```

在使用第一种方法连接数据库时,由于使用的是 Access 内置的 Connection 对象,它由 Access 自动管理,不需要显式地调用上述代码。

9.2　VBA 出错处理及调试

9.2.1　错误种类

VBA 中的错误主要分为代码编写错误和运行错误两种。

（1）代码编写错误：这种错误主要是由语法、关键字等使用错误产生，从而导致程序无法继续运行。这种情况下可以修改不正确的代码，改正错误后就可以正常运行程序。

（2）运行错误：这种错误主要有预期错误和非预期错误两大类构成。预期错误是指在程序运行过程中可以预见的错误，如打开一个可能不存在的窗口。非预期错误指无法预见的错误，如程序逻辑缺陷导致除以 0 的错误。当产生这些运行时错误的时候，Access会中断程序的运行并弹出错误信息窗口，影响正常的程序流程。

9.2.2　调试工具

VBA 的"调试"工具栏上包含了常用的调试工具，"调试"菜单和"视图"菜单中也有相应的菜单项，如图 9-3 所示。

VBA 的"调试"工具栏上的按钮从左往右，各部分功能如表 9-3 所示。

图 9-3　VBA 调试工具栏

表 9-3　"调试"工具栏功能

名称	功能	名称	功能
设计模式	切换或退出至设计视图	跳出	将当前过程执行完毕并暂停
运行宏	运行宏、窗体或过程	本地窗口	显示"本地窗口"
中断	暂停程序运行	立即窗口	显示"立即窗口"
重新设置	结束程序运行	监视窗口	显示"监视窗口"
切换断点	设置或取消断点	快速监视	显示"快速监视"对话框窗口
逐语句	执行一条语句并暂停	调用堆栈	显示"调用堆栈"对话框窗口
逐过程	执行一个语句、过程或函数并暂停		

9.2.3　程序调试方法

1.　代码窗口

当程序出现错误消息提示时，单击"调试"按钮，Access 将显示"代码窗口"，停止程序运行并且定位到引起错误的代码行。此时将鼠标移至变量之上，将会出现变量值的提示。通过查看变量的方法来判断代码错误原因并改正。

2. 本地窗口

选择"视图"菜单或"调试"工具栏中的"本地窗口"命令打开本地窗口,可以显示当前程序代码所在过程或函数中的所有变量信息,这些信息由表达式、值、类型三部分组成。其中第一个变量表达式为 Me,它是对当前代码行所属对象的引用。

3. 立即窗口

选择"视图"菜单或"调试"工具栏中的"立即窗口"命令,在打开的立即窗口中可以输入自定义的表达式,如使用 Print i 语句输出变量 i 的值。

4. 使用监视

在调试程序之前,选择"调试"菜单或"调试"工具栏的"添加监视"命令,打开"编辑监视"对话框,输入需要监视的表达式。程序调试过程中,选择"视图"菜单或"调试"工具栏中的"监视窗口"命令,在打开的监视窗口中可以监视预先设置的表达式值。

5. 设置断点

在调试程序之前,预先判断可能出错的代码行,在该行代码最左边单击鼠标左键,可以添加断点。程序运行后,会在该位置暂停运行,方便对于代码的调试。程序运行时不能设置断点。除了声明语句和注释语句外,可以在任意语句前设置断点。

6. 单步执行

在程序的调试过程中,VBA 可以进行单步执行的方法进行程序调试,通常有下面几种方法。

(1) 逐语句。选择"调试"菜单或"调试"工具栏中的"逐语句"命令,程序将每次执行一条语句然后暂停执行,等待用户的操作,快捷键为 F8。

(2) 逐过程。选择"调试"菜单或"调试"工具栏中的"逐过程"命令,程序将每次执行一个过程然后暂停执行,等待用户的操作,快捷键为 Shift+F8。

(3) 跳出。选择"调试"菜单或"调试"工具栏中的"跳出"命令,程序将执行完所在过程内的所有语句后跳出过程,然后在下一条将要执行的语句前暂停执行,等待用户的操作,快捷键为 Ctrl+Shift+F8。

(4) 运行到光标处。选择"调试"菜单或"调试"工具栏中的"运行到光标处"命令,程序将运行至当前光标所在代码处,暂停执行,等待用户的操作,快捷键为 Ctrl+F8。

7. 设置下一条语句

鼠标先单击需要运行的下一条语句,然后选择"调试"菜单中的"设置下一条语句"命令,程序将设置光标所在处代码为将要运行的下一条语句,快捷键为 Ctrl + F9。该命令只能选择位于当前中断所在的过程或函数体内的某一条语句。

9.2.4　处理运行时错误

处理运行时错误的时候,可以使用 On Error 语句,基本结构如下:

```
Public Sub MySub()
On Error Goto Err_MySub
    '程序代码
Exit_MySub:
    '清理内存对象并退出程序
    Exit Sub
Err_MySub:
    '出错处理
    MsgBox Err.Description                    '弹出错误消息提示
    Resume Exit_MySub.
End sub
```

这里的 On Error Goto Err_MySub 的含义为:当下面的程序产生运行时错误时,程序将跳转至 Err_MySub 标号处并往下执行。Resume Exit_MySub 的含义为:程序将跳转至 Exit_MySub 标号处并往下执行。

除了上述用法,还可以使用 On Error Resume Next 语句来忽略错误使程序继续执行下一条语句。

使用完 On Error Resume Next 语句或 On Error Goto 语句之后,可以使用 On Error Goto 0 再次让系统对错误进行处理。

小　　结

本章介绍了 Access 中提供的数据访问对象模型:数据访问对象(DAO)和 ActiveX 数据对象(ADO)。并主要讲解了 ActiveX 数据对象 ADO 的主要操作,包括连接数据库、数据的操作和关闭连接。介绍了 VBA 程序设计过程中的代码编写错误和运行错误两类主要的常见错误及其排除方法,以及 VBA 调试工具的使用技术。

习　题　9

一、填空题

1. ADO 对象模型主要包含_____、Command、RecordSet、Error、Parameter、Field 等对象。

2. RecordSet 对象中,通过_____属性可以判断记录指针是否指向记录集的结尾处。

3. Access 内置的 Connection 变量，可以通过_____对象的 Connection 属性来获取。

4. 使用"调试"工具栏中的_____按钮可以只执行一个过程并暂停程序运行。

5. 使用 On Error _____ 语句可以忽略错误继续执行下一条语句。

二、操作题

1. 编写程序，使用 ADO 向教学管理数据库的学生课程信息表中插入一条记录，要求：课程号为"160"，课程名称为"Access 数据库程序设计"，课程类别为"选修课"，学时为"36"。

2. 编写程序，使用 ADO 查找教学管理数据库的学生基本信息表中所有姓"王"的同学，并且输出他们的姓名。

第 10 章

Access 项目

学习目标:

(1) 了解项目的概念、特征和作用;

(2) 掌握 Access 项目中数据库的设计方法。

项目是指文件、数据、文档和对象的集合,在 Access 中,一个应用程序中所包含的所有内容除了存储在一个 mdb 数据库文件中,也可以用项目文件 adp 加以组织和管理。本章通过一个"教学管理"系统数据库的开发例子,详细阐述了数据库系统的生成过程,综合应用 Access 2003 的知识和功能,对于前面章节的知识和方法有一个全面而系统的串联和巩固。

10.1 需 求 分 析

10.1.1 初期规划与需求分析

在进行数据库应用程序开发前必须建立数据库,数据库既能反映现实世界实体和信息之间的联系,又满足用户数据要求和加工要求。数据库设计,对于一个给定的实际应用,就是提供一个确定最优数据模型与处理模式的逻辑设计,还要提供一个确定数据库存储结构与存取方法的物理设计。

数据库软件的开发要进行项目的必要性和可行性分析,做好规划工作,这一步是数据库设计的基础。然后从数据库设计的角度出发,对要处理的事物进行详细调查,在了解原系统的基础上确定新系统的数据、处理和安全完整性三个方面。做好需求分析,把分析写成用户和开发人员都能够接受的文档,可以使数据库的开发高效且合乎设计标准。完成需求分析后,再运用数据库整体规划和设计中的理论和方法,对数据库进行总体规划。

教学管理系统是为了满足教学管理过程中学生选课和教师讲授任教两个方面的需要而设计的,它应该包括信息的增加、修改、删除、查询等基本功能。具体包括三个主要功能模块:

① 教师信息管理,用于实现教师信息的添加;

② 学生信息管理,实现学生信息和学生成绩的编辑,还提供对学生信息、成绩的统

计、查询和浏览功能；

③ 学生选课信息管理，用于实现课程信息和学生选课信息的管理，包括课程信息的录入、学生选课信息登记等情况的查询。

10.1.2 概念设计

"教学管理"数据库，它的实体部分包括"教师"、"课程"和"学生"三个主要实体。

（1）实体教师的属性包括职工号、系别、姓名、性别、工作日期、职称、学位、政治面貌、联系电话和婚姻状况。

（2）实体课程的属性包括课程号、课程名称、课程类别和学时。

（3）实体学生的属性包括学号、姓名、系别、性别、出生日期、出生地点、入学时间、政治面貌、爱好和照片。

学生可以选修课程，教师讲授课程，实体的联系可以用 E-R 图表示出来，并画出教学管理系统的数据模型，如图 10-1 所示。

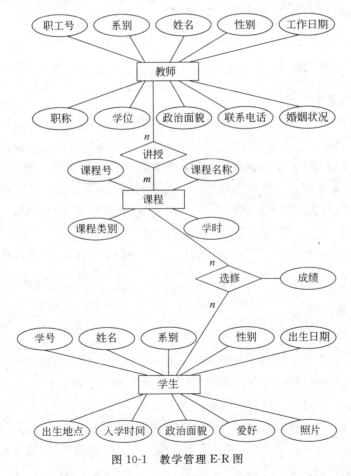

图 10-1 教学管理 E-R 图

10.1.3 逻辑设计

从"教学管理"的数据模型分析入手,将 E-R 图转换为关系框架,分析得知一位教师可以讲授多门课程,一个学生能够选修多门课程。为了更好地表示选修和讲授两个联系,需要教师、课程和学生的三个主键:职工号、课程号和学号。

(1) 教师的关系框架。

教师 (职工号,系别,姓名,性别,工作日期,职称,学位,政治面貌,联系电话,婚姻状况)

(2) 课程关系框架。

课程 (课程号,课程名称,课程类别,学时)

(3) 学生关系框架。

学生 (学号,姓名,系别,性别,出生日期,出生地点,入学时间,政治面貌,爱好,照片)

(4) 教师与课程的联系"讲授"的关系框架。

讲授 (课程号,职工号)

(5) 学生与课程的联系"选修"的关系框架。

选修 (学号,课程号,成绩)

对于将 E-R 图转化成关系模型,也就是从实体和实体之间的联系到关系框架的过程。实体联系模型(E-R 模型)直接从现实世界中抽象出实体类型以及实体间联系,然后用实体联系图(E-R 图)表示数据模型,关系模型的主要特征是用二维表格表达实体集。以上转化遵循以下原则:一个实体对应一个关系框架,实体的属性对应着关系框架的属性,实体的主键码也就是关系框架的主键;一个 $1:1$ 或者一个 $1:n$ 的联系对应一个关系框架,与该联系所有实体的主键码和联系本身的属性都转化成这个关系框架的属性,一个 $m:n$ 联系处理成 m 个 $1:n$;三个或者三个以上实体间的一个多元联系转化为多个两个实体间的联系,如三个实体之间的联系可处理为三个两个实体间的联系。

10.1.4 物理设计

物理设计是对于给定的基本数据模型选取一个最适合应用的物理结构。数据库的物理结构主要指数据库的存储记录的格式、存取记录安排和存取方法。显然数据库的物理设计是完全依赖于给定的硬件环境和数据库产品的。可以从数据表的字段、数据类型、长度、格式和约束几个方面综合分析,可以建立数据表(教师任课信息表、学生成绩表、教师基本信息表和学生课程信息表)。为了便于读者对后面内容的理解,将这几个表的结构集中给出,如表 10-1~表 10-5 所示。

表 10-1　教师任课信息表结构

字段名	类型	字段大小	说明
序号	自动编号	长整型	主键
课程号	文本	3	
职工号	文本	10	

表 10-2　学生基本信息表结构

字段名	类型	字段大小	说明
学号	文本	10	
姓名	文本	8	
系别	文本	10	
性别	文本	1	
出生日期	日期/时间	8	
出生地点	文本	20	
入学时间	日期/时间	8	
政治面貌	文本	10	
爱好	备注		
照片	OLE 对象		

表 10-3　教师基本信息表结构

字段名	类型	字段大小	说明
职工号	文本	10	主键
系别	文本	10	
姓名	文本	8	
性别	文本	1	
工作日期	日期/时间	8	
职称	文本	10	
学位	文本	10	
政治面貌	文本	10	
联系电话	文本	15	
婚姻状况	是/否	1	

表 10-4　学生成绩表结构

字段名	类型	字段大小	说明
序号	自动编号	长整型	主键
学号	文本	6	
课程号	文本	3	
成绩	数字	单精度型	

表 10-5　学生课程信息表结构

字段名	类型	字段大小	说明
课程号	文本	3	主键
课程名称	文本	20	
课程类型	文本	8	
学时	数字	整型	

10.1.5　数据库的实现

根据逻辑设计和物理设计的结果,在计算机系统上建立起实际数据库结构、输入数据、测试和试运行的过程称为数据库的实现。"教学管理"数据库的结构简单,使用 Access 是能够满足设计要求的。

10.2　创建数据库和表

10.2.1　新建数据库

操作步骤如下:

(1) 选择"开始"|"所有程序"|Microsoft Office|Microsoft Office Access 2003 命令,

启动 Access 开发环境。

(2) 选择菜单栏的"文件",在下拉菜单中选择"新建"菜单项,如图 10-2 所示。

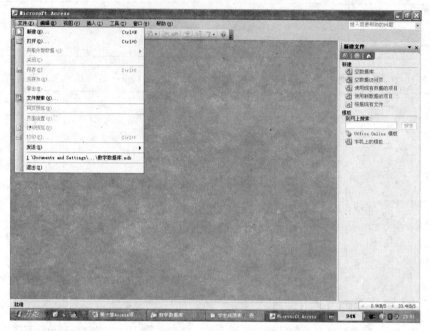

图 10-2　Access 开发环境

(3) 单击右侧"新建文件"嵌入式对话框中的"空数据库",出现保存文件弹出式对话框,如图 10-3 所示。选择文件的存盘路径,在"文件名"框输入数据库的名称"教学数据库",然后单击对话框右下的"创建(C)"按钮。

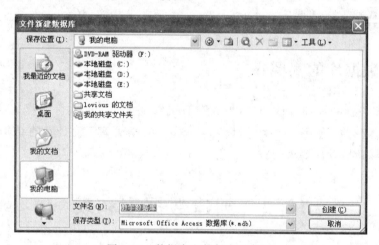

图 10-3　数据库文件保存对话框

(4) 在出现"教学数据库.mdb"的数据库操作对话框中,设计数据库中的其他对象,如图 10-4 所示。

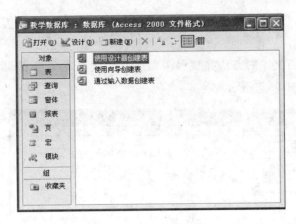

图 10-4　Access 数据库

10.2.2　新建数据表

操作步骤如下：

（1）"对象"选择类型为"表"，鼠标双击窗口中的"使用设计器创建表"项，打开数据表的设计视图。

（2）在"字段名称"栏中，写入字段的名称，在"数据类型"栏中选择字段对应的数据类型，在相应字段的"常规"选项卡中设置字段属性，如字段大小，在"说明"栏中输入特定字段的注释信息。

（3）重复上述步骤，直至所有字段都添加并设置完成。

（4）设置数据表的关键字，单击鼠标选中职工号字段所在的行，这时整行呈黑色选中状态，再单击菜单栏中的"编辑"下拉后选中"主键"后单击，完成设置职工号为主关键字的设置，如图 10-5 所示。

图 10-5　教师信息表结构设计

（5）单击常用工具栏的"保存"按钮，在对话框中输入表名"教师信息表"，这样就完成一个数据表的建立。

（6）同理，可使用上述的方法完成另外数据表学生基本信息表和学生课程信息表的创建。如图 10-6 和图 10-7 所示。

图 10-6　学生基本信息表结构设计

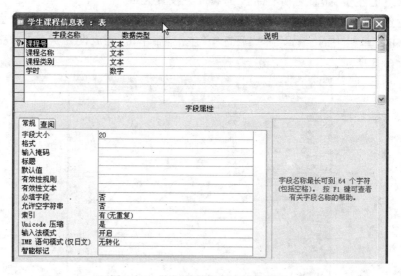

图 10-7　学生课程信息表结构设计

（7）最后两个数据表任课信息表和学生成绩表的建立与以上数据表的建立相似，但是不创建主键。完成所有字段的添加和设置之后，单击"保存"按钮出现图 10-8 所示的对话框，单击"是"按钮，系统自动完成主键的创建，字段名称为"编号"，数据类型为自动编号。

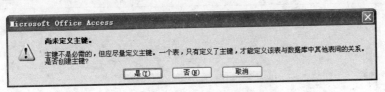

图 10-8　系统询问是否创建主键

（8）在这里建立的数据表都没有添加索引，这时系统将使用添加的主键或者默认的主键"编号"做索引，排序次序为升序，索引属性中主索引和唯一索引状态为"是"，忽略 nulls 状态为"否"。如果要自行添加索引，打开表设计器后，可单击"视图"菜单中的"索引"选项，可设置索引名、索引字段、排序方式和索引属性。任课信息表和学生成绩表的所有字段、主键和索引创建完毕后如图 10-9～图 10-12 所示。

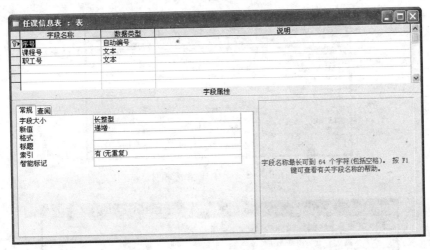

图 10-9　设置任课信息表主键

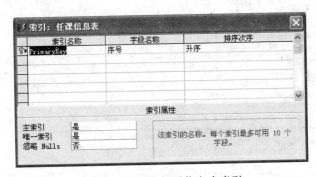

图 10-10　设置任课信息表索引

当所有数据表创建完毕，这时教学数据库的数据库视图如图 10-13 所示。

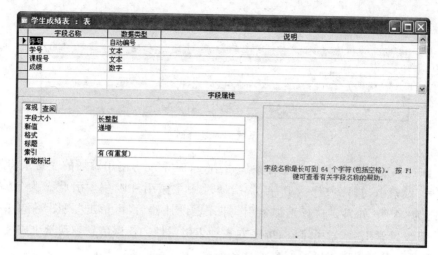

图 10-11 学生成绩表主键

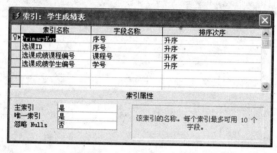

图 10-12 学生成绩表索引

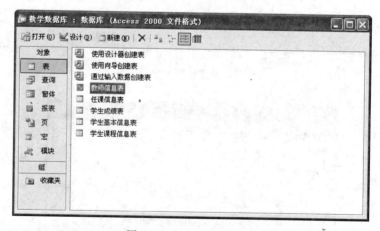

图 10-13 Access 数据库

10.2.3 创建数据表间关系

在建立好数据库和数据表后，就可以建立教师信息表——＜任课信息表＞——学生课程信息表之间的关系，即"讲授"联系，再建立学生基本信息表——<学生成绩表>——学生课程信息表的关系，即"选修"联系。

操作步骤如下：

（1）打开教学数据库，进入数据库视图，单击菜单"工具"后，选中"关系"菜单项，出现"关系"窗口，单击菜单"关系"后，选中"显示表"菜单项，则出现"显示表"对话框，如图10-14所示。

（2）在"显示表"对话框中依次添加要建立关系的表——教师信息表、任课信息表、学生课程信息、学生基本信息表和学生成绩表，将所有表都添加到关系窗口中，单击"关闭"按钮，关闭"显示表"对话框。

（3）在"关系"窗口中选中教师信息表中的"职工号"字段，拖曳至任课信息表中的"职工号"字段后，释放鼠标左键，会出现"编辑关系"对话框，如图10-15所示。

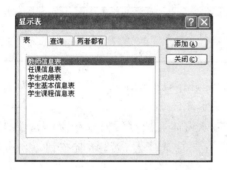
图10-14 "显示表"对话框

图10-15 "编辑关系"对话框

（4）选中"实施参照完整性（E）"后，单击"创建"按钮，就在教师信息表与任课信息表之间建立了一个一对多的关系。

（5）使用同样的方法建立学生课程信息表与任课信息表、学生基本信息表与学生成绩表和学生课程信息表与学生成绩表三个联系。这样数据表之间关系创建完毕，最终的关系如图10-16所示。

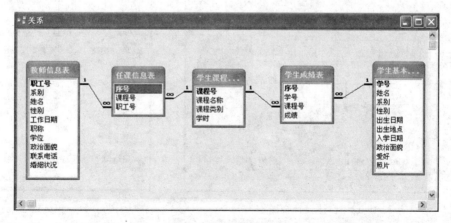
图10-16 关系状态图

10.3 教学管理系统的实现

10.3.1 登录界面的设计

设计步骤如下：

（1）打开要设计窗体的数据库文件"教学数据库.mdb"。建立用户表，用户表的结构如表 10-6 所示。添加一条数据记录，用户名为"admin"，密码是"123"。

表 10-6 用户表结构

字段	数据类型	长度	格式	约束
序号	自动编号		长整型	主键
username	文本	30		
password	文本	30		

（2）在"对象"选项组中选择"窗体"，在"数据库"窗口中双击"在设计视图中创建窗体"。这时会弹出一个窗体设计视图，如图 10-17 所示。

（3）单击"视图"菜单，选中"属性"菜单选项，显示窗体属性对话框。在窗体属性对话框中更改以下的窗体属性设置：滚动条，两者均无；记录选择器，否；导航按钮，否；分隔线，否；边框样式，无。属性设置如图 10-18 所示。

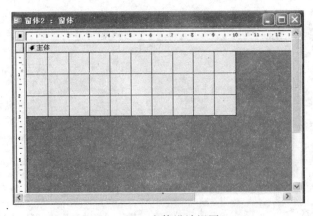

图 10-17 窗体设计视图　　　　　图 10-18 窗体属性

（4）在窗体属性对话框中设置添加图片背景。进入"格式"选项卡，选中下面的"图片"项，会显示有三个点的按钮，单击打开"插入图片"对话框，并在其中选择作为背景的图片，如图 10-19 所示，将"图片缩放模式"属性改为"拉伸"。

图 10-19 "插入图片"对话框

（5）选中窗体设计视图，单击"视图"菜单中的"工具箱"选项。使用工具箱中的"标签"按钮和"文本框"按钮给窗体添加三个标签控件（label0，label2 和 label4）和两个文本框控件（text1 和 text3）。文本框控件的属性为系统默认，标签控件的属性如下。

① 标签 1（label0）的属性为：标题，"欢迎使用教学管理"；字体名称，幼圆；字号，24；字体粗细，加粗；背景样式，透明；边框样式，透明。

② 标签 2（label2）的属性为：标题，"用户名"；字体名称，宋体；字号，16；字体粗细，正常；背景样式，透明；边框样式，透明。

③ 标签 4（label4）的属性为：标题，"密码"；字体名称，宋体；字号，16；字体粗细，正常；背景样式，透明；边框样式，透明。

（6）使用工具箱中的命令控件按钮给窗体添加两个按钮控件 Command5 和 Command6。所有控件添加完毕后的效果如图 10-20 所示。

① 按钮控件 Command5 的属性为：标题，"登录"；字体名称，宋体；字号，10；字体粗细，正常。

② 按钮控件 Command6 的属性为：标题，"退出"；字体名称，宋体；字号，10；字体粗细，正常。

（7）选中"登录"按钮，右击鼠标，在弹出的快捷菜单中选择事件生成器，在弹出的对话框选择"代码生成器"，这样就进入了 VBA 的设计界面，如图 10-21 所示。

（8）给按钮控件 Command5 的 Click 事件添加事件代码：

```
Private Sub Command1_Click()
    '定义 Connection 对象
    Dim cn As ADODB.Connection
```

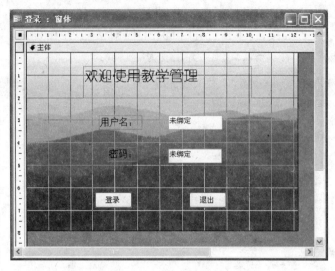

图 10-20　教学管理用户登录界面

图 10-21　VBA 程序开发环境

```
'定义 RecordSet 对象
Dim rs As New ADODB.RecordSet
Dim username As String
Dim userpass As String
Dim sql As String
'使用 Access 内置 Connection 对象
Set cn=CurrentProject.Connection
Text1.SetFocus
```

```
username=Text1.Text
Text3.SetFocus
userpass=Text3.Text
    sql="select * from users_1 where username='" & username & "'and
        password='" & userpass & "'"
rs.Open sql,cn
If rs.EOF Then
        MsgBox "登录失败"
        Text1.SetFocus
        Text1.Text=""
        Text3.SetFocus
        Text3.Text=""
Else
        DoCmd.Close
        DoCmd.OpenForm "主界面"
        MsgBox "登录成功"
End If
'关闭 RecordSet 对象和 Connection 对象并释放内存资源
rs.Close
cn.Close
Set rs=Nothing
End Sub
```

（9）同样的方法给"退出"按钮添加事件代码。程序代码的功能是关闭登录窗体,代码如下:

```
Private Sub Command6_Click()
    DoCmd.Close
End Sub
```

10.3.2 主界面的设计

在"教学管理"系统欢迎界面上单击"进入"按钮就会显示其应用程序主界面,下面介绍主界面的设计过程。

（1）打开教学数据库。在"对象"选项组双击"在设计视图中创建窗体",进入窗体设计视图。

（2）与上一节所介绍方法相同,添加 5 个按钮控件和两个组合框控件,设置窗体和各个控件属性,调整好各个控件的位置和标题文字的大小。①组合框控件 1 的"行来源类型"属性为"值列表","行来源"属性设置为:"教师基本信息查询;教师任课信息查询"。②组合框控件 2 的"行来源类型"属性为"值列表","行来源"属性设置为:"学生基本信息查询;学生选课信息查询",如图 10-22 所示。

图 10-22　"教学管理"系统主界面

（3）给各个按钮控件的单击事件添加代码，代码功能为关闭"主界面"窗体，打开相应模块的窗体界面。以"教师信息管理"按钮和组合框控件 1 为例，其代码如下：

```
'命令按钮教师信息管理
Private Sub Command1_Click()
    DoCmd.Close
    DoCmd.OpenForm "教师信息管理"
End Sub

'组合框控件 1
Private Sub Combo8_BeforeUpdate(Cancel As Integer)
    If Combo8.Value="教师基本信息查询" Then
        DoCmd.Close
        DoCmd.OpenForm "教师基本信息查询"
    Else
        If Combo8.Value="教师任课信息查询" Then
            DoCmd.Close
            DoCmd.OpenForm "教师任课信息查询"
        End If
    End If
End Sub
```

10.3.3　其他窗体设计

利用前面章节所学知识将教学管理各个功能模块逐一实现，其中教师信息管理有两个功能：教师信息管理和教师信息浏览。

1. 教师信息管理

教师信息管理包括修改记录、删除记录和添加新记录。

操作步骤如下：

（1）在 Access 中建立一个以教师信息表为数据源的纵栏式窗体。

（2）将窗体的标题属性设置成"教师信息管理"。

（3）通过命令按钮向导将第一项记录、前一项记录、下一项记录、最后一项记录、保存记录、删除记录、添加记录、查找记录按钮依次放置到数据源窗口中。

（4）添加"返回"按钮，返回的功能是关闭当前窗体并打开主界面窗体，并编写其单击事件代码如下：

```
Private Sub Command27_Click()
    DoCmd.Close
    DoCmd.OpenForm "主界面"
End Sub
```

（5）调整好各个控件的位置、标题文字的大小，设置相应属性。保存并将窗体命名为"教师信息管理"，教师信息管理窗体如图 10-23 所示。

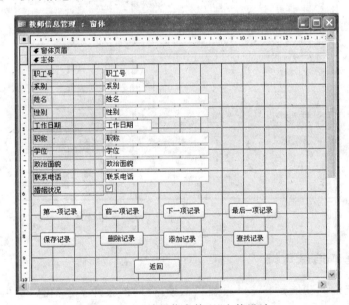

图 10-23　"教师信息管理"窗体设计

2. 学生基本信息管理

学生基本信息管理有两个功能：学生信息管理和学生信息浏览。学生信息管理包括修改记录、删除记录和添加新记录。

操作步骤如下：

（1）在 Access 中建立一个以学生基本信息表为数据源的纵栏式窗体。

（2）将窗体的标题属性设置成"学生基本信息管理"。

（3）通过命令按钮向导将第一项记录、前一项记录、下一项记录、最后一项记录、保存记录、删除记录、添加记录、查找记录按钮依次放置到数据源窗口中。

（4）添加"返回"按钮，返回的功能是关闭当前窗体并打开主界面窗体，并编写其单击事件代码如下：

```
Private Sub Command28_Click()
    DoCmd.Close
    DoCmd.OpenForm "主界面"
End Sub
```

（5）调整好各个控件的位置、标题文字的大小，设置相应属性。保存并将窗体命名为"学生基本信息管理"，学生基本信息管理窗体如图 10-24 所示。

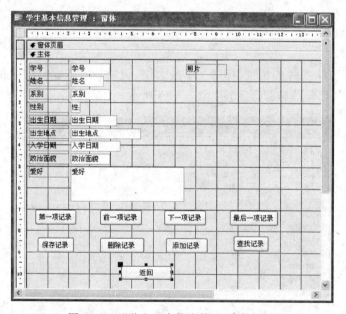

图 10-24 "学生基本信息管理"窗体设计

3. 教师基本信息查询

教师信息查询的功能是：输入教师职工号，查询该教师基本信息，也可以查询该教师的任课情况。

操作步骤如下：

（1）打开教学数据库。在"对象"选项组双击"在设计视图中创建窗体"，进入窗体设计视图。

（2）将窗体的标题属性设置成"教师基本信息查询"。

（3）通过"控件"工具箱依次添加所需控件，调整好各个控件的大小位置、标题文字的

字体和大小。保存并将窗体命名为"教师信息查询 1","教师信息查询 1"窗体如图 10-25
所示。

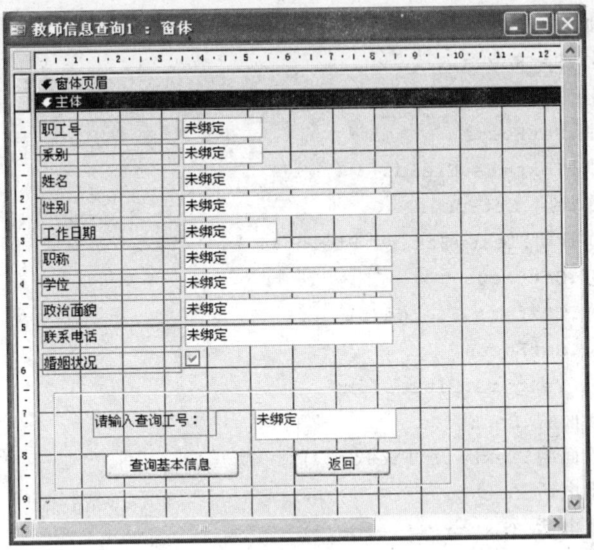

图 10-25　"教师信息查询 1"窗体设计

（4）编写"返回"命令按钮和"查询基本信息"命令按钮的单击事件代码。返回的功能
是关闭当前窗体并打开主界面窗体，代码同上。查询基本信息的功能是如果存在输入工
号显示该教师信息并提示"成功找到该教师信息"，不存在输入工号提示"不存在该教师信
息"。其代码如下：

```
Private Sub Command34_Click()
    '定义 Connection 对象
    Dim cn As ADODB.Connection
    '定义 RecordSet 对象
    Dim rs As New ADODB.RecordSet
    Dim sql As String
    Dim string1 As String
    Dim bool1 As Boolean
    '使用 Access 内置 Connection 对象
    Set cn=CurrentProject.Connection
    Text32.SetFocus
    string1=Trim(Text32.Text)
    bool1=False
    sql="select * from 教师信息表"
    rs.Open sql,cn
    rs.MoveFirst
    Do While Not rs.EOF
        If rs.Fields("职工号")=string1 Then
            bool1=True
```

```
            职工号.SetFocus
            职工号.Text=rs.Fields(0)
            系别.SetFocus
            系别.Text=rs.Fields(1)
            姓名.SetFocus
            姓名.Text=rs.Fields(2)
            性别.SetFocus
            性别.Text=rs.Fields(3)
            工作日期.SetFocus
            工作日期.Text=Str(rs.Fields(4))
            职称.SetFocus
            职称.Text=rs.Fields(5)
            学位.SetFocus
            学位.Text=rs.Fields(6)
            政治面貌.SetFocus
            政治面貌.Text=rs.Fields(7)
            联系电话.SetFocus
            联系电话.Text=rs.Fields(8)
            婚姻状况.SetFocus
            婚姻状况.Value=rs.Fields(9)
            MsgBox "成功找到该教师信息"
        End If
        rs.MoveNext
    Loop
    If bool1=False Then
        MsgBox"不存在该教师信息"
    End If
    '关闭 RecordSet 对象和 Connection 对象并释放内存资源
    rs.Close
    cn.Close
    Set rs=Nothing
End Sub
```

4. 教师任课信息查询

操作步骤如下：

（1）打开教学数据库。在"对象"选项组双击"在设计视图中创建窗体"，进入窗体设计视图。

（2）将窗体的标题属性设置成"教师任课信息查询"。

（3）通过"控件"工具箱依次添加所需控件，调整好各个控件的大小位置、标题文字的字体和大小。保存并将窗体命名为"教师信息查询2"，如图 10-26 所示。

（4）按上述步骤在建立一个窗体。窗体的默认视图属性设置为"数据表"。保存并将窗体命名为"课程信息子窗体"，如图 10-27 所示。

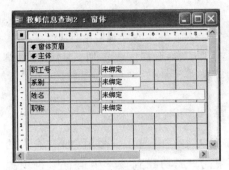

图 10-26 "教师信息查询 2"窗体

图 10-27 课程信息子窗体

（5）在"数据库"窗口中选中窗体"教师信息查询 2"，单击"设计"按钮，然后选中窗体"课程信息子窗体"将其拖曳到"教师信息查询 2"的下方，Access 自动将"课程信息子窗体"加入到"教师信息查询 2"上作为子窗体，如图 10-28 所示。

图 10-28 "教师信息查询 2"窗体

（6）编写"返回"命令按钮和"查询任课信息"命令按钮的单击事件代码。返回的功能是关闭当前窗体并打开主界面窗体，代码同上。查询基本信息的功能是：如果存在输入工号，主窗体显示出教师信息并在子窗体中显示该教师的任课信息，并提示"成功找到该教师任课信息"，不存在输入工号就提示"不存在该教师任课信息"。其代码类似上面的教师基本信息查询，这里只给出教师信息表、任课信息表和学生课程信息表的多表查询的 SQL 语句如下：

① 查询所有任课教师的任课信息：

Select 教师信息表.职工号,系别,姓名,职称,学生课程信息表.课程号,课程类别,课程名称,学时 FROM 学生课程信息表 Inner Join(教师信息表 Inner Join 任课信息表 On 教师信息表.职工号=任课信息表.职工号)On 学生课程信息表.课程号=任课信息表.课程号;

② 通过职工号查询某个教师的任课信息：

Select 学生课程信息表.课程号,课程类别,课程名称,学时 From 学生课程信息表 Inner Join (教师信息表 Inner Join 任课信息表 On 教师信息表.职工号=任课信息表.职工号)On 学生课程信息表.课程号=任课信息表.课程号 Where 教师信息表.职工号='"& string1 &"'

5. 学生基本信息查询和学生课程信息查询

（1）"学生基本信息查询"窗体的功能是在查询文本框中输入学号值，如果输入的学号值在数据表中存在，则显示该学生基本信息并提示"成功找到该学生信息"，否则提示"不存在该学生信息"。

（2）"学生课程信息查询"窗体的功能是在查询文本框中输入学号，如果存在输入学号主窗体显示出学生信息并在子窗体中显示该学生的选课信息，并提示"成功找到该学生选课信息"，如果不存在输入学号就提示"不存在该学生选课信息"。按照上面类似的步骤可完成这两个窗体的设计，如图 10-29 和图 10-30 所示。

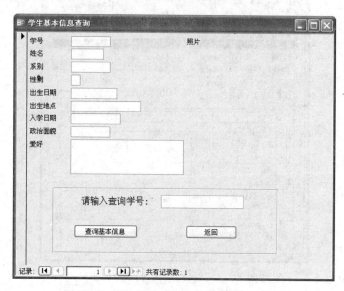

图 10-29　"学生基本信息查询"窗体运行图

6. 课程信息录入

"课程信息录入"的功能是完成课程信息的录入和修改，学生成绩的录入功能是完成学生成绩的录入和修改。

操作步骤如下：

（1）在 Access 中建立一个以"学生课程信息表"为数据源的纵栏式窗体。

（2）将窗体的标题属性设置成"课程信息录入"。

（3）通过命令按钮向导将第一项记录、前一项记录、下一项记录、最后一项记录、保存记录、删除记录、添加记录、查找记录按钮依次放置到数据源窗口中。

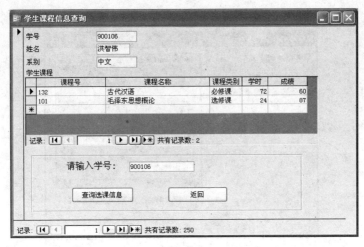

图 10-30 "学生课程信息查询"窗体运行图

（4）添加"返回"按钮，返回的功能是关闭当前窗体并打开主界面窗体，并编写其单击事件代码。

（5）调整好各个控件的位置、标题文字的大小，设置相应属性。保存并将窗体命名为"课程信息录入"。课程信息录入窗体如图 10-31 所示。

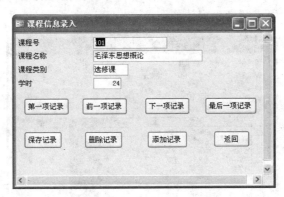

图 10-31 "课程信息录入"窗体

7. 学生成绩录入

操作步骤如下：

（1）使用查询设计视图建立一个选择查询"学生课程查询"，从学生课程信息表、学生成绩表和学生基本信息表三个表中查询学号、姓名、系别、课程号、课程名称、课程类别、学时和成绩字段。SQL 查询语句如下：

Select 学生基本信息表.学号,姓名,系别,学生课程信息表.课程号,课程名称,课程类别,学时,成绩 From 学生课程信息表 Inner Join(学生基本信息表 Inner Join 学生成绩表 On 学生基本信息表.学号=学生成绩表.学号)On 学生课程信息表.课程号=学生成绩表.课程号;

（2）通过向导创建一个数据源是"学生课程查询"的带有子窗体的窗体，如图 10-32

所示。

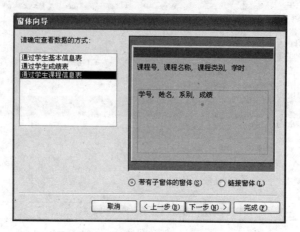

图 10-32 "学生课程查询"窗体向导

（3）通过命令按钮向导将保存记录、查找记录按钮依次放置到数据源窗口中。

（4）添加"返回"按钮，返回的功能是关闭当前窗体并打开主界面窗体，并编写其单击事件代码。

（5）调整好各个控件的位置、标题文字的大小，设置相应属性。保存并将窗体命名为"学生成绩录入"。学生成绩录入窗体如图 10-33 所示。

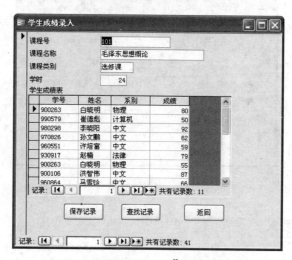

图 10-33 "学生成绩录入"窗体运行图

8. 学生选课

"学生选课"模块功能是可以让学生选修相应课程。

操作步骤如下：

（1）使用查询设计视图建立一个选择查询"课程详细查询"，从学生课程信息表、任课表和教师基本信息表三个表中查询课程号、课程名称、课程类别、学时和任课教师字段。

SQL 查询语句如下:

Select 学生课程信息表.课程号,课程类别,课程名称,学时,姓名 As 任课教师 From 学生课程信息表 Inner Join(教师信息表 Inner Join 任课信息表 On 教师信息表.职工号=任课信息表.职工号)On 学生课程信息表.课程号=任课信息表.课程号

（2）使用窗体设计器,在窗体上依次添加如图 10-34 所示的各个控件,调整好各个控件的位置、标题文字的大小,设置相应属性。

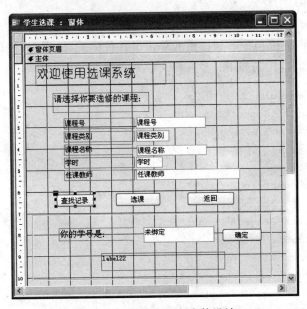

图 10-34　"学生选课"窗体设计

（3）编写"确定"按钮的单击事件代码。如果学号存在,将学生的学号、系别和姓名信息显示在标签 label22 中;如学号不存在,则提示"请重新输入学号",代码如下:

```
Private Sub Command24_Click()
    Dim cn As ADODB.Connection
    Dim rs As New ADODB.RecordSet
    Dim sql1 As String
    Dim string1 As String
    Set cn=CurrentProject.Connection
    Text21.SetFocus
    string1=Text21.Text
    sql1="select * from 学生基本信息表 where 学号='"& string1 &"'"
    rs.Open sql1,cn
    If rs.EOF Then
        MsgBox"请重新输入学号"
        Text21.SetFocus
        Text21.Text=""
    Else
```

```
        MsgBox"你可以开始选课了"
        Label22.SetFocus
        Label22.Visible=True
        Label22.Caption=rs.Fields("姓名")&"你好,你的学号是"&
        rs.Fields("学号")&",系别为"& rs.Fields("系别")
     End If
     rs.Close
  Set cn=Nothing
End Sub
```

（4）编写"返回"按钮和"选课"按钮的单击事件代码。"选课"按钮的功能是向学生成绩表中插入一条记录。代码如下：

```
Private Sub Command20_Click()
    Dim cn As ADODB.Connection
    Dim rs As New ADODB.RecordSet
    Dim ins As String
    Dim sql As String
    Dim string0 As String
    Dim string1 As String
    Set cn=CurrentProject.Connection
    课程号.SetFocus
    string0=Trim(课程号.Text)
    Text21.SetFocus
    string1=Trim(Text21.Text)
    ins="insert into 学生成绩表(课程号,学号) values('"& string0 &"','"& string1 &"')"
    DoCmd.SetWarnings False
    DoCmd.RunSQL ins
    DoCmd.SetWarnings True
     sql="select * from 学生成绩表 where 课程号='"& string0 &"'and 学号='" & string1 &"'"
    rs.Open sql,cn
    If rs.EOF Then
        MsgBox"添加记录失败"
    Else
        MsgBox"添加记录成功"
    End If
    rs.Close
     cn.Close
      Set rs=Nothing
End Sub
```

10.3.4　设计自动启动宏 AutoExec

如果要实现当启动教学管理数据库时出现用户登录界面，就要设计一个名称为

AutoExec 的宏，Access 在启动时会在启动一个数据库时先检查数据库中是否存在名字为 AutoExec 的宏，如果有 Access 会首先执行这个宏。

操作步骤如下。

（1）在打开教学管理数据库后，在数据库操作对话框中的"对象"栏选择宏，然后单击"新建"按钮，打开宏设计视图。

（2）在宏设计视图的"操作"列中选择"OpenForm"，在"窗体名称"下拉列表框中选中"系统登录"，保存后退出即可。

小　　结

本章以一个教学管理系统为实例，按照规范的数据库系统设计方法，从需求分析、详细调查、系统分析直至最后系统各个模块的设计和实现过程做了详细的阐述。数据库设计中概念设计、逻辑设计和物理设计是联系紧密的。本章涉及了表、窗体、查询、宏和 VBA 数据库程序设计，是前面所学知识点一个综合应用实例，通过本章的学习，可以进一步巩固所学知识。

习　题　10

1. 分析一下一个图书管理系统的实体有哪些？画出它们之间联系的 E-R 图。
2. 主键的设计有哪些原则，在 Access 中如何设置组合主键？
3. 有如下代码：

```
Private Sub Command1_Click()
DoCmd.Close
    DoCmd.OpenForm "学生基本信息管理"
End Sub
```

这段代码实现的功能是什么？如果在"学生基本信息管理"窗体上添加一个命令按钮"清空"，单击该按钮，所有已显示信息都被清除，试写出其代码。

4. 给本章教学管理系统设计一个名为"学生成绩"的报表。

5. "选课"按钮的功能是向学生成绩表中插入一条记录，如果不用 insert 语句，用 ADO 数据库编程如何实现？试写出其代码。

附录 A

运算符优先级

在一个表达式中进行多个操作数运算时，每一部分都会按照预先确定的顺序进行计算求解，这个顺序被称为运算符优先级。括号可以改变优先级的顺序，强制优先处理表达式的某个部分。括号内的操作总是比括号外的操作先被执行；但是在括号内，仍然保持正常的运算符优先级。当表达式有多种运算符时，先处理算术运算符，接着处理比较运算符，然后再处理逻辑运算符。算术运算符和逻辑运算符的优先级按照表 A-1 处理。

表 A-1　运算符优先级

优先级	运算符	含　义	类别
1	( )	括号运算符	
2	^	指数运算符	算术
	—	负数	
	* /	乘法和除法	
	\	整除	
	Mod	求余运算	
	+ —	加法和减法	
3	&	字符串连接	字符
4	=	相等	比较
	<>	不等	
	<	小于	
	>	大于	
	<=	小于等于	
	>=	大于等于	
	Is	对象比较	

优先级	运算符	含　义	类别
5	Not	非	逻辑
	And	与	
	Or	或	
	Xor	异或	
	Eqv	相同位逐位比较	
	Imp	蕴含	

　　所有比较运算符具有相同的优先级,即按照它们出现的顺序从左到右进行处理。算术运算符和逻辑运算符的优先级按照出现的顺序,从上到下依次降低。处在表格顶部的是括号运算符,它可以任意改变表达式中多个运算的先后次序,具有最高的优先级。

　　当乘法和除法同时出现在表达式中时,按照从左到右出现的顺序处理每个运算符。同样,当加法和减法同时出现在表达式中时,也按照从左到右出现的顺序处理每个运算符。字符串连接运算符 & 的优先级,在所有算术运算符之后,而在所有比较运算符之前。Is 运算符是对象引用的比较运算符,它并不比较对象或对象的值,而只是判断两个对象引用是否引用了相同的对象。

附录 B

VBA 部分常用内部函数

  函数是根据需要编写的具有一定功能的程序段。Access 中已经定义了许多函数,由于是内置于系统中的,所以简称内部函数。在 VBA 程序语言中有许多内置函数,可以帮助程序代码设计和减少代码的编写工作,常用的内部函数如表 B-1～表 B-5 所示。

表 B-1 测试函数

函 数 名 称	作 用
IsNumeric(x)	是否为数字,返回 Boolean 结果,True or False
IsDate(x)	是否是日期,返回 Boolean 结果,True or False
IsEmpty(x)	是否为 Empty,返回 Boolean 结果,True or False
IsArray(x)	指出变量是否为一个数组
IsError(expression)	指出表达式是否为一个错误值
IsNull(expression)	指出表达式是否不包含任何有效数据(Null)
IsObject(identifier)	指出标识符是否表示对象变量

表 B-2 数学函数

函 数 名 称	作 用
$Sin(x)$、$Cos(x)$、$Tan(x)$、$Atan(x)$	三角函数,单位为弧度
$Log(x)$	返回 x 的自然对数
$Exp(x)$	返回 e 的 x 次方
$Abs(x)$	返回绝对值
$Int(number)$、$Fix(number)$	都返回参数的整数部分,区别:Int 将 -8.4 转换成 -9,而 Fix 将 -8.4 转换成 -8
$Sgn(number)$	返回一个 Variant(Integer),指出参数的正负号
$Sqr(number)$	返回一个 Double,指定参数的平方根
$VarType(varname)$	返回一个 Integer,指出变量的子类型
$Rnd(x)$	返回 0～1 之间的单精度数据,x 为随机种子

表 B-3　字符串函数

函 数 名 称	作　用
Trim(string)	去掉 string 左右两端空白
Ltrim(string)	去掉 string 左端空白
Rtrim(string)	去掉 string 右端空白
Len(string)	计算 string 长度
Left(string,x)	取 string 左段 x 个字符组成的字符串
Right(string,x)	取 string 右段 x 个字符组成的字符串
Mid(string,start,x)	取 string 从 start 位开始的 x 个字符组成的字符串
Ucase(string)	转换为大写
Lcase(string)	转换为小写
Space(x)	返回 x 个空白的字符串
Asc(string)	返回一个 integer,代表字符串中首字母的字符代码
Chr(charcode)	返回 string,其中包含有与指定的字符代码相关的字符

表 B-4　转换函数

函 数 名 称	作　用	函 数 名 称	作　用
CBool(expression)	转换为 Boolean 型	CLng(expression)	转换为 Long 型
CByte(expression)	转换为 Byte 型	CSng(expression)	转换为 Single 型
CCur(expression)	转换为 Currency 型	CStr(expression)	转换为 String 型
CDate(expression)	转换为 Date 型	CVar(expression)	转换为 Variant 型
CDbl(expression)	转换为 Double 型	Val(string)	转换为数据型
CDec(expression)	转换为 Decemal 型	Str(number)	转换为 String
CInt(expression)	转换为 Integer 型		

表 B-5　时间函数

函 数 名 称	作　用
Now	返回一个 Variant(Date),根据计算机系统设置的日期和时间来指定日期和时间
Date	返回包含系统日期的 Variant(Date)
Time	返回一个指明当前系统时间的 Variant(Date)
Timer	返回一个 Single,代表从午夜开始到现在经过的秒数
TimeSerial(hour,minute,second)	返回一个 Variant(Date),包含具有具体时、分、秒的时间
DateDiff（interval,date1,date2［,firstdayofweek［,firstweekofyear］］）	返回 Variant(Long)的值,表示两个指定日期间的时间间隔数目
Second(time)	返回一个 Variant(Integer),其值为 0 到 59 之间的整数,表示一分钟之中的某个秒
Minute(time)	返回一个 Variant(Integer),其值为 0 到 59 之间的整数,表示一小时中的某分钟

函 数 名 称	作 用
Hour(time)	返回一个 Variant(Integer)，其值为 0 到 23 之间的整数，表示一天之中的某一钟点
Day(date)	返回一个 Variant(Integer)，其值为 1 到 31 之间的整数，表示一个月中的某一日
Month(date)	返回一个 Variant(Integer)，其值为 1 到 12 之间的整数，表示一年中的某月
Year(date)	返回 Variant(Integer)，包含表示年份的整数
Weekday(date,[firstdayofweek])	返回一个 Variant(Integer)，包含一个整数，代表某个日期是星期几

参 考 文 献

[1] 苏传芳.Access 数据库实用教程[M].北京：高等教育出版社,2006.

[2] 赵增敏等.中文 Access 2002 实用教程[M].北京：电子工业出版社,2003.

[3] 陈桂林,吴长勤等.Access 数据库程序设计[M].合肥：安徽大学出版社,2008.

[4] http://support.microsoft.com/? ln＝zh-cn.